KB252428

개코의
오픈
스튜디오

개코의
오픈
스튜디오

동아일보사

저는 개코예요.
'가수 개코' 아니고요,
5년째 뷰티 블로그를 운영 중인 '메이크업 아티스트 개코'입니다.

세상에서 공부를 제일 싫어하고 무언가 꾸미고 만들기를 좋아하는 평범한 미대생이 화장품에 완전히 꽂히면서 여자들의 개미지옥, '메이크업 세계'에 빠지게 됐어요. 왕 모공과 색소 침착 때문에 고민이 많았는데, 메이크업만으로 어떤 날은 청순녀로 어떤 날은 섹시녀로 변신하는 게 너무 신기하고 재미있었어요. 학교에 가면 "그림 잘 그렸다!" 보다 "메이크업 너무 예쁘다!"라는 말을 더 기대하게 됐죠.

특히 친구들에게 화장품이나 메이크업 방법에 대한 질문을 받으면 신이 나서 그 자리에서 파우치를 열어 화장품을 추천해주고, 어떻게 메이크업하는지 얘기해주는 게 무척 재미있었어요. 그러다 혹시 모르는 것을 질문 받을까봐 입시 때도 하지 않은 '공부'라는 걸 시작하게 됐죠. 알고 있는 메이크업 정보와 튜토리얼을 어딘가에 정리해 놓고 싶은 마음에 블로그를 시작했어요. 혼자만 볼 생각으로 솔직하게 쓴 얘기들이 저만의 고민은 아니었는지 많은 호응을 받으면서 파워블로거로 거듭나고, 이렇게 뷰티 책까지 출간하게 됐네요. 집과 화실을 오가며 그림만 그리던, 그저 평범했던 제가 이렇게 큰 행운을 얻게 되다니… 정말 꿈만 같아요.

"블로그를 하면서 가장 뿌듯했던 순간이 언제예요?"라는 질문을 받으면 항상 같은 대답을 해요. "아침마다 메이크업하는 것이 너무 재미있어졌어요", "자신을 더 사랑하게 됐어요"라는 댓글을 볼 때라고요. "아 짜증나"를 입에 달고 살았는데, 이제는 누군가에게 삶의 즐거움과 '하면 예뻐진다!'라는 용기를 주고 있네요. 메이크업과 블로그가 저를 바꿔놓은 거죠.   열 정   가 득 ,   뜨 거 운   여 자 ' 개 코 ' 로 요 !

책 에   저 의   메 이 크 업   노 하 우 를   담 는   건   쉽 지   않 았 어 요 .
한 번 인쇄되어 나오면 수정할 수 없기에 정말 꼼꼼하고 치열하게 작업해야 했죠. 단순히 '어디에 바르세요'가 아닌, 브러시를 잡는 방법과 손, 얼굴 각도 등 어디서도 다루지 않은 세세한 부분까지 담으려고 노력했어요. 원고 작업과 촬영이 배로 많아져 힘들었지만 결과물을 보니 뿌듯해요. 무엇보다 여러분이 분명 좋아하실 거라는 자신감이 생겨요.

이제 〈개코의 오픈 스튜디오〉를 오픈할게요!
막상 공개하려니 너무 떨리네요.
하지만 최선을 다했기에 후회는 없습니다!

메이크업이 어설픈 새내기 분들
성형을 생각할 만큼 자신 없는 고민녀
면접을 준비하는 취준생
결혼을 앞두고 셀프 메이크업을 계획하는 개념 남녀
웬만한 고가 화장품을 다 써봤는데도 여전히 부족한 언니들
한국 화장품을 사랑하는 해외 여성들까지!

모 두 모 두
　　　　　WELCOME!

CONTENTS

PART 1 한 번 하면 수정이 필요 없는
ONE-TOUCH MAKEUP

PART 2 무엇이든 다 물어보세요!
BEAUTY CONSULTING

1

ONE-TOUCH MAKEUP

색소 침착 왕모공녀에서
청순 시크 셀럽으로 거듭나기까지!
한 번 하면 수정이 필요 없는
원터치 기초 메이크업

공들인 화장이 뭉치고 무너지는 건 시간문제!
특이한 위생강박증으로  화떡이 되어 돌아오다

화장을 처음 시작하는 친구들이 그렇듯, 화장을 하고 나가면 몇 시간 안 되어 파운데이션이 무너지고 쌍꺼풀 라인에 아이섀도가 뭉쳐 있었어요. 저는 특이한 위생강박증이 있어요. 주변은 지저분해도 손과 얼굴은 항상 바로 씻고 나온 것처럼 깨끗해야 하죠. 그렇다고 엄청 깔끔하진 않아요. 방 청소를 해도 금방 더러워지고 작업할 때도 티슈며 과자봉지며 주변이 온갖 쓰레기 천지예요. 주위환경은 지저분한데 제 몸은 엄청 깨끗이 챙겨서 엄마도 이해할 수 없다고 하세요. 주변도 치워가면서 깔끔떨라고요. 이런 성격 때문인지 수정 메이크업을 할 때 더러워진 손으로 얼굴을 만지는 게 너무 싫었어요. 게다가 온갖 먼지와 노폐물이 쌓여 화장이 들뜨고 얼룩덜룩해 있었죠. 수정 메이크업을 하지 않으려고 파운데이션을 두껍게 바르고 파우더까지 꾹꾹 눌러 중무장을 하고 나간 적도 있어요. 화장은 무너지지 않았지만 대신 '화떡'이 되어서 돌아다녔죠.

'원터치 메이크업'
우리 집 강아지 숑이도 못 알아보는
무결점 청순 여신으로 변신하다!

메이크업에 자신감이 없어지니 머릿속에는 온통 '어떤 메이크업을 해야 집에 돌아올 때까지 수정 화장을 하지 않을까' 하는 생각으로 가득하더군요. 취업, 연애, 다이어트는 뒷전이고 오직 수정 안 해도 되는 메이크업 방법을 알아내기 위해 공부했죠. 매일 화장대 앞에 앉아 다양한 기능성 제품을 바르며 연구했어요. 유명하다는 메이크업 아티스트의 강연도 듣고, 사전을 찾아가며 메이크업 번역서도 읽어봤죠. 그런데 아무리 따라 해도 효과가 없었어요. 제 피부 상태를 제대로 파악하지 못한 채 남들 이야기만 들으려 했던 게 문제였죠.

"나는 얼굴이 없다. 지금 거울에 비치는 얼굴은 친구 얼굴이다." 객관적으로 피부 상태를 확인하기 위해 마인드 컨트롤을 했어요. 그리고 제 얼굴을 꼼꼼히 들여다보기 시작했죠. 왕모공, 색소 침착, 푸석푸석한 피부 결… 특히 화장이 잘 무너지는 이유는 모공이 크고 유분이 많기 때문이었어요. 뷰티 전문 채널이나 잡지를 보면 여성들의 가장 큰 고민이 모공이라고 하던데, 딱 제 이야기였죠. 피부 상태를 정확히 알고 나니 제품 선택도 수월하고 해결책도 쉽게 찾을 수 있었어요. 그 해결책이 바로 '원터치 메이크업'이에요. 한 번 하면 수정이 필요 없는, 모든 여성에게 꼭 필요한 메이크업 방법이죠. 혹시 제 피부에만 맞는 건 아닐까, 친구는 물론 엄마한테도 테스트해봤어요. 결과는 대성공!

우리 집 강아지 송이는 메이크업을 한 제 모습을 알아보지 못해요. 화장 전에는 찰떡같이 붙어 있다가도 화장을 마치면 낯선 사람을 본 듯 정신없이 짖어대죠. 처음 원터치 메이크업을 하고 나갔다 돌아온 날, 현관문에 들어서자마자 왈왈! 짖어대던 송이의 모습을 잊지 못해요. "드디어 해냈구나!" 메이크업이 아직 지워지지 않았다는 의미잖아요. '화떡'이었던 제가 '무결점 청순 여신'으로 다시 태어난 거예요.

거울 속 내 얼굴을 보며 감탄이 튀어나오게 한 그 비법, 궁금하시죠?

잠깐!

생얼을 공개하느니 옷을 벗겠다는 말이 있죠. 정말 쉽지 않은 결정이었어요.
예쁜 모습만 담고 싶었지만 원터치 메이크업의 리얼한 효과를 보여드리기 위해 큰 용기를 냈죠.

보 고　놀 라 거 나　실 망 하 기　없 기 !

그럼 진짜 시작합니다!

개코, 쇼 미 더 생얼!

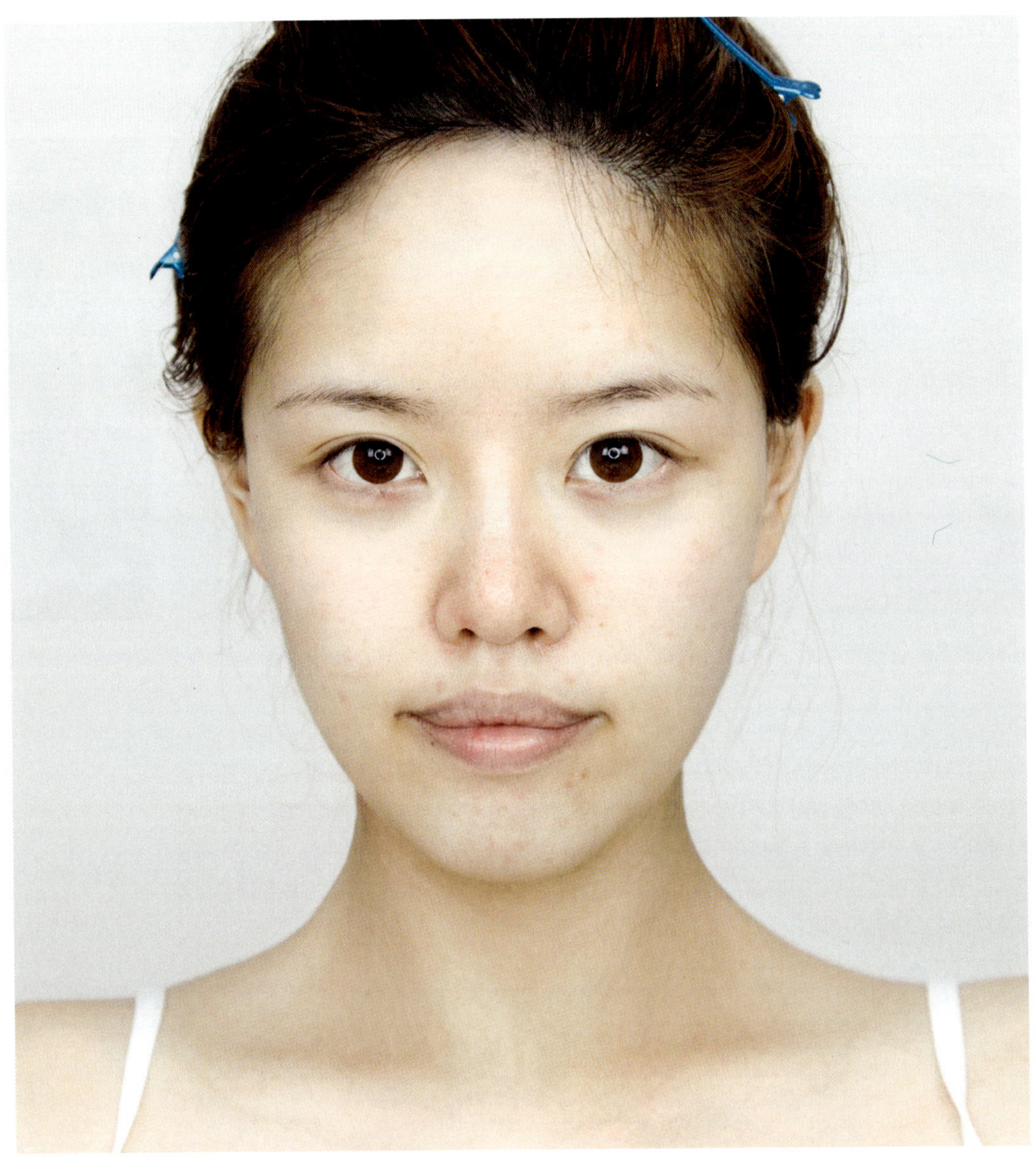

생얼부터 시작합니다!

저는 왕모공에 색소 침착이 심한 피부예요. 특히 코 부분의 모공이 크고 유분이 많은 타입이라 코 화장이 잘 무너져요. 무너진 피부 위에 BB크림을 덧바르면 밀리고 뭉치고 지저분해지기 십상이죠. 그대로 둘 수도 없고 답답했어요. 아마 저와 같은 고민을 하시는 분들 많을 거예요. 이런 고민을 한 방에 해결할 수 있는 아주 특별한 메이크업 비법을 소개할게요. 전문 기술이 필요하거나 큰돈이 들거나 시간이 많이 걸리지도 않아요. 피부 타입에 상관없이 누구나 따라 할 수 있죠. 한 번 하면 수정 메이크업이 필요 없는 개코의 원터치 메이크업, 함께 시작해볼까요~

SKIN MAKEUP 피부 메이크업

색조 메이크업의 지속력과 발색을 결정하는 중요한 단계예요. 가장 많은 시간과 공을 들여야 하는 부분이죠. 원터치 메이크업의 포인트, 피부 메이크업부터 확실하게 마스터해봐요.

개코의 베이직 아이템

1 피부 노화를 막는 **자외선 차단제** 헤라_썬메이트 데일리
2 피부 결을 매끄럽게 정돈하는 **모공 프라이머** 베네피트_포어패셔널
3 화사하고 맑은 피부 표현을 위해! **메이크업베이스** 맥_스트롭크림
4 작은 잡티도 꼼꼼하게 감춰주는 **스틱 컨실러** 더페이스샵_레디언스 컨실러 듀얼 베일
5 피부 톤을 균일하게 맞추는 **리퀴드 컨실러** 더샘_커버 퍼펙션 팁컨실러 1.5네추럴베이지
6 피지와 유분을 잡는 **루스 파우더** 이니스프리_노세범 파우더
7 색소 침착을 커버하는 **크림 컨실러** 더샘_커버 퍼펙션 팟 컨실러 01 클리어베이지
8 피부 결을 깔끔하게 정리하는 **콤팩트 파우더** 맥_스튜디오 퍼펙트 콤팩트 NC20
9 유분을 잡고 색조화장 지속력을 높이는 **모공 파우더** 메이크업포에버_HD 하이 데피니션 파우더

피부 톤을 정리하고 피부 화장 밀착력을 UP! **파운데이션**

10 에스쁘아_페이스 슬립 하이드레이팅 아이보리퓨어
11 에스티로더_더블웨어 쿨바닐라
12 디올_스킨포에버 021호

STEP 1 기초화장

5겹 화장솜에 스킨을 충분히 적신 뒤 한 겹씩 벗겨가며 얼굴을 닦는 게 포인트!
세안 후까지 남아 있는 메이크업 잔여물을 제거하고 피부에 영양을 듬뿍 줘요.

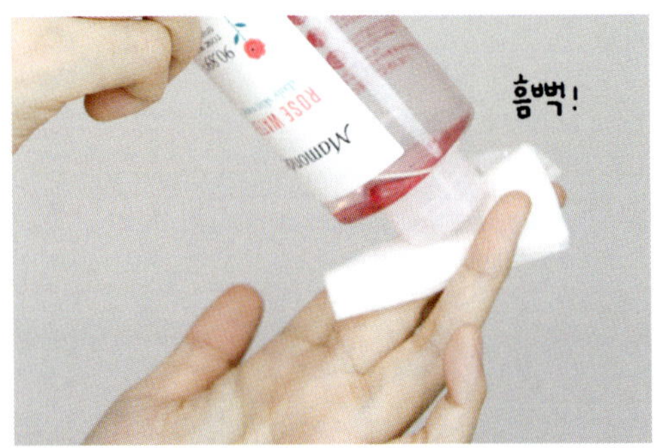

1 5겹 화장솜에 스킨을 충분히 적셔요.

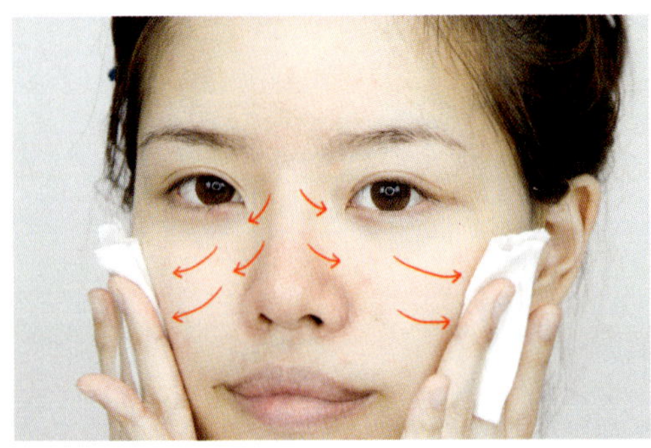

2 피부 결에 따라 부드럽게 닦아요.

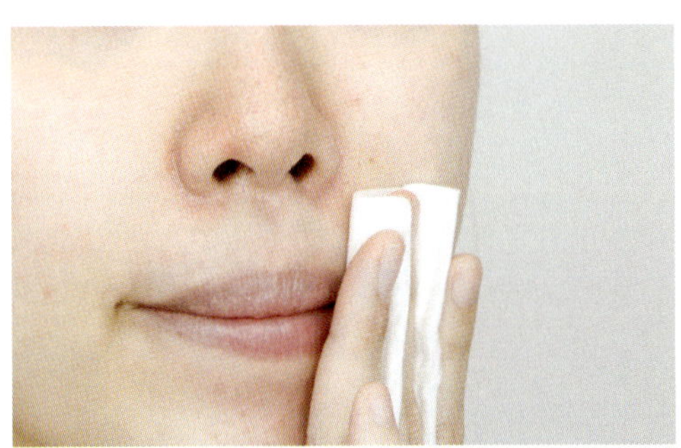

3 입술까지 꼼꼼하게 닦아요.

4 한 겹씩 벗겨가면서 같은 방법으로 3~5회 닦아요. 남은 화
장솜은 리퀴드용 메이크업 브러시를 닦거나 손에 묻은 잔
여물을 지울 때 사용하면 자극 없이 깨끗하게 클렌징할 수
있어요.

피부 타입별 기초화장 순서

건성 : 토너로 피부 결을 정리한 뒤 에센스 또는 로션을 손등에 짜 두 번에 나눠 발라요. 수분과 유분
기가 있는 크림을 발라 마무리! 겨울에는 수분크림에 페이스 오일을 한 방울 섞어 바르세요.

중성 : 토너로 피부 결을 정리한 뒤 에센스 또는 로션을 발라요. 수분크림을 덧바르면 기초화장 끝!

지성 : 토너로 피부 결을 정리한 뒤 유분기가 없고 수분이 많은 크림을 적당량 나눠 발라요.

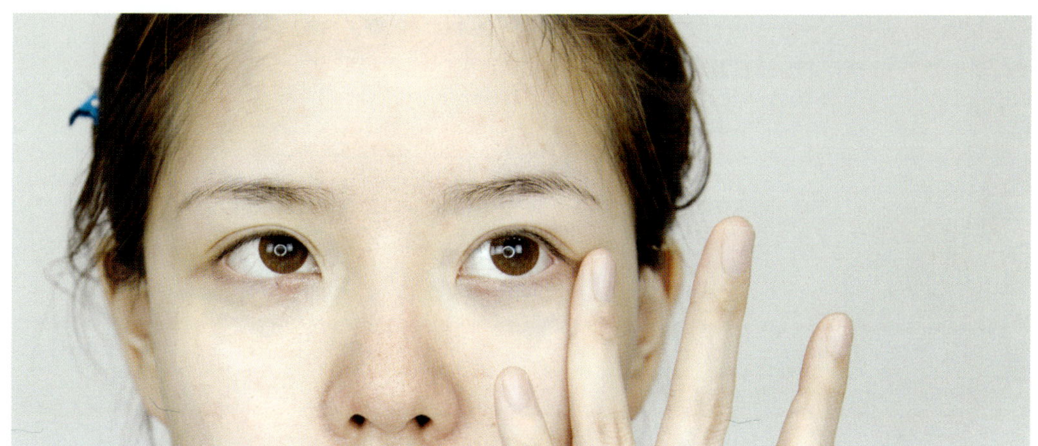

5 아이크림을 네 번째 손가락에 묻혀 눈가에 펴 발라요. 눈가 피부는 얇으니 힘이 약한 네 번째 손가락을 사용하세요.

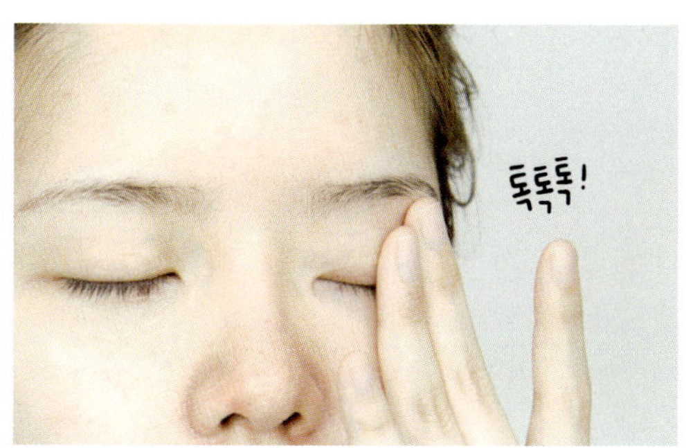

6 완전히 흡수되도록 가볍게 두드려요.

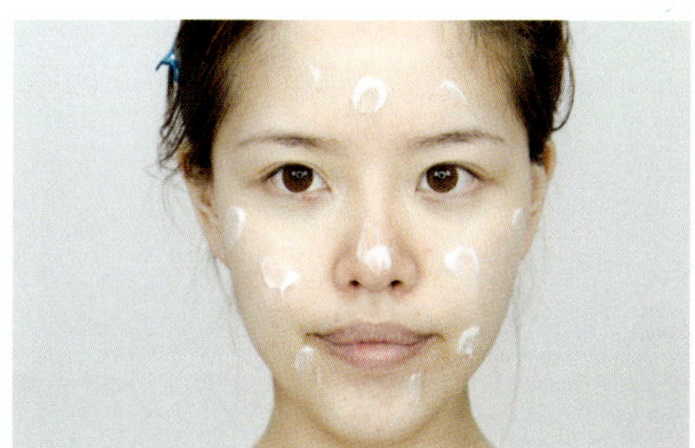

7 수분크림을 손가락에 찍어 얼굴 전체에 묻혀요.

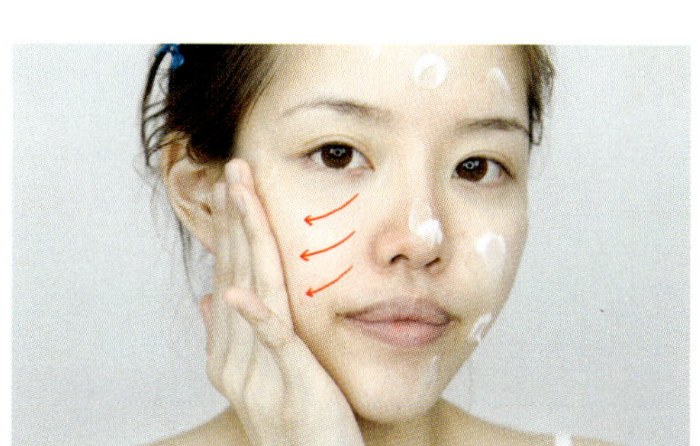

8 피부 결을 따라 꼼꼼히 펴 발라요.

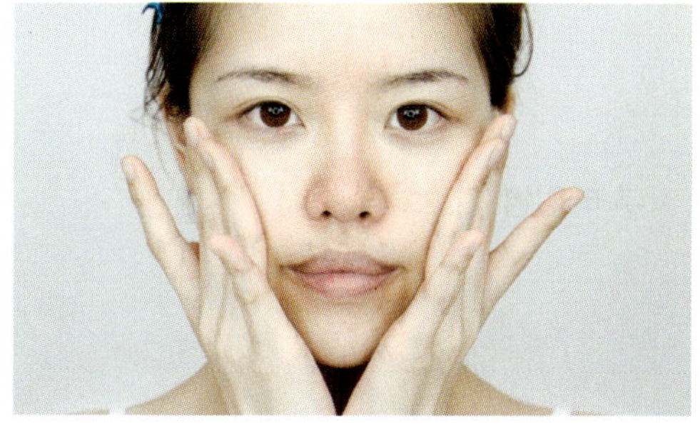

9 완전히 흡수되도록 꼼꼼히 두드려요.

STEP 2 눈썹 다듬기

얼굴의 지붕 눈썹! 눈썹을 정리할 부분에 바세린 혹은 수분크림을 바르면
피부에 상처가 나지 않고 매끄럽게 밀려요.

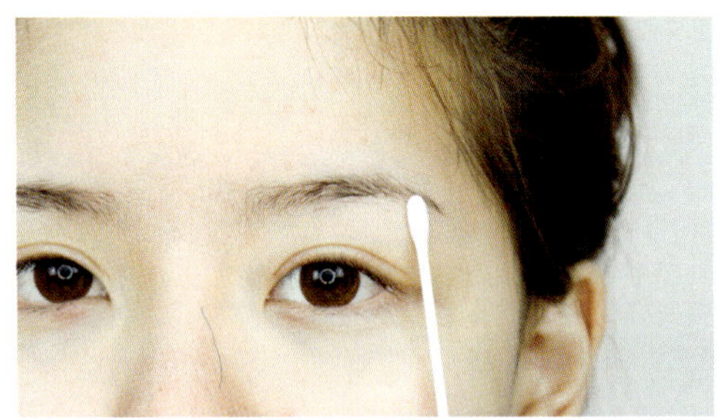

1 눈썹 정리할 부분에 바세린 혹은 수분크림을 발라요.

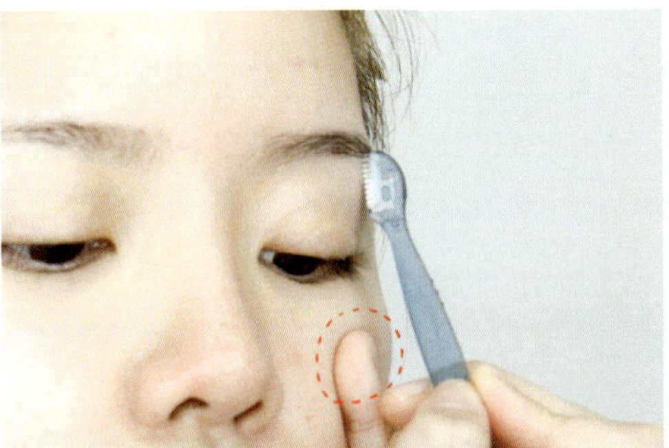

2 새끼손가락을 앞볼에 받친 뒤 눈썹 칼을 45도 정도 눕혀요.
  눈썹 칼이 눈썹뿌리와 밀착되어 깔끔하게 잘 밀려요.

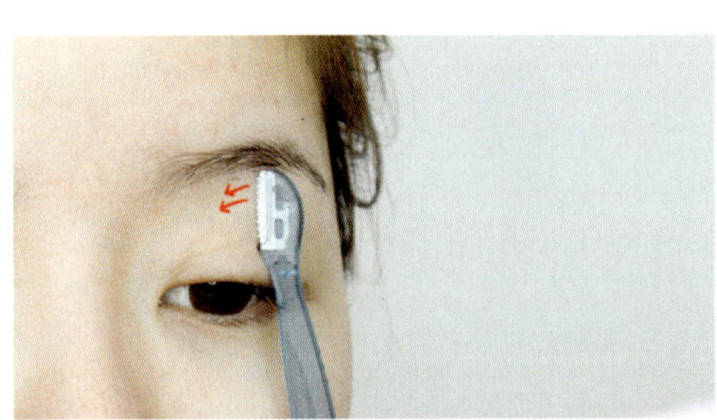

3 눈썹이 난 반대 방향으로 밀어요.

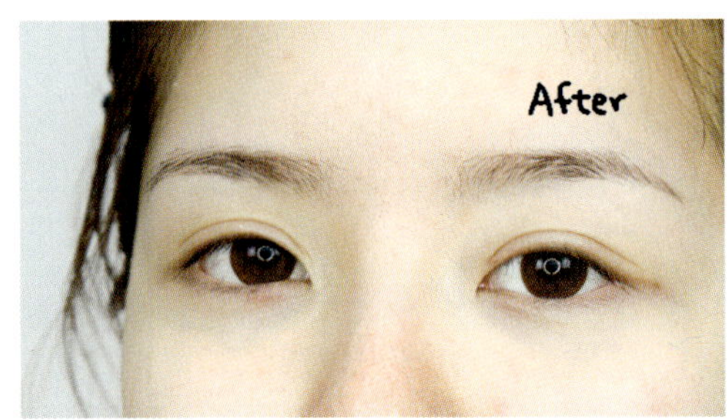

STEP 3 자외선 차단제

자외선 차단제를 바르고 바로 햇빛을 쬐면 아무 효과 없어요.
외출 한 시간 전에 충분한 양을 짜서 절반씩 나눠 바르세요.

1 자외선 차단제를 손등에 100원짜리 동전 크기만큼 덜어요. 한 번에 많은 양을 바르면 피부 화장이 밀리니 절반씩 두 번에 나눠서 발라요.

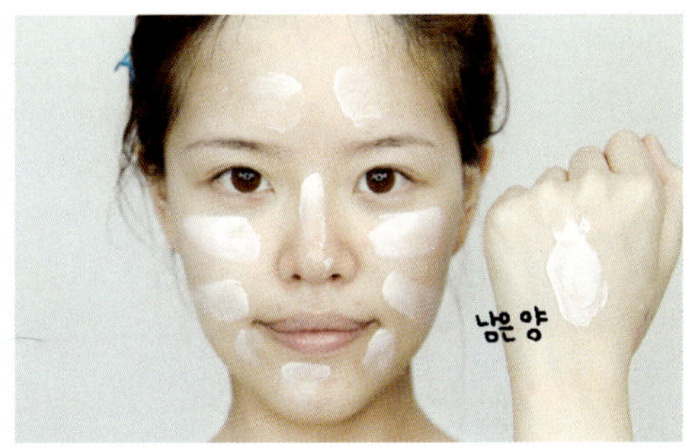

2 손가락에 찍어 안에서 바깥쪽으로 얼굴 전체에 묻혀요.

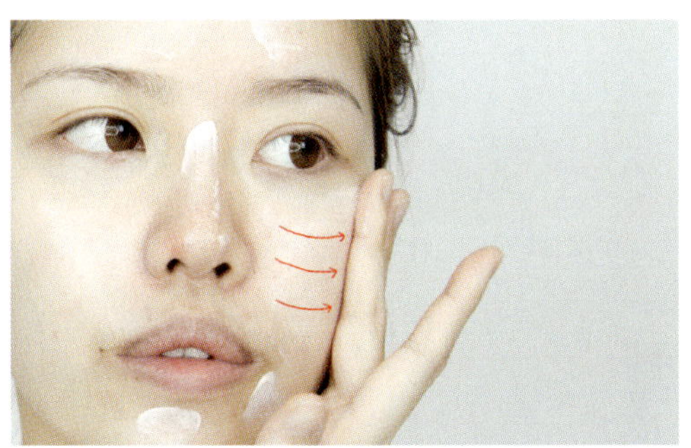

3 넓게 펴 바른 뒤 완벽하게 흡수되도록 손가락으로 두드려요.

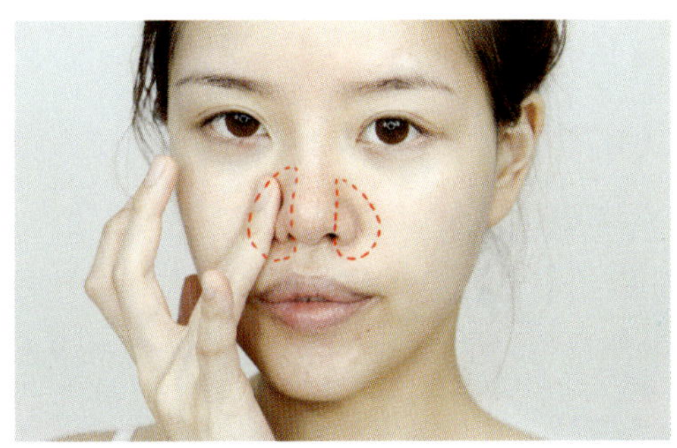

4 콧방울은 유분이 많아 화장이 잘 뜨는 부위예요. 손가락으로 톡톡 두드리며 한 번 더 눌러줘요.

5 손바닥에 열감이 느껴질 때까지 비빈 뒤 얼굴 전체를 감싸 완벽하게 흡수시켜요.

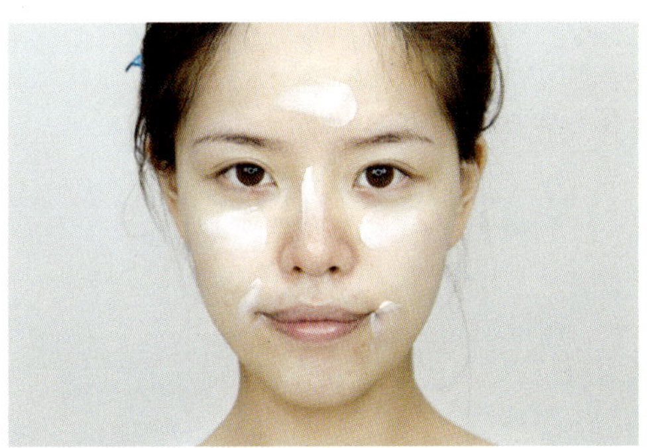

6 같은 방법으로 한 번 더 발라요.

STEP 4 프라이머

모공을 감쪽같이 감춰주는 프라이머. 많이 바르면 각질처럼 들뜰 수 있으니
필요한 부분에만 조금씩 발라요.

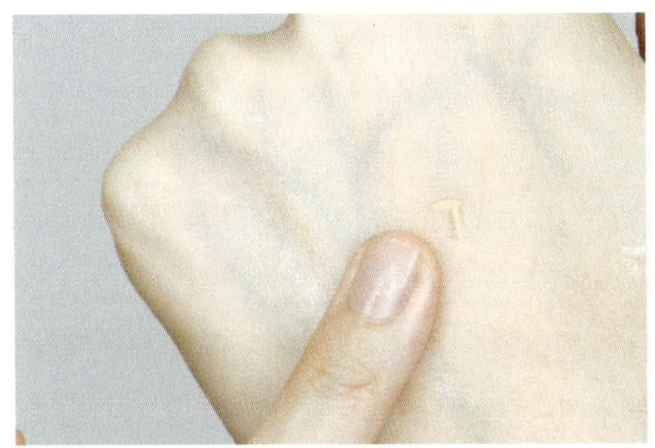

1 모공 프라이머를 손등 위에 쌀알 2개 크기만큼 덜어요.

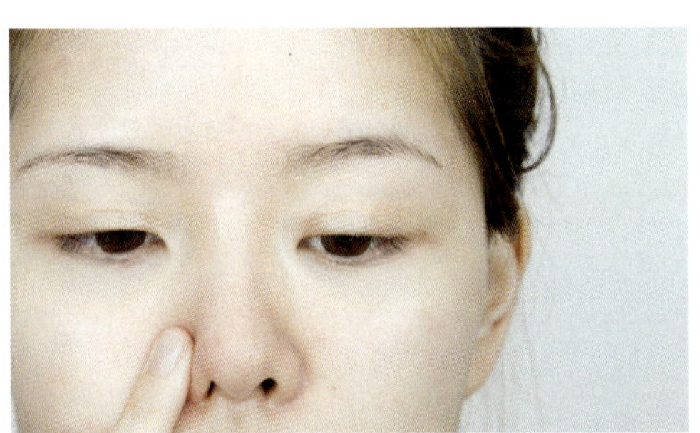
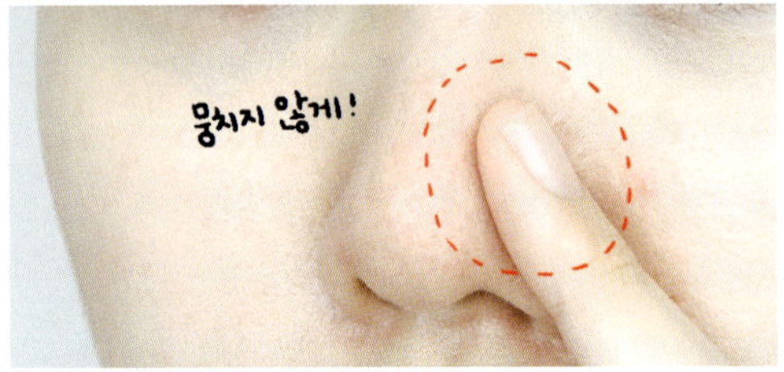

3 콧방울은 화장이 잘 뭉치는 부분이니 힘을 빼고 톡톡 두드
려 흡수시켜요. 남은 양은 볼에 가볍게 발라요.

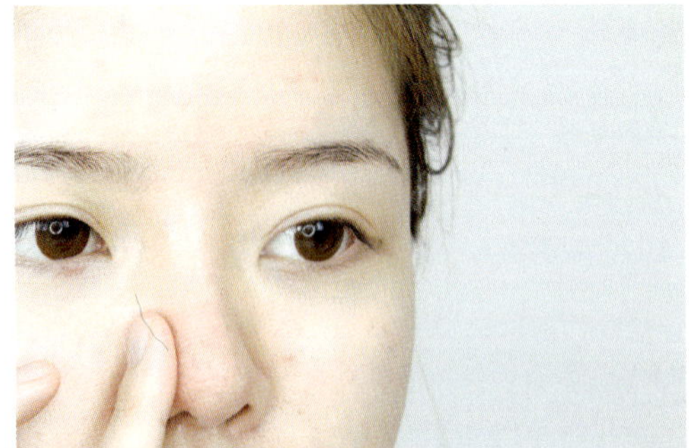
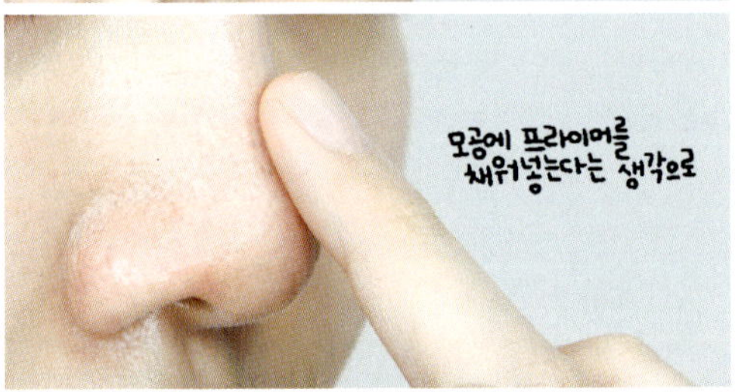

2 모공을 채운다는 느낌으로 가볍게 발라요.

4 모공이 크거나 확실한 커버를 원하
면 브러시에 프라이머를 묻혀서 꼼
꼼하게 발라요.

STEP 5 메이크업베이스

얼룩덜룩 울긋불긋한 피부 톤을 깨끗하게 정돈해요.
퍼프에 묻혀 바르면 뭉침 없이 고르게 바를 수 있어요.

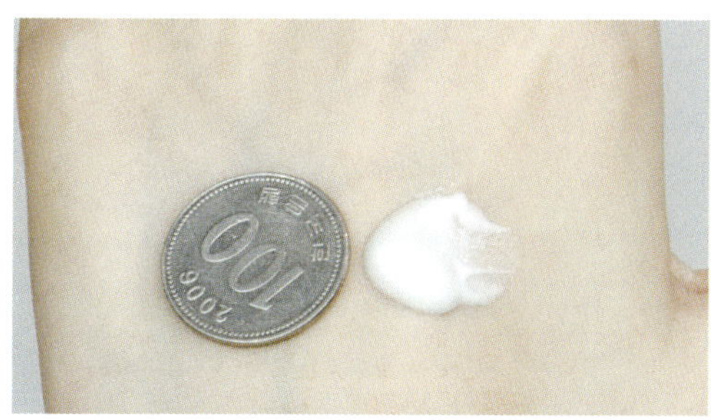

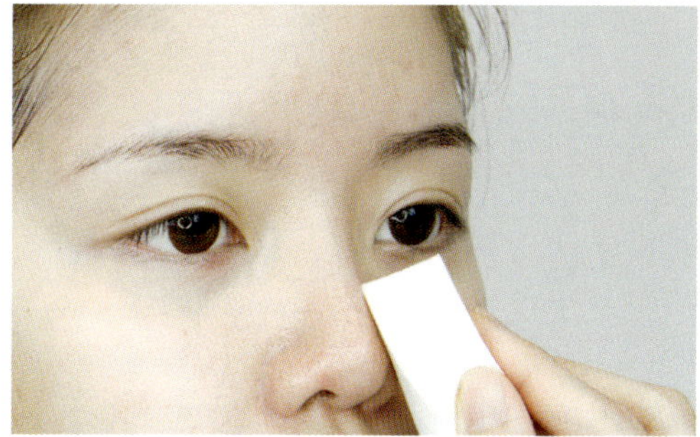

1 메이크업베이스를 손등에 100원짜리 동전 크기만큼 덜어요. 육각형 퍼프의 매끄럽게 코팅된 면에 묻혀 프라이머가 들뜨는 부분을 가볍게 닦아요.

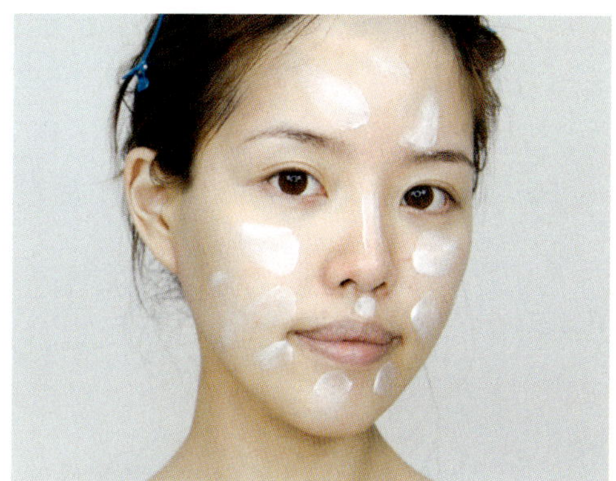

2 손가락에 찍어 얼굴 전체에 묻혀요.

3 넓게 펴 바른 뒤 손가락으로 두드리며 완벽하게 흡수시켜요.

STEP 6 컨실러

꼭꼭 숨어라, 색소 침착! 컨실러는 매트하고 건조가 빨라서 손에 묻혀 바르면 얼룩이 질 수 있으니
브러시에 묻혀 양을 조절한 뒤 발라요.

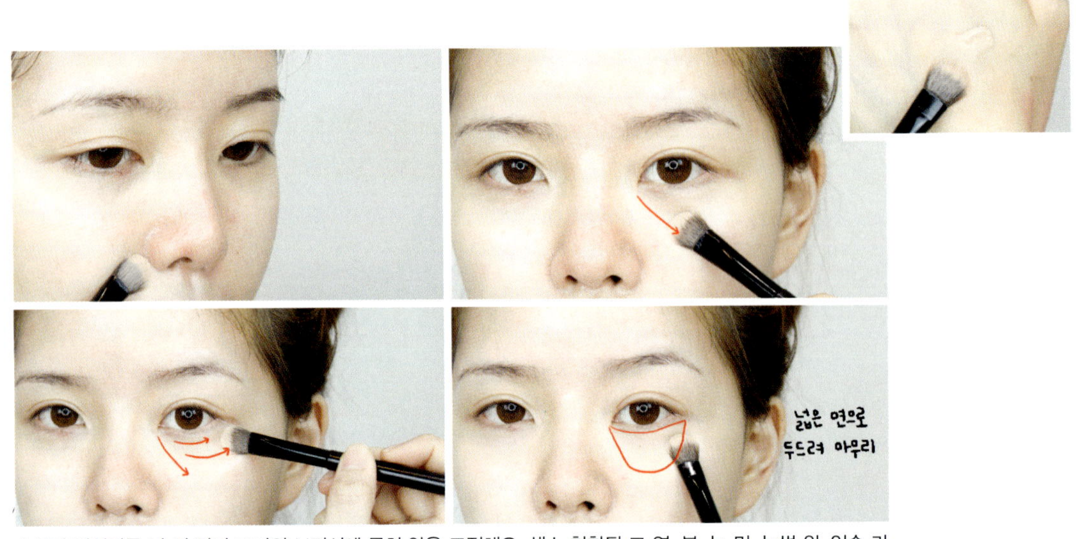

손등에 컨실러를 던 뒤 검지 크기의 브러시에 묻혀 양을 조절해요. 색소 침착된 코 옆, 볼, 눈 밑, 눈썹 위, 입술 라
인에 발라요.

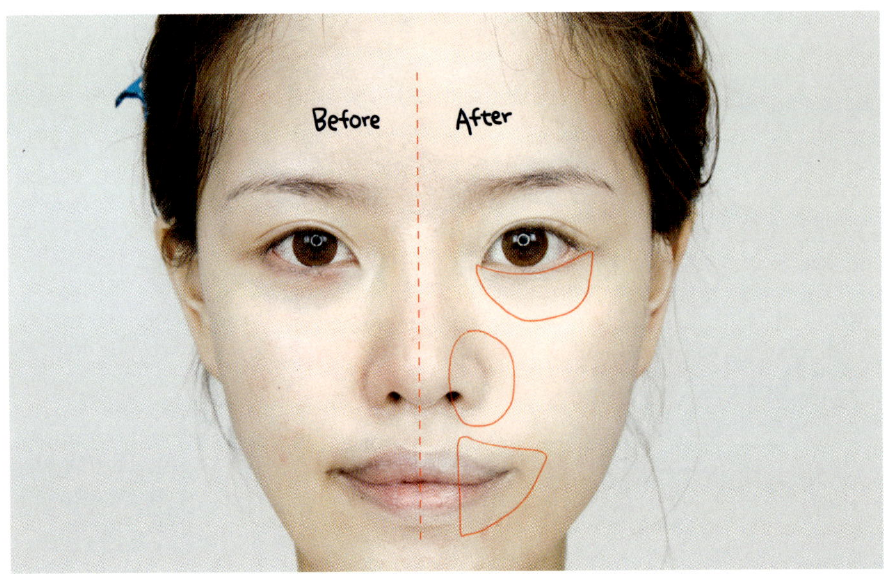

STEP 7 컨실러＋파운데이션

전 단계에서 바른 컨실러 때문에 피부가 다시 얼룩덜룩해졌을 거예요. 컨실러와 파운데이션을 섞어
피부 톤이 균일하지 않은 부분에 발라요.

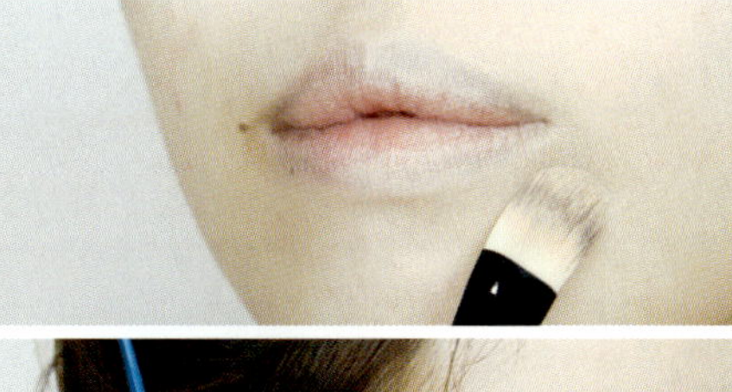

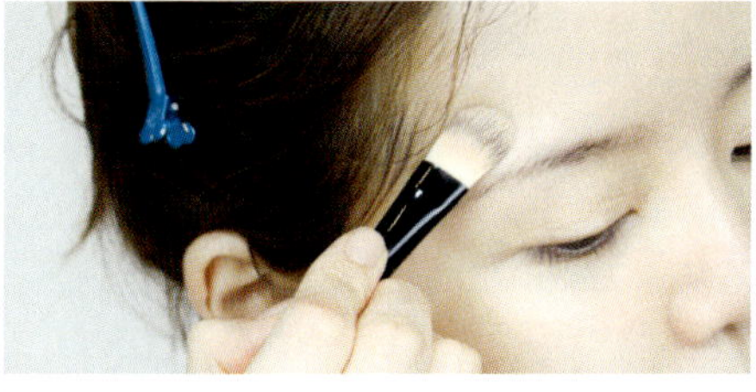

컨실러와 파운데이션을 5:5 비율로 섞어 엄지 크기의 컨실러 브러시에 묻혀요. 전 단계에서 컨실러를 바른 부분과 피부 톤이 균일하지 않은 부분에 톡톡 두드리듯 발라요.

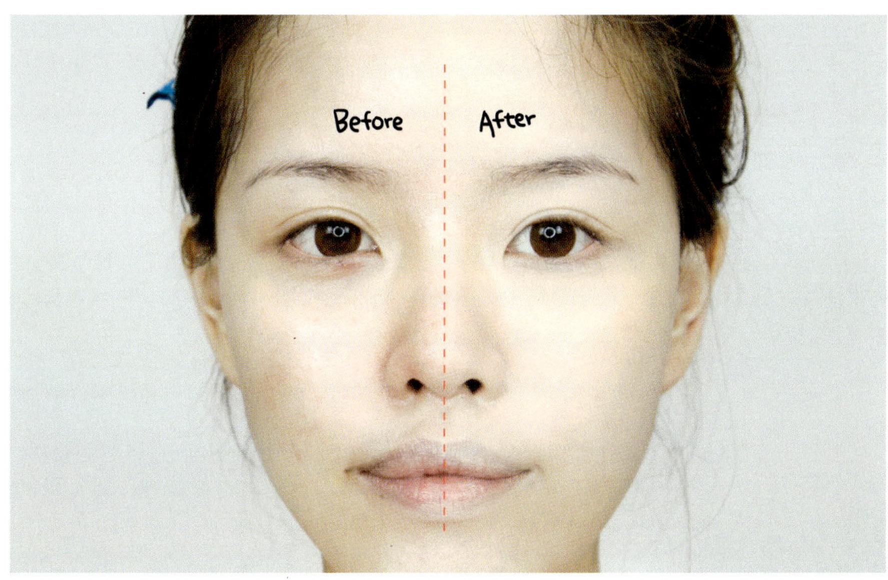

STEP 8 파운데이션

피부 톤보다 밝은 컬러와 어두운 컬러 2가지 파운데이션을 사용해요. 밝은 컬러 파운데이션을
얼굴 중앙에 바른 뒤 어두운 컬러 파운데이션으로 나머지 부분을 바르면 입체감이 생겨요.

나에게 맞는 파운데이션 고르기

리퀴드형 | 묽은 리퀴드 타입으로 촉촉한 타입부터 매트한 타입까지 선택의 폭이 넓어요. 누구나 무난하게 사용할 수 있고 양 조절이 쉬우며 다양한 피부 표현도 가능해요.

스틱형 | 커버력이 높고 지속력이 좋아 따로 컨실러를 사용하지 않아도 돼요. 얼굴 전체에 사용하기엔 건조하니 다크서클과 입 주변 색소침착 등 결점을 커버하는 용도로 사용하기 좋아요.

팩트형 | 퍼프가 내장되어 있어 휴대성이 좋고 수정 화장이 쉬워요. 퍼프로 얼굴 전체를 빠르고 간편하게 바를 수 있지요. 촉촉하고 자연스러운 광을 연출할 수 있으나 내장된 퍼프 관리에 신경을 써줘야 해요.

파운데이션 A

파운데이션 A를 손바닥에 던 뒤 브러시를 앞뒤로 쓸면서 파운데이션을 충분히 흡수시켜요.

1 브러시를 가로로 잡아 넓은 면으로 얼굴 중앙에 발라요.

2 브러시를 세로로 잡아요. 브러시 자국이 난 부분을 톡톡 두드리며 정리해요.

3 특별히 커버가 필요한 부분은 브러시에 파운데이션을 묻혀 덧발라요.

4 모공이 있거나 피부가 얇은 부분은 톡톡 두드리듯 짧게 터치해요. 문지르면 각질이 일어나고 화장이 밀려요.

파운데이션
A+C

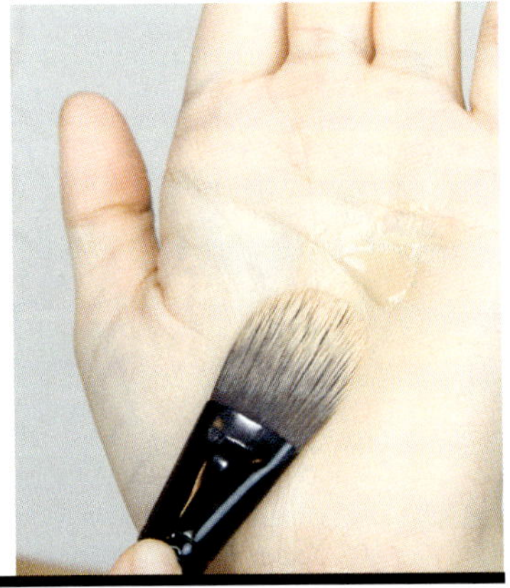

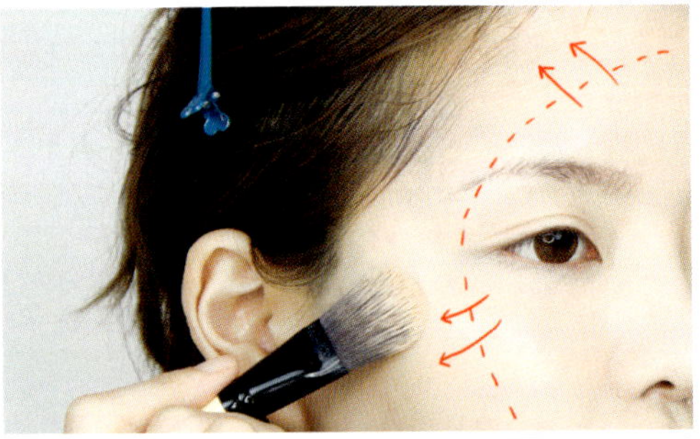

파운데이션 A와 C를 섞어 내 피부 톤과 비슷한 파운데이션 컬러를 만들어요.

파운데이션 A 경계 부분을 중심으로 안에서 바깥쪽으로 펴 발라요.

파운데이션
C

파운데이션 C를 손바닥에 던 뒤 브러시를 앞뒤로 쓸면서 파운데이션을 충분히 흡수시켜요.

파운데이션 B 경계 부분부터 턱선, 목까지 이어서 발라요.

STEP 9 스틱 컨실러＋팟 타입 컨실러

얼굴의 작은 잡티를 가려줘요. 스틱 컨실러가 너무 매트하면 팟 타입 컨실러와 섞어 바르세요.

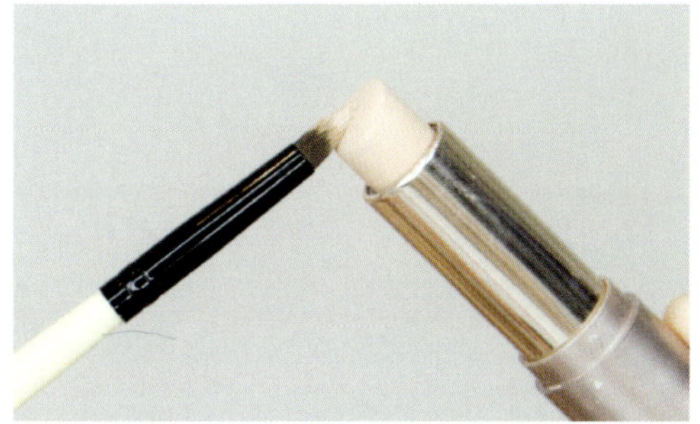

1 새끼손톱 크기의 브러시나 끝이 모아지는 둥근 브러시에 스틱 컨실러를 묻힌 뒤 팟 타입 컨실러를 덧묻혀요.

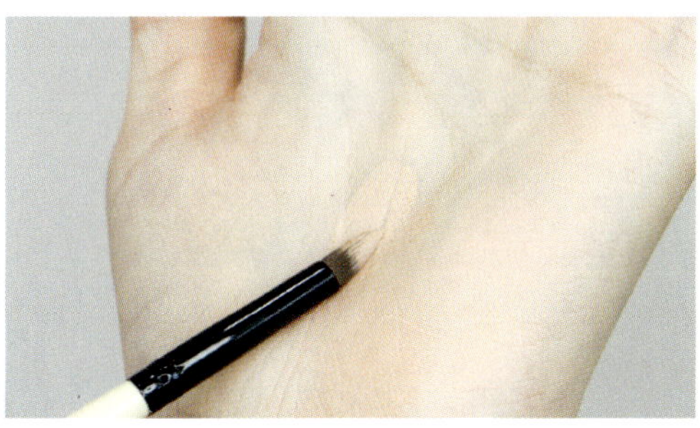

2 손바닥에 문질러 섞은 뒤 양을 조절해요.

3 잡티 위에 가볍게 눌러요. 문지르면 화장이 벗겨져요.

STEP 10 콤팩트 파우더

색조 메이크업을 할 부분에 콤팩트 파우더를 꾹꾹 눌러 유분기를 잡아요.
화장 지속력을 높이고 색소 침착을 막아줘요.

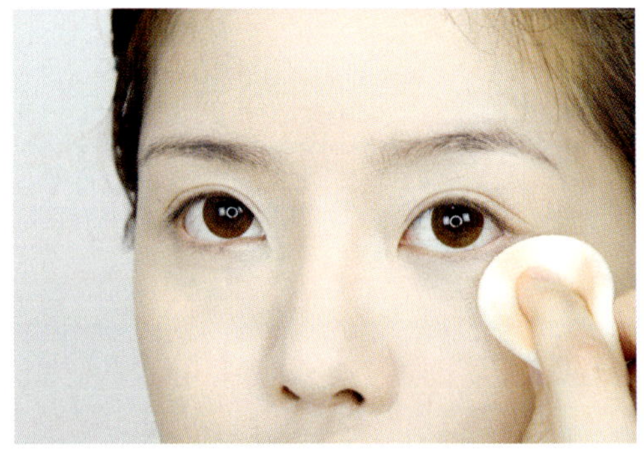

1 퍼프에 콤팩트 파우더를 묻힌 뒤 눈 밑에 꾹꾹 눌러 발라요.

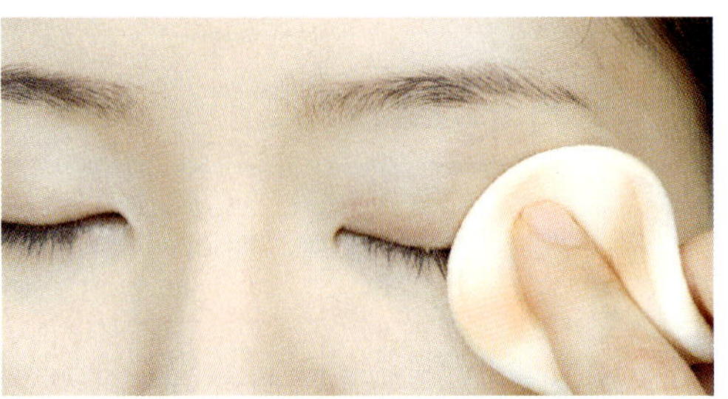

2 눈두덩에도 발라요.

3 부드러운 천연모 브러시에 파우더를 묻힌 뒤 한 번 털어요.

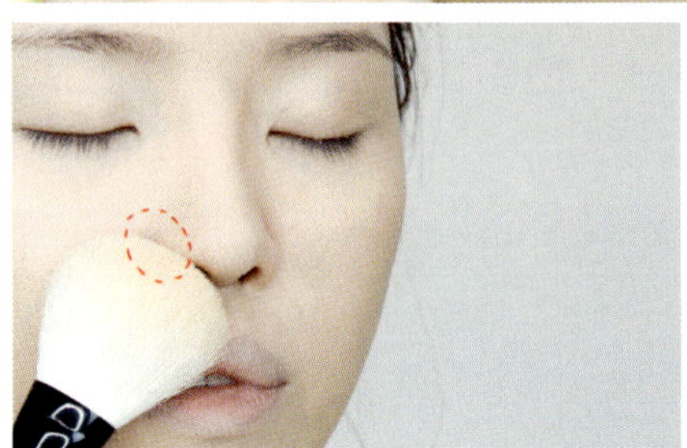

4 얼굴 가운데에 가볍게 바른 뒤 유분이 많이 나오는 부분에 한 번 더 발라요. 건성 피부는 생략해도 좋아요.

STEP 11 루스 파우더

루스 파우더로 얼굴 전체를 가볍게 쓸며 아주 작은 양의 유분기까지 확실하게 잡아요.
피부 메이크업 중 절대 빼먹지 않는 과정이에요.

1 넓은 팬 브러시에 무색 루스파우더를 묻혀 얼굴 전체를 가
볍게 쓸어요. 피부 메이크업의 지속력을 높이고 머리카락이
얼굴에 달라붙는 것을 막아줘요.

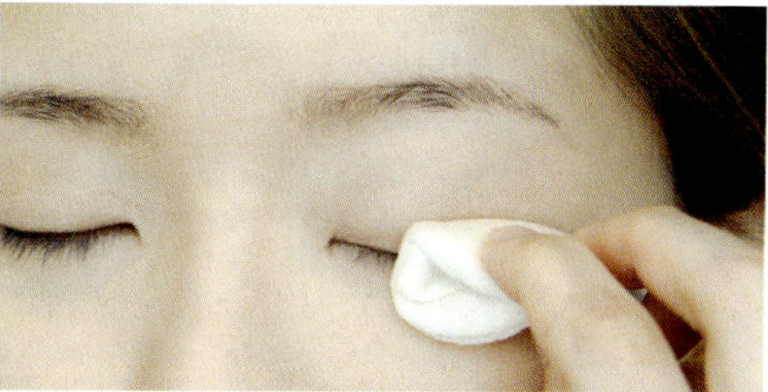

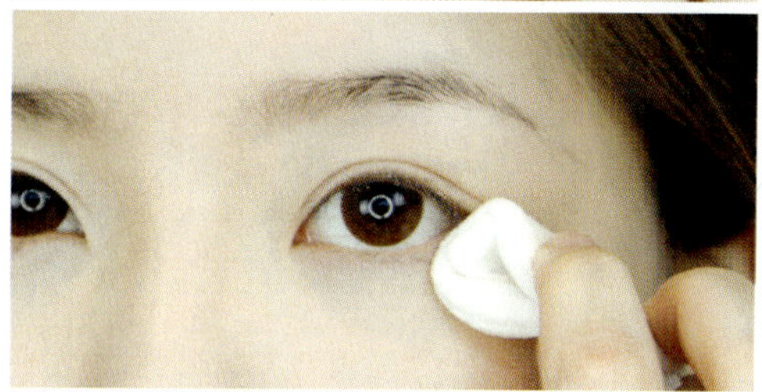

2 노세범 파우더를 퍼프에 묻힌 뒤 반을 접어 속눈썹 사이와
눈 밑에 발라요. 유분기를 잡아 눈 화장이 번지지 않아요.

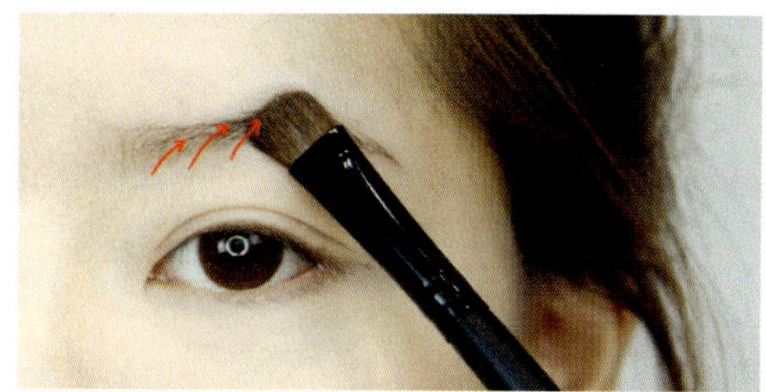

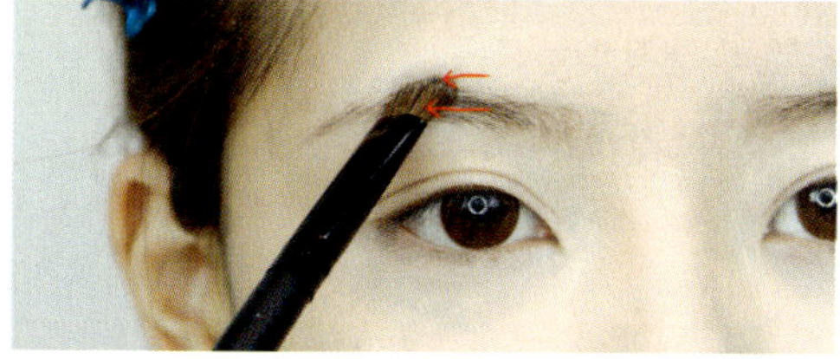

3 눈썹 역시 색조가 올라가는 부분이에요. 브러시에 노세범
파우더를 묻혀 가볍게 쓸어요. 눈썹 메이크업의 지속력을
높이는 단계로, 눈썹 모가 없는 사람에겐 필수예요.

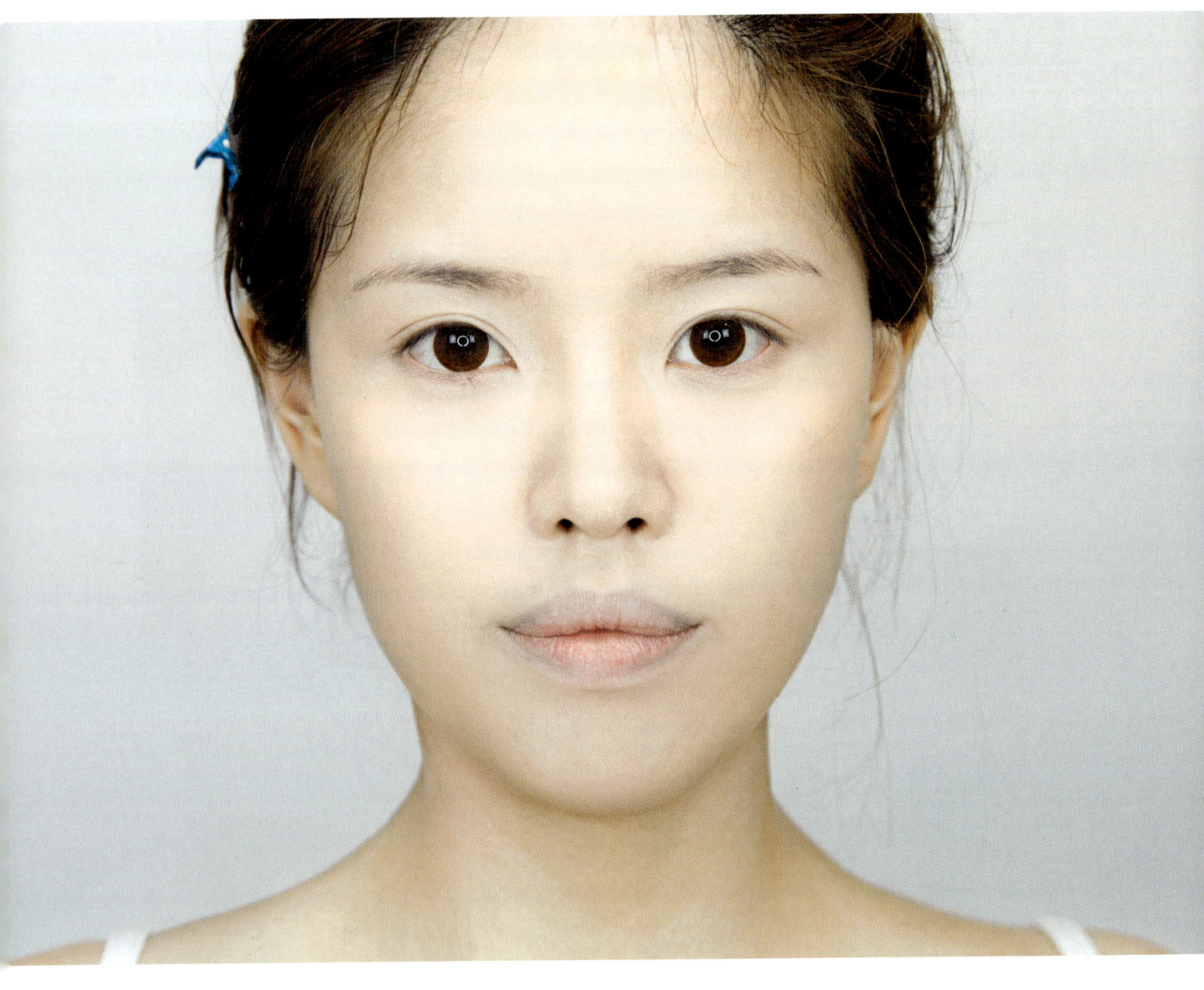

본 격 적 으로 변 신 해 볼 까 요 ?

피부 메이크업만으로도 확실히 달라졌죠. 평생 가릴 수 없을 것 같았던 왕모공과 색소 침착을 깨끗하게 커버했어요. 그 럼 지금부터는 메이크업의 꽃인 색조 메이크업을 시작해봐요. BB크림은 안 발라도 립스틱은 바른다는 말이 있을 정도로 여자에게 색조 메이크업은 필수예요. 예쁘고 생기 있는 컬러로 완벽하게 메이크업하고 외출했는데, 두세 시간 지나 거울 을 보면 좌절하게 되죠. "아침엔 분명 어리고 화사해 보였는데, 왜 갑자기 늙은 거지?" 덧발라도 지워지고 번지는 색조 메이크업을 보면 '차라리 안 하는 게 낫겠다'는 생각까지 들어요. 여러분도 저와 같은 경험 있지 않나요? 지금부터 색조 메이크업을 선명하게 오랫동안 유지할 수 있는 방법을 소개할게요. 어디서도 공개하지 않은 개코의 시크릿 노하우! 차근 차근 따라 하세요.

색조 메이크업으로 완성도를 높여봐요. 테크닉만 제대로 알면 많은 시간 들이지 않고도 원하는 메이크업을 할 수 있어요. 스타일에 따라 응용해도 좋아요.

**개코의
색조 아이템**

1 은은한 광의 **하이라이터** 맥_미네랄라이즈 스킨피니시 라이츠카페이드
2 바세린광의 스킨 톤 **크림 섀도** 디올_5꿀뢰르 708 앰버디자인(표시한 컬러)
3 은은한 펄 감의 카멜 컬러 **중간 톤 아이섀도** 디올_5꿀뢰르 634 골든플라워(표시한 컬러)
4 은은한 펄 감의 브라운 컬러 **아이섀도** 디올_5꿀뢰르 634 골든플라워(표시한 컬러)
5 무펄의 피치 컬러 **블러셔** 더샘_샘물 스마일 베베 블러셔 02 망고피치
6 블랙 컬러 **젤 아이라이너** 토니모리_백젤 아이라이너 1호 블랙
7 무펄의 중간 톤 음영 **섀도** 맥_아이섀도 소바
8 화려한 펄 감의 피치베이지 컬러 **아이섀도** 맥_아이섀도 허니러스트
9 핑크 컬러 **크림 블러셔** 삐아_다우니치크 다우니핑크
10 은은한 실크 컬러의 **섀딩 블러셔** 더페이스샵_러블리 믹스 유 페이스 블러셔 09호 시나몬드림
11 은은한 광택의 핑크코럴 컬러 **글로스 틴트** 입생로랑_루주 뷔르 꾸뛰르 베르니 아 레브르 12호
12 코럴 컬러 **립스틱** 맥_립스틱 래비싱
13 가는 브러시의 **워터프루프 마스카라** 이니스프리_스키니 워터프루프 꼼꼼카라
14 무펄, 무색 **마스카라 픽서** 에뛰드하우스_닥터 마스카라 픽서 포 퍼펙트 래쉬
15 브라운 컬러 **펜슬 아이라이너** 삐아_라스트 오토 젤 아이라이너 재즈
16 펄 감이 있는 골드 컬러 **펜슬 아이라이너** 삐아_라스트 오토 젤 아이라이너 샴페인
17 밝은 아이보리 컬러 **펜슬 아이라이너** 삐아_라스트 오토 젤 아이라이너 바닐라촉촉
18 브라운 컬러 **아이브로 펜슬** 슈에무라_하드포뮬러 6호

STEP 12 눈썹 그리기

눈썹 빈 공간을 채울 때는 펜슬 넓은 면을, 눈썹 결을 살릴 때는 뾰족한 면을 사용해요.
많은 힘을 들이지 않고 쉽고 빠르게 그릴 수 있어요.

1 스크루 브러시로 눈썹 결을 따라 빗어요.

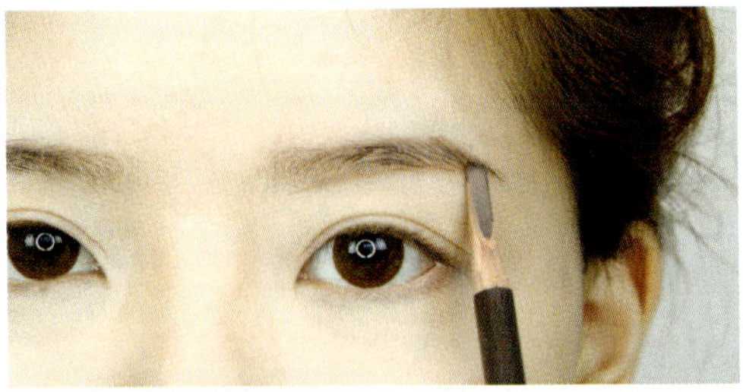

2 아이브로 펜슬로 눈썹 모양을 잡아요.

3 새끼손가락을 얼굴에 대고 아이브로 펜슬을 세운 뒤 눈썹 결을 따라 그려요.

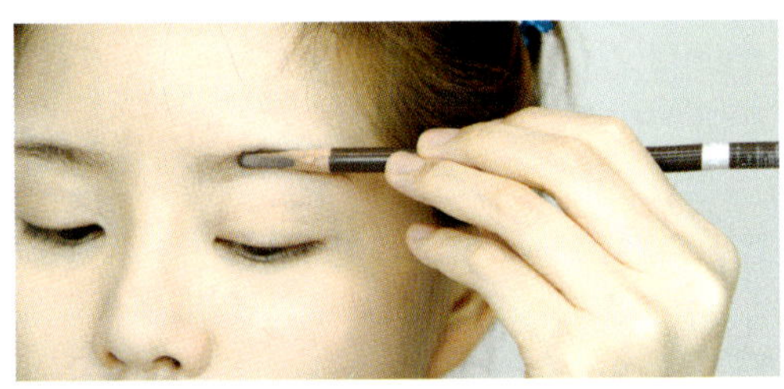

4 펜슬을 눕혀 넓은 면으로 빈 공간을 채워요. 펜슬에 힘이 실리지 않아 연하고 자연스럽게 그릴 수 있어요.

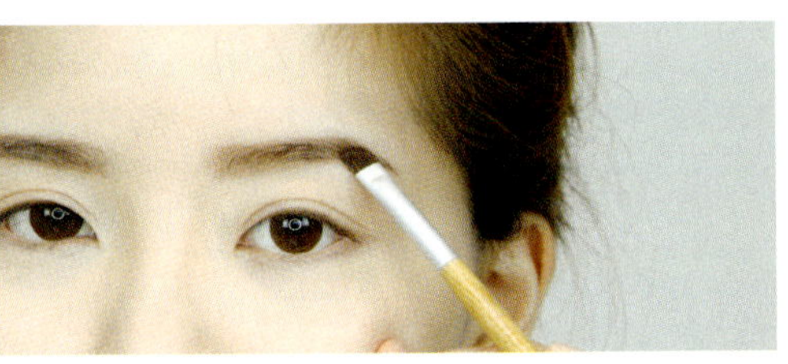

5 아이브로 브러시에 '맥 소바'를 묻혀 눈썹 결대로 가볍게 쓸어요. 머리 컬러와 눈썹 컬러를 맞추는 단계예요.

6 다시 아이브로 펜슬을 세워 눈썹 끝부분을 결대로 그려요.

7 스크루 브러시로 빗어 마무리해요.

STEP 13 음영 그리기

들어가야 하는 곳은 들어가게! 나와 있는 곳은 더 나와 보이게! 아이섀도로 음영을 넣어
눈을 더 입체감 있게 만들어요. 음영 섀도는 손등에서 양을 조절한 뒤 여러 번 나눠 바르세요.

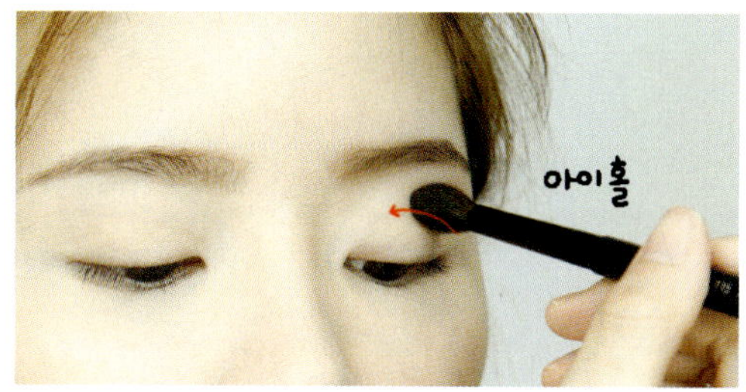

1 검지 크기의 둥근 브러시에 '맥 소바'를 묻혀요. 손등에서
양을 조절한 뒤 브러시를 90도로 세워 아이 홀에 2~3회
쓸어요. (73페이지 참고)

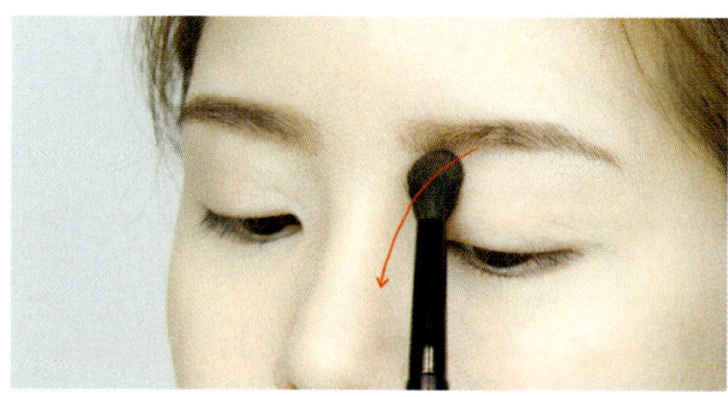

2 브러시를 45도로 뉘어 눈썹 앞머리부터 콧대까지 점점 힘
을 빼며 여러 번 쓸어요.

3 눈썹 뼈에 하이라이터를 바른 뒤 브러시를 세워 눈썹과 눈썹
뼈 경계 부분에 덧칠해요.

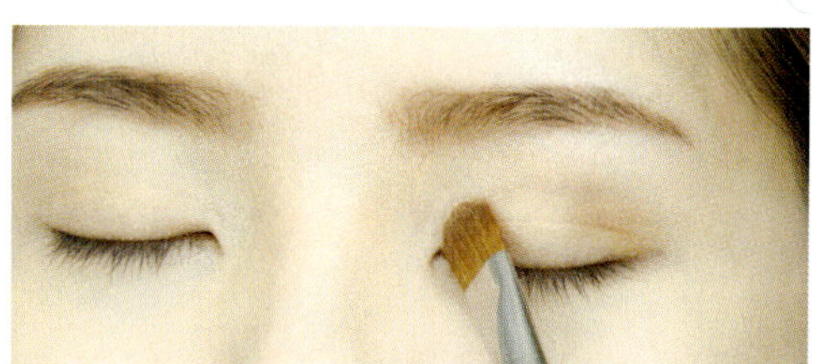

4 눈 앞머리를 눌러 움푹 들어가는 곳에 하이라이터를 발라
요.

STEP 14 아이섀도

아이섀도를 바를 때는 브러시 잡는 위치가 중요해요. 짧게 잡으면 진하게, 길게 잡으면 연하게
발색되거든요. 블랜딩할 때는 길게, 눈 앞머리와 언더라인에 바를 때는 짧게 잡고 바르는 게 좋겠죠.

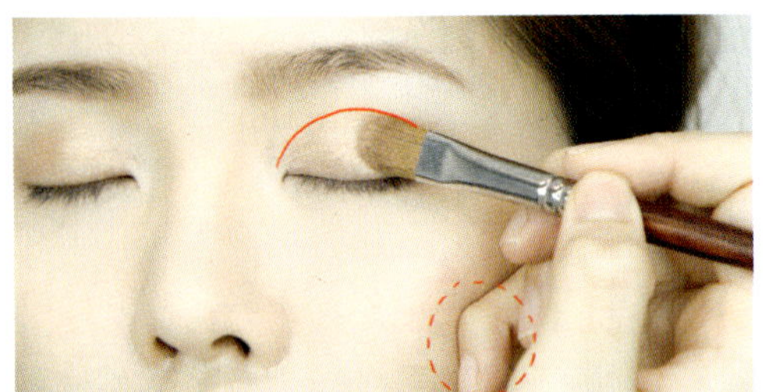

1 아이 홀에 은은한 펄 감의 카멜 컬러 아이섀도를 2~3회 발
  라요.

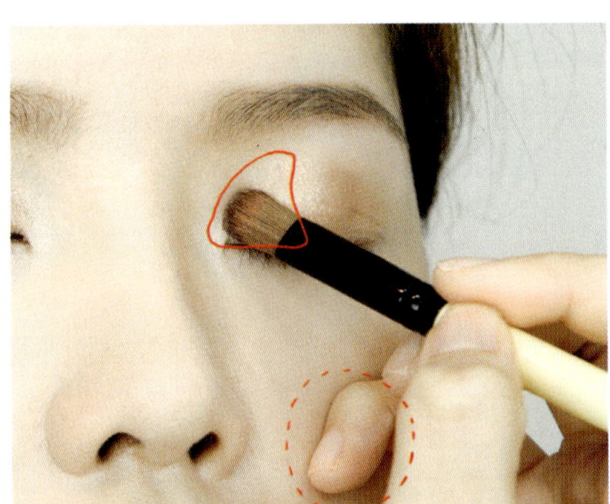

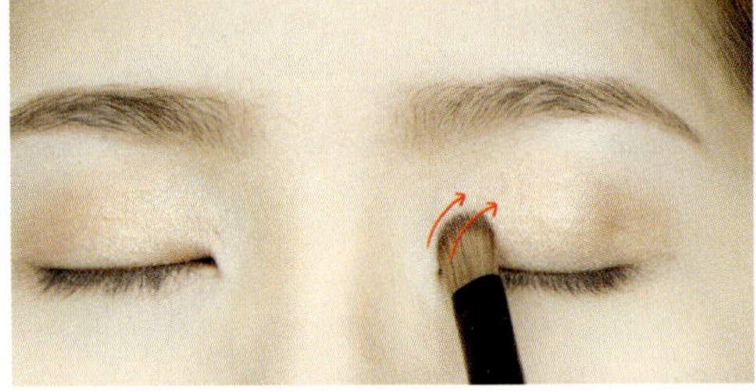

3 새끼손가락을 얼굴에 대고 브러시를 45도로 눕혀요. 눈 앞
  머리에 바세린 광의 스킨 톤 크림 섀도를 발라요. 눈을 떴을
  때는 눈 앞머리가 시원하게 트여 보이고, 눈을 감았을 때 눈
  두덩이 은은하게 빛나 보여요.

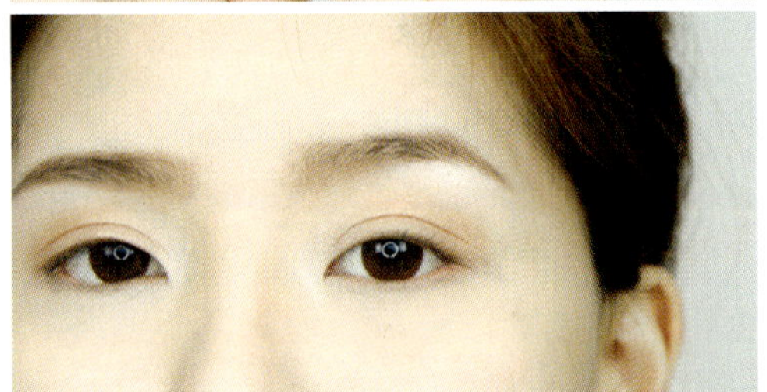

2 새끼손가락으로 눈 밑을 살짝 아래로 당긴 뒤 언더라인 점
  막에도 발라요.

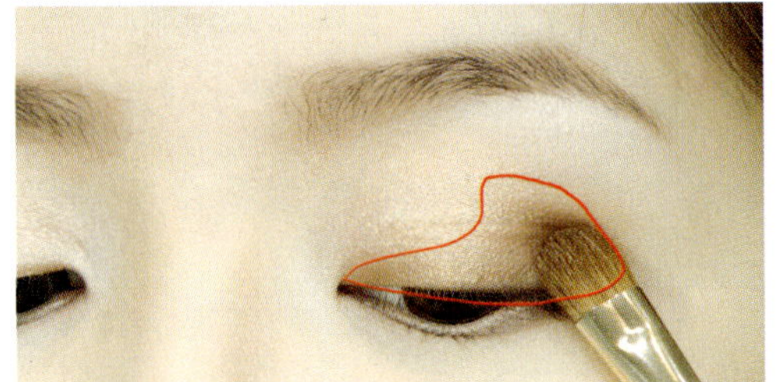

4 표시된 부분에 은은한 펄 감의 카멜 컬러 중간 톤 아이섀도
  를 발라요.

5 브러시를 짧게 잡아요. 새끼손가락을 얼굴에 대고 브러시를 90도로 세워 쌍꺼풀 라인 안쪽에 은은한 펄 감의 브라운 컬러 아이섀도를 발라요.

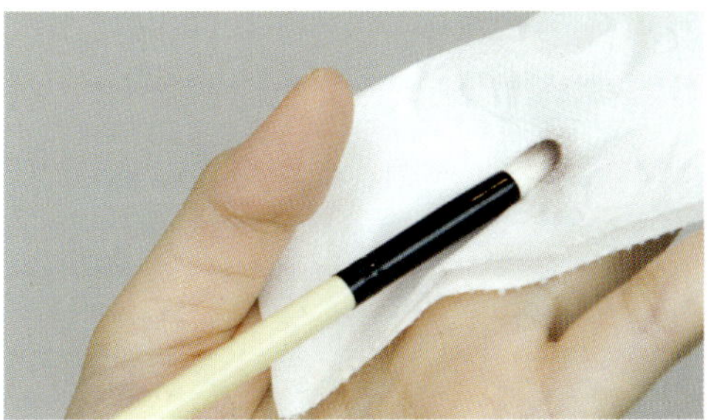

6 브러시를 마른 티슈에 닦아요.

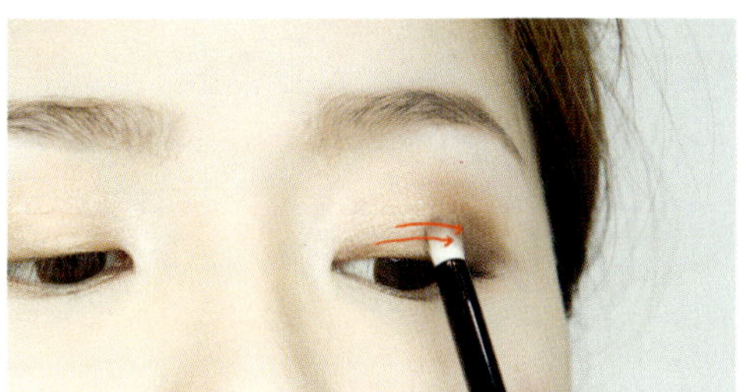

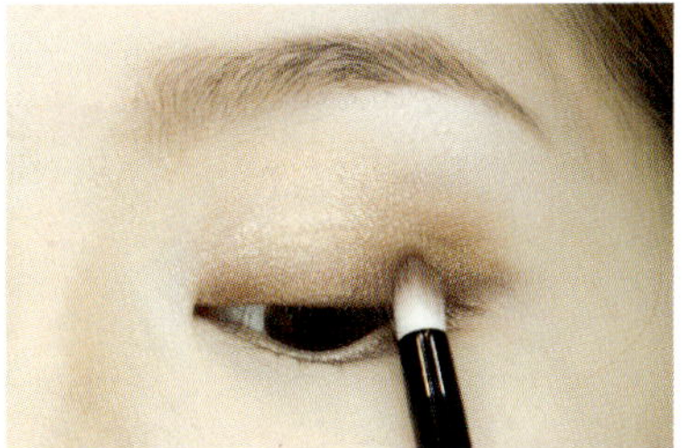

7 브러시를 길게 잡은 뒤 세로로 눕혀서 블랜딩해요.

STEP 15 뷰러

높이높이 솟아라 속눈썹! 눈 앞머리나 눈꼬리는 부분 뷰러로 컬링하세요.

1 속눈썹에 묻어 있는 아이섀도를 닦아내요. 속눈썹에 쌓여 있는 아이섀도 가루는 아이라이너 발색을 방해해요.

3 손가락 힘을 서서히 풀면서 곡선을 그리며 컬을 만들어요.

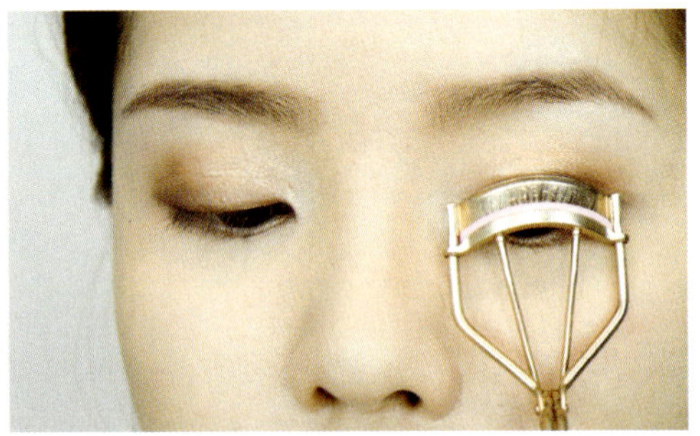

2 뷰러를 속눈썹 뿌리에 최대한 밀착시킨 뒤 3〜5초 정도 꾹 집어요.

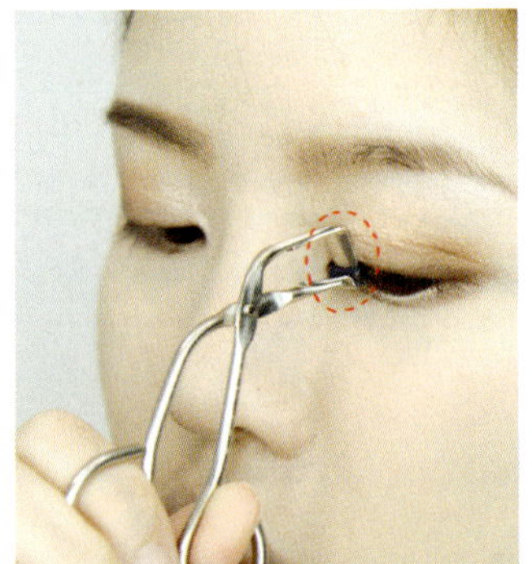

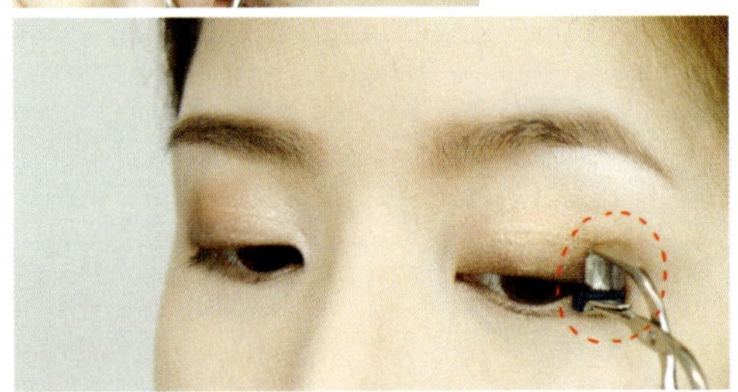

4 눈 앞머리나 눈꼬리는 부분 뷰러로 컬링해요.

STEP 16 아이라인

블랙 컬러 아이라이너는 너무 진해 눈이 부자연스러워 보여요.
브라운 컬러 펜슬 라이너를 덧발라 자연스러운 눈매를 연출해요.

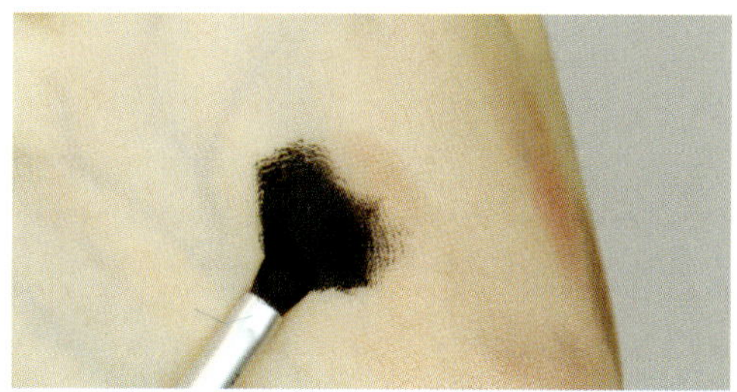

1 블랙 컬러 젤 아이라이너를 손등에 묻혀 양을 조절해요.

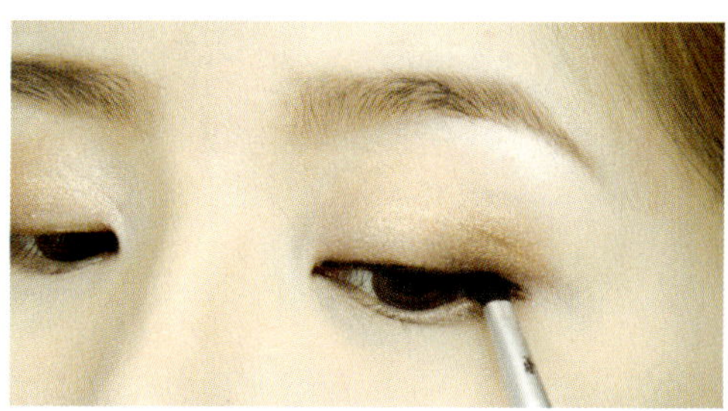

3 속눈썹 위로 0.5mm 정도 채워요.

4 브라운 컬러 펜슬 라이너를 덧발라요.

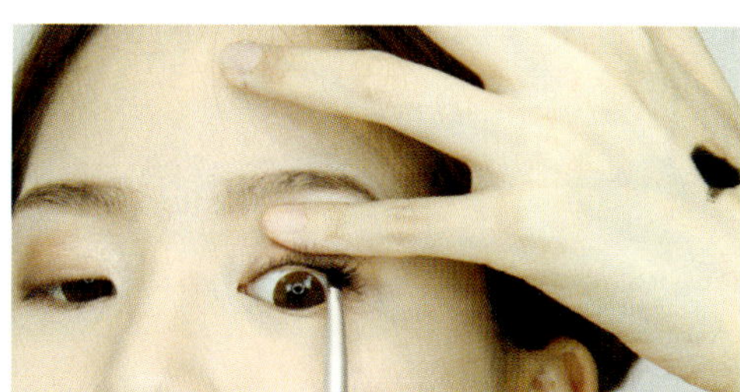

2 거울을 정면에 두고 턱을 들어요. 거울을 쳐다보며 반대쪽 손가락으로 눈두덩을 눌러 점막을 드러내요. 브러시를 45도로 눕혀 점막을 채워요.

5 포인트 아이섀도 브러시에 은은한 펄 감의 브라운 컬러 아이섀도를 묻혀요. 45도로 눕혀 아이라인 경계에 문질러요. 90도로 세워 문지르면 아이섀도 가루가 떨어져요.

6 새끼손가락으로 눈 밑을 살짝 당겨 점막을 드러내요. 앞부분에 밝은 아이보리 컬러 펜슬 아이라이너을 발라요.

7 뒷부분에 펄 감이 있는 골드 컬러 펜슬 아이라이너를 발라요.

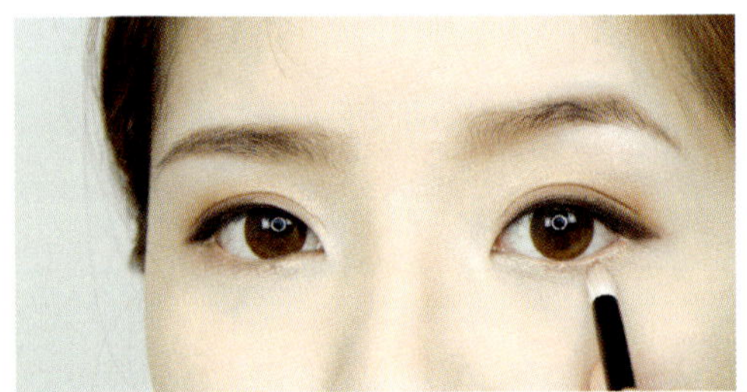

8 총알 브러시에 1번 아이섀도를 묻혀 미리 그려놓은 언더라인과 애교살에 발라요.

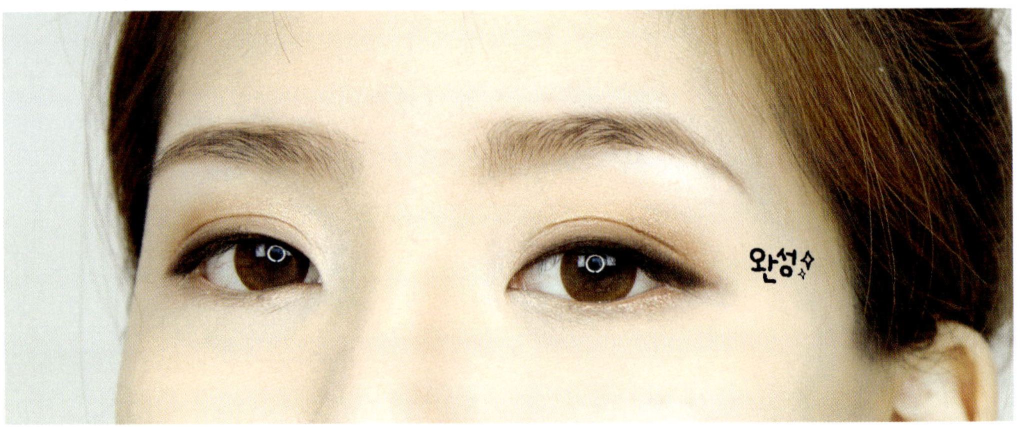

STEP 17 인조 속눈썹

풍성하고 볼륨감 있는 속눈썹 연출을 위해 인조 속눈썹은 필수죠. 3~5mm 간격으로 조각 낸 뒤 한 조각씩 꼼꼼하게 붙여요. 눈을 감아도 티가 안 나고 깜빡일 때도 편해요.

1 인조 속눈썹을 약 3~5mm 간격으로 자른 뒤 손등에 풀을 덜어요.

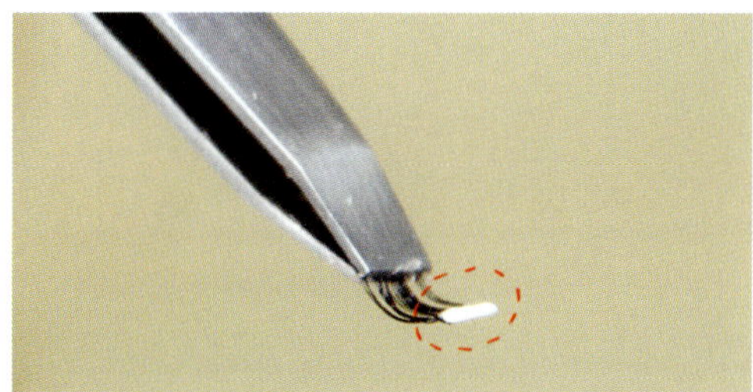

2 조각낸 인조 속눈썹 끝을 족집게로 집은 뒤 속눈썹 풀을 밴드 윗부분에 묻혀요. 인조 속눈썹을 뿌리에 붙일 때는 풀을 밴드 윗부분에 묻히고, 속눈썹 뿌리 위쪽에 붙일 때는 밴드 아래에 묻혀요.

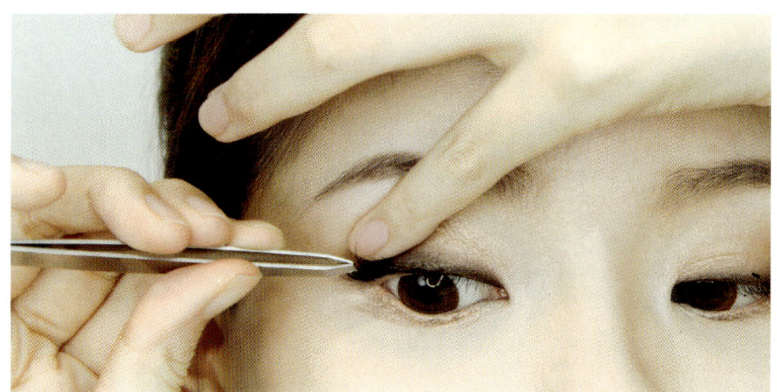

3 거울을 턱 밑에 45도로 세워요. 거울을 쳐다보며 손가락으로 눈두덩을 눌러 점막을 드러내요. 인조 속눈썹을 속눈썹 뿌리에 붙여요.

4 손가락을 옮겨가며 붙여요.

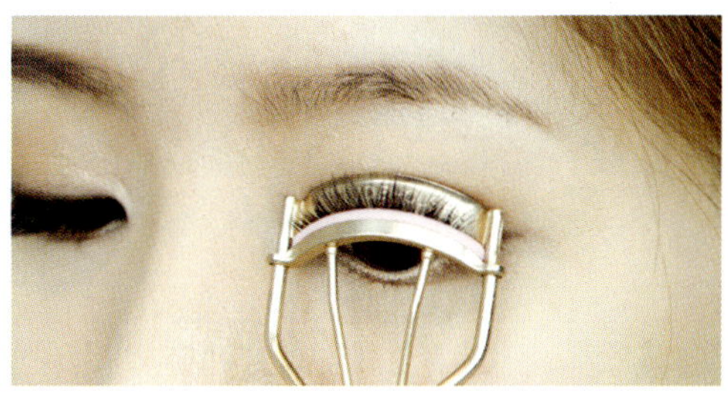

5 뷰러로 내 속눈썹과 인조 속눈썹을 함께 컬링해요.

STEP 18 마스카라

속눈썹을 길어 보이게 하고 인조 속눈썹의 컬을 고정하는 마스카라. 위 속눈썹과 언더래시를 바를 때 시선을 달리하면 뭉치지 않고 깔끔하게 바를 수 있어요.

1 스크루 브러시로 눈 밑 속눈썹을 빗어 뭉쳐 있는 속눈썹을 정리해요.

2 거울을 정면에 놓고 턱을 내려 거울을 보며 언더래시를 발라요. 위 속눈썹에 마스카라를 바를 때는 턱을 들어 아래를 보고 발라요.

3 마스카라 픽서를 덧발라 언더래시를 고정해요. 하루 종일 컬이 유지되고 마스카라가 번지지 않아요.

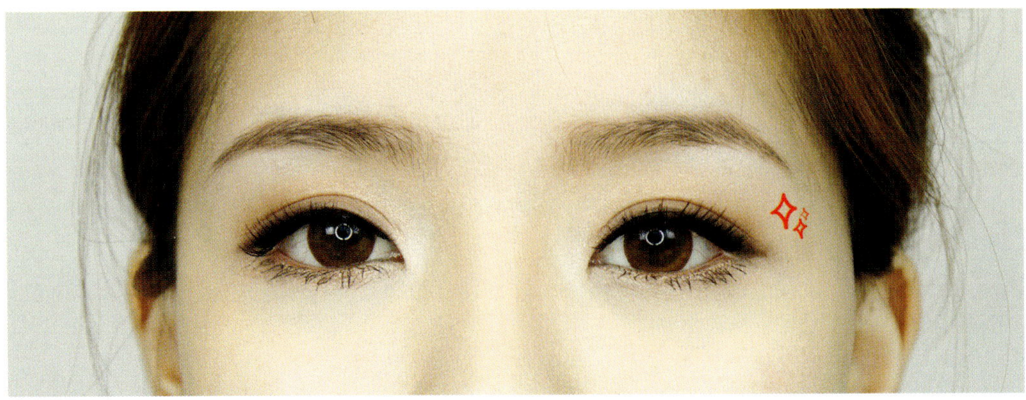

STEP 19 블러셔

얼굴에 생기를 더하는 블러셔. 크림 블러셔를 바른 뒤 가루 블러셔를 덧발라요.
가루가 날리지 않고 발색이 선명해져요.

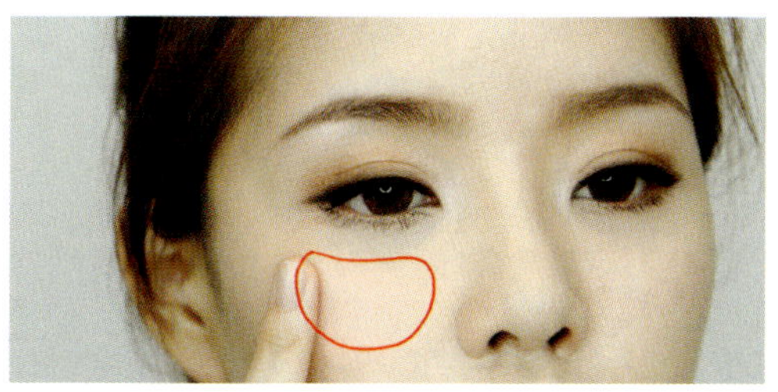

1 앞 광대뼈가 꺼진 타입이라 앞볼에 크림 블러셔를 발라 광대뼈
에 볼륨감을 줄 거예요.

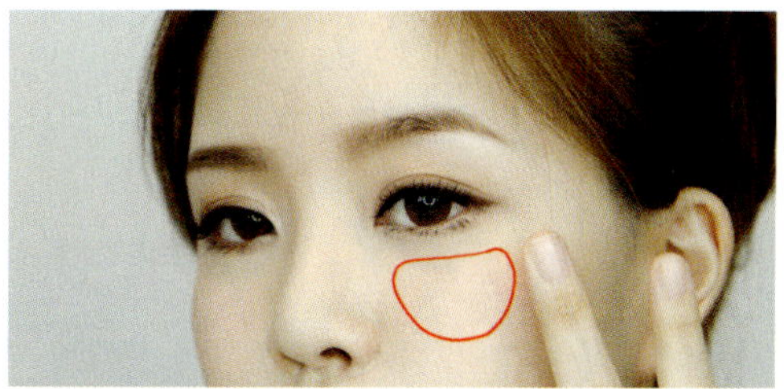

2 손가락에 크림 블러셔를 묻힌 뒤 앞볼에 톡톡 두드리며 발라
요. 문지르면 화장이 벗겨져요.

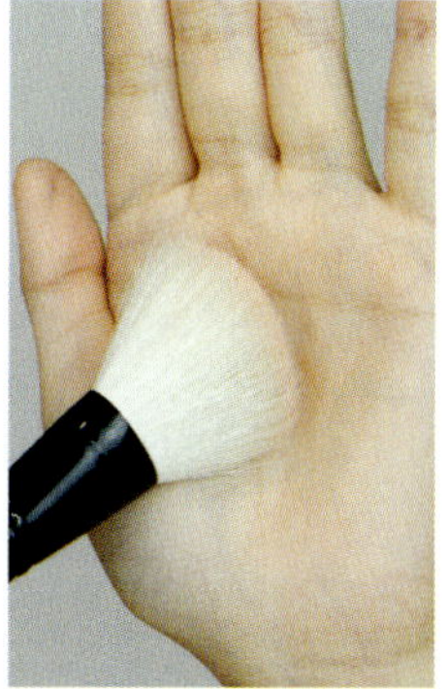

3 천연모 브러시에 블러셔를 묻혀 손바닥에 굴리며 양을 조절해요.

4 브러시가 처음 닿는 부분이 가장 진하게 발색돼요. 광대뼈를
강조하기 위해 앞볼에 브러시를 댄 뒤 힘을 빼며 뒤로 쓸어요.

5 남은 양으로 턱 끝에 살짝 발라요. 전체적으로
색감이 맞춰지고 혈색이 있어 보여요.

STEP 20 립스틱

립스틱은 이미지를 결정짓는 중요한 역할을 해요. 립스틱 자체를 그대로 바르면 입술에
각질이 일어날 수 있으니 립 브러시에 묻혀 사용하세요.

1 립 브러시에 립스틱을 묻혀요.

3 입술 안쪽에 틴트를 발라요

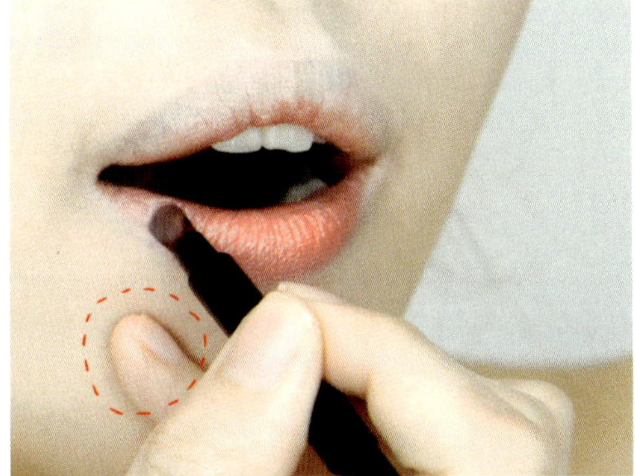

2 새끼손가락을 턱에 대고 입꼬리에 힘을 주면서 입술주름을 편
뒤 립 브러시로 립스틱을 발라요. 립스틱이 입술주름에 끼지
않고 고르게 발라져요.

4 깨끗한 립 브러시로 경계를 쓸며 그러데이션해요.

STEP 21 하이라이팅+섀딩

얼굴 윤곽을 살리는 하이라이터와 섀딩은 많이 바르면 부자연스러워 보여요.
거울을 보며 조금씩 여러 번 나눠 발라요.

1 브러시에 하이라이터를 묻힌 뒤 손바닥에 굴려 양을 조절해요.

2 힘을 빼고 이마와 콧대를 가볍게 쓸어요.

3 엄지와 중지로 둥근 브러시 양옆을 눌러 브러시 모를 납작하게 모아요.

4 브러시를 90도로 세워서 강조하고 싶은 부분에 쓸어요. 저는 앞광대를 강조하려고 앞볼에 발랐어요.

5 턱선을 따라 셰딩해요.

+STEP 셀프 헤어 웨이브 연출법

여자라면 헤어스타일을 자주 바꾸고 싶죠. 하지만 매번 미용실에 가자니 부담스럽고 머릿결이 상할까봐 걱정돼요. 특별한 도구나 테크닉 없이 집에서 쉽게 웨이브를 연출할 수 있는 방법을 소개할게요. 여러분이 궁금해하던 개코의 탱글탱글한 웨이브를 유지하는 비법이에요!

〈준비물〉 머리핀, 드라이기, 헤어브러시

머리를 감은 후 90퍼센트 정도 말랐을 때 전체 머리카락의 1/3 정도를 잡아요.

두피에 가깝게 손을 대고 촘촘히 꼬아 똬리 모양을 만든 뒤 핀으로 고정해요.

남은 머리카락의 절반을 잡아요. 손가락으로 꼬아 똬리 모양을 만든 뒤 핀으로 고정해요.

남은 머리카락을 모두 잡아 손가락으로 꼬아요.

4번 과정에서 고정해놓은 똬리에 겹쳐 감아요.

핀으로 고정한 뒤 20~30분 후 드라이기의 뜨거운 바람으로 말려요. 5번 과정까지 한 뒤 화장을 하고 6번 과정을 시작해도 좋아요.

고정한 핀을 모두 푼 뒤 헤어브러시로 빗어요.

자연스러운 웨이브 완성!

<u>여 기 서   잠 깐 !</u>   정말 화장이 지워지지 않냐고요?
진짜 한 번도 수정 화장을 하지 않았냐고요?
처음이랑 똑같냐고요?
????????????????????????????
여기저기에서 의심의 목소리가 들리네요.

그래서 준비했습니다!

아침에 곱게 원터치 메이크업을 하고
약 10시간 동안 강남 바닥을 휘젓다가 귀가한
개코의 모습!

퍼스널 컬러 강의

점심 식사

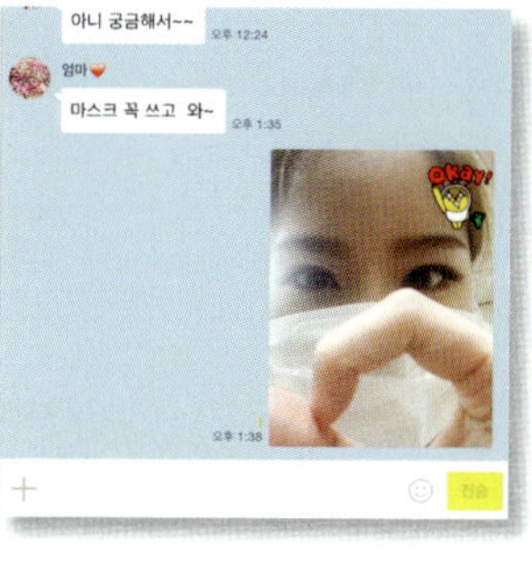

엄마랑 카톡!

집 도착! 송이와 놀기~

마스카라가 살짝 번졌지만
눈과 피부 메이크업은
그대로지요?
밥을 먹거나 차를 마신 후
립스틱 수정은 해주었어요.

퀵! 퀵! 10분 메이크업

늦잠 잤을 때, 남자친구가 갑자기 집 앞에 찾아왔을 때 원터치 메이크업을 하자니 시간이 없고, 그렇다고 생얼로 나갈 수도 없고…. 당황스럽죠? 이럴 때 10분 안에 초스피드로 변신할 수 있는 메이크업 방법을 소개할게요. 내 추럴해 보이지만 할 건 다 한 개코만의 시크릿 메이크업 레시피예요.

〈준비물〉
1 **리퀴드파운데이션**
   메이크업포에버_HD 하이 데피니션 파운데이션 115 아이보리
2 **컨실러** 더샘_커버 퍼펙션 팁컨실러 1.5네츄럴베이지
3 **스펀지** 이연물산_눈사람 스펀지
4 **파우더** 메이크업포에버_HD하이 데피니션 파우더
5 **아이섀도** 맥_아이섀도우 허니러스트, 맥_아이섀도우 소바(눈썹),
   맥_아이섀도우 탬팅
6 **마스카라** 아리따움_마이크로 마스카라 1호 느와르 블랙
7 **블러셔** 베네피트_블러쉬 단델리온
8 **립스틱** 맥_립스틱 기디,
   네이쳐리퍼블릭_보테니컬 에코 크레용 립루즈 1호 캔디핑크

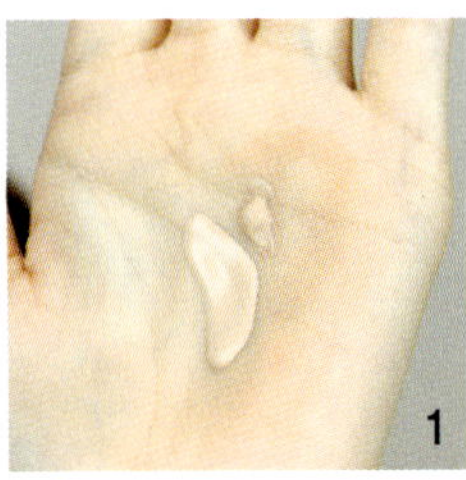

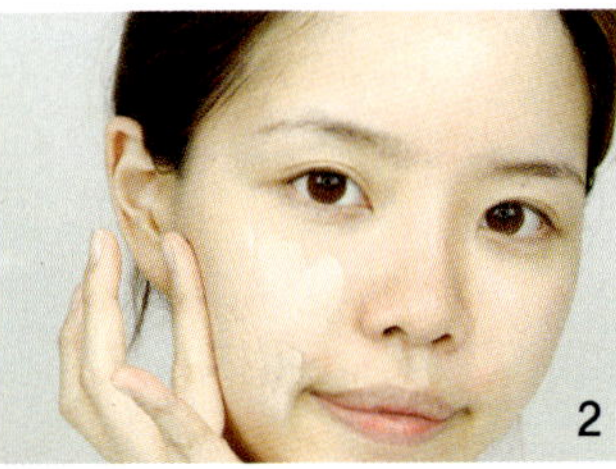

컨실러와 파운데이션을 4:1 비율로 섞어요. 파운데이션 커버력이 높아져 옅은 잡티들을 가릴 수 있어요.

파운데이션을 손가락에 묻혀요. 볼에 길게 4~5회 찍어요.

메이크업 스펀지를 물에 적신 뒤 꾹 짜요. 파운데이션 바른 부분에 빠르게 팡팡 두드려요. 파운데이션 밀착력을 높이고 수분감을 더해줘요.

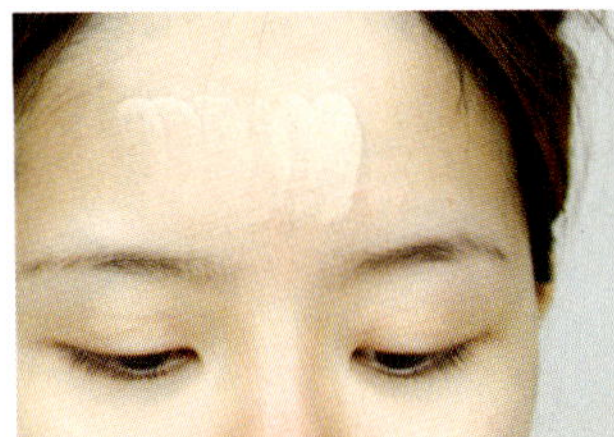

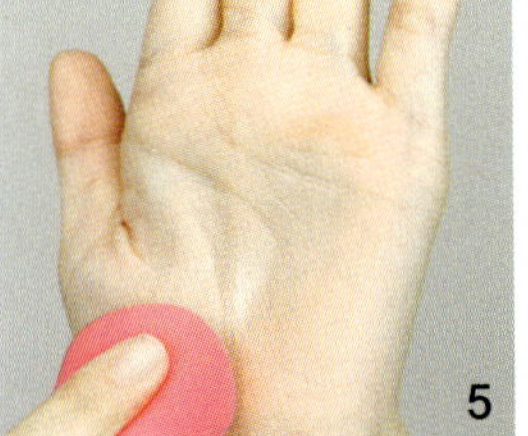

2~3번과 같은 방법으로 볼, 이마, 코, 턱에 발라요.

스펀지에 파운데이션을 한 번 더 묻힌 뒤 꼼꼼히 커버할 부분에 덧발라요.

파우더 브러시에 파우더를 묻혀 손바닥에서 양을 조절한 뒤 얼굴에 빠르게 쓸며 유분기를 잡아요.

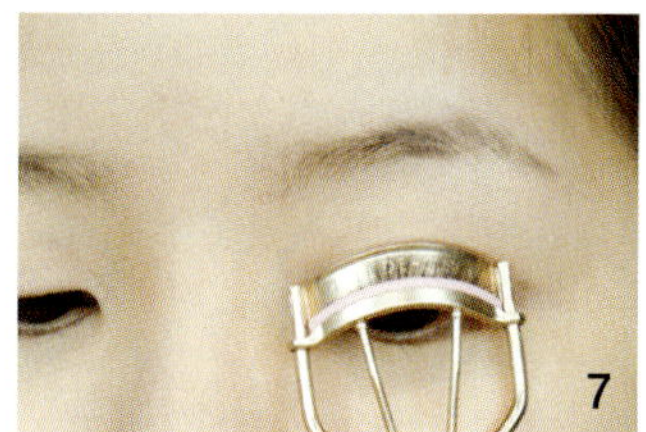

뷰러로 속눈썹을 세게 집어요.

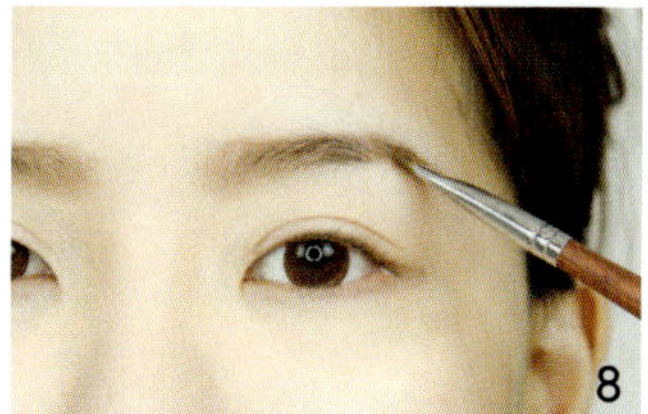

눈썹 결을 따라 눈썹을 그려요.

엄지 크기의 넓은 섀도 브러시 앞뒷면에 섀도를 충분히 묻혀요. 눈두덩에 앞면으로 두 번, 뒷면으로 두 번 발라요.

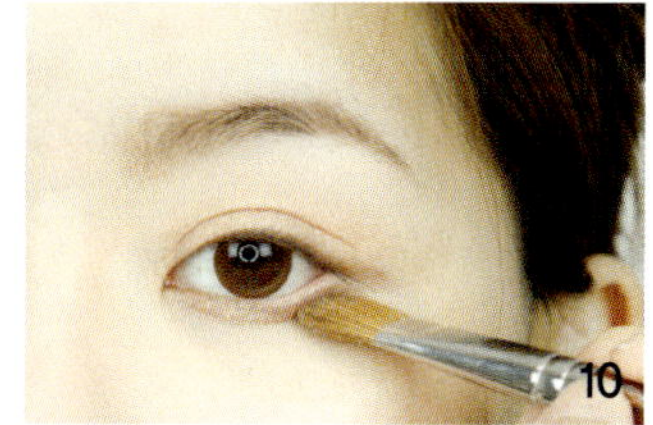

브러시를 세워 언더라인에도 발라요.

끝으로 갈수록 모가 모아지는 둥근 브러시에 '맥 탬팅'을 묻혀요. 브러시를 눕혀 눈꼬리부터 라인을 따라 발라요. 브러시가 처음 닿는 부분이 진하게 발색되기 때문에 눈꼬리를 강조할 수 있어요.

브러시에 '맥 탬팅'을 덧묻혀 아이라인을 그려요. 진한 브라운 컬러 아이섀도를 바르면 눈매가 또렷해 보여요.

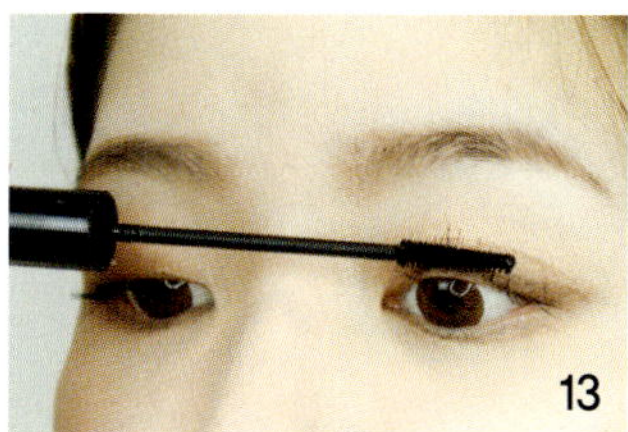

마스카라를 발라요. 인조 속눈썹을 붙인다면 생략해도 좋아요.

블러셔를 발라요. 저는 앞광대를 강조하기 위해 안쪽에서 바깥쪽으로 발랐어요.

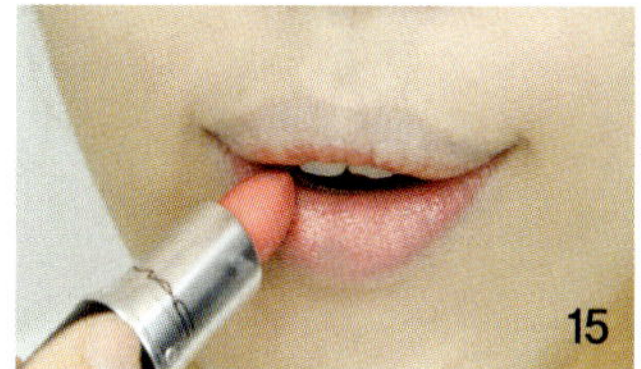

밀리지 않는 촉촉한 립스틱을 입술 전체에 발라요.

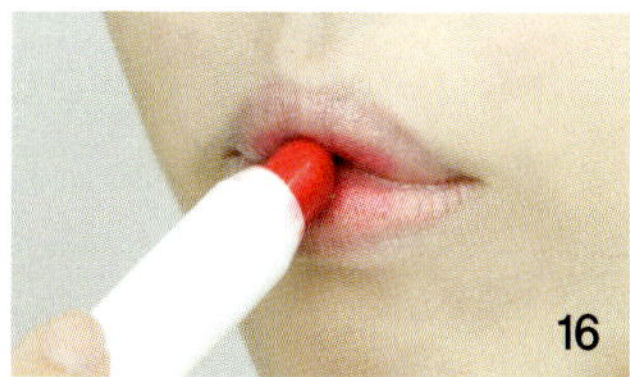

입술을 편하게 다문 뒤 중앙에 진한 핑크 컬러 립스틱을 덧발라요.

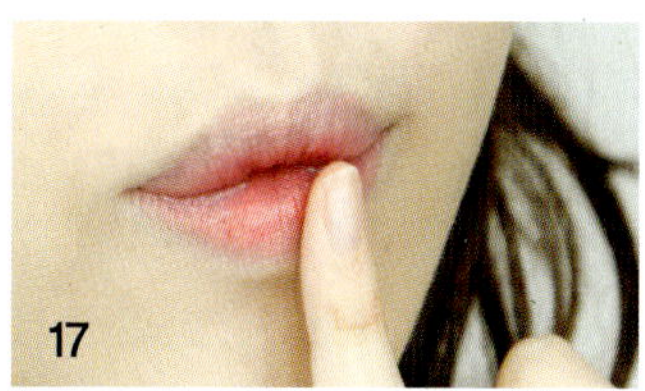

손가락으로 두드리며 경계를 없애요.

2

BEAUTY CONSULTING

무엇이든 다 물어보세요!
궁금증을 속 시원하게 해결해주는
개코의 퍼스널 뷰티 컨설팅

SKIN CONCERNS

365일
보송보송 잡티 없는
피부가 되고
싶어요!

바르기만 하면 화사하고 깨끗한 피부가 되는 줄
알았는데 막상 시도해보면 밀리고 뭉치고….
어색한 피부 화장 때문에 고민이 많죠?
간단한 케어부터 화장품 고르는 방법까지
여러분의 궁금증을 차근차근 풀어드릴게요.

아침에 할 수 있는 피부 관리법이 궁금해요!

세안을 한 뒤 화장대에 앉았는데 거칠고 각질이 일어난 피부를 보면 한숨이 절로 나오죠. 그렇다고 메이크업을 안 할 수도 없고, 하면 들떠서 지저분하고…. 각질 제거도 하고 수분 크림을 듬뿍 발라도 해결할 수 없어 파운데이션만 대충 바르고 나간 적이 한두 번이 아니에요. 여자라면 저와 같은 경험이 있을 거예요. 지금부터 이런 고민을 한 방에 해결할 3분 피부 관리법을 공개할게요. 개코가 청순 여신으로 다시 태어난 기본적인 방법이에요.

〈준비물〉 손잡이가 달린 머그컵 혹은 스테인리스 텀블러,
끓는 물, 토너, 화장솜(5겹 시트)

머리를 아침에 감지 않을 경우

1 세안 후 수건으로 얼굴을 톡톡 두드리며 물기를 닦아요.

2 머그컵 또는 텀블러에 따뜻한 물을 담은 뒤 입구에 얼굴을 대고 호-호- 불어 따뜻한 수증기를 얼굴에 스며들게 해요. 얼굴에 물이 맺혀도 닦지 마세요.

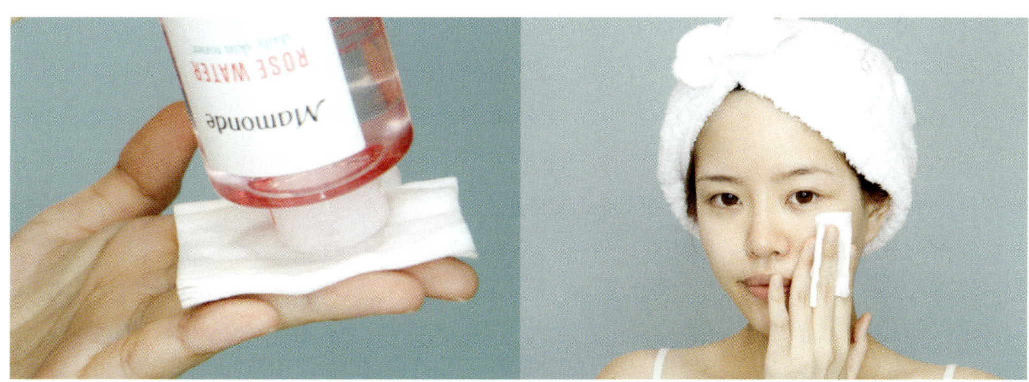

3 3~5분 뒤 화장솜에 토너를 충분히 적셔 피부 결대로 가볍게 닦아요.

머리를 아침에 감을 경우

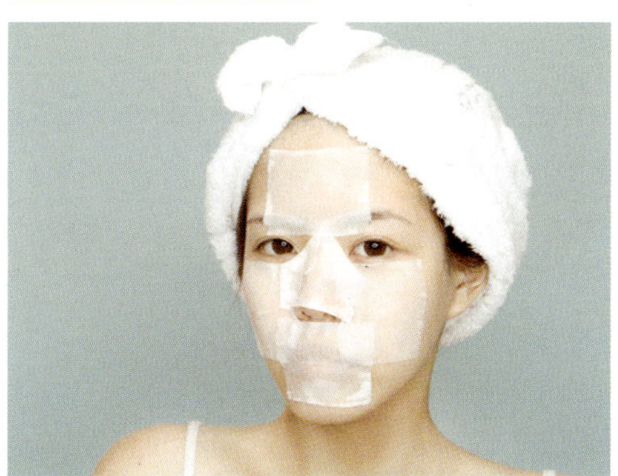

1 3번 과정을 마친 뒤 시트팩을 하듯 화장솜을 한 겹 한 겹 떼어내 얼굴에 붙여요.

2 머리를 말려요. 건조한 헤어드라이어 바람으로부터 피부를 보호할 수 있어요.

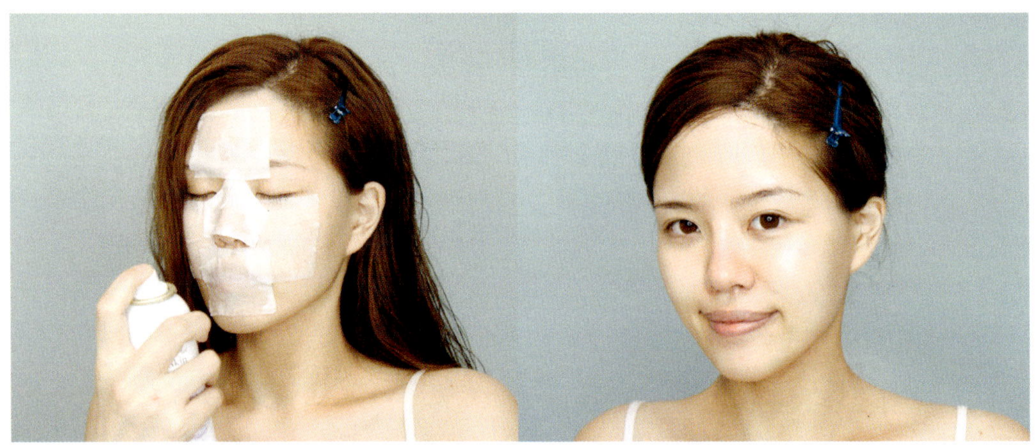

3 드라이어 바람 때문에 중간에 화장솜이 마르면 화장솜 위로 미스트를 뿌려 수분을 보충해줘요.

파운데이션이 대체 뭐죠?
어떤 제품을 써야 하나요?

파운데이션은 피부 톤을 정돈해줘요. 건성 피부는 발림성과 흡수력이 좋은 촉촉한 타입을, 지성 피부는 커버력과 지속력이 좋은 매트한 타입을 추천해요. 중성 피부는 건성과 지성용 파운데이션을 섞어서 사용하는 게 좋아요. 피부색과 완벽하게 맞는 제품이 없다면 핑크 톤과 옐로 톤 파운데이션을 섞어서 피부와 가장 비슷한 색을 만들어 바르세요. 저는 평소보다 얼굴이 칙칙해 보이는 날에 피부 톤보다 한 톤 밝은 톤과 어두운 톤을 섞어서 발라요. 또한 얼굴 안쪽에는 피부 톤과 같거나 한 톤 밝은 톤을, 바깥쪽은 살짝 어두운 파운데이션을 바르면 얼굴이 작아 보이는 효과가 있어요.

파운데이션을 바를 때 어떤 도구를 사용해야 하나요?
종류가 너무 많아 선택하기 어려워요

파운데이션은 어떤 도구에 묻혀 바르느냐에 따라 느낌이 달라져요. 대표적인 도구와 장단점, 바르는 방법까지 알려드릴게요.

매끈하고 촉촉한 피부 결을 만드는
파운데이션 브러시

브러시 모가 유분기나 수분기를 흡수하지 않아 바르면 윤기 있고 촉촉해 보이지만 양 조절이 쉽지 않아 초보자들이 사용하기 어려워요.

1 브러시 앞뒷면에 미스트를 각각 2~3회씩 뿌려요.

2 브러시를 손바닥 위에 놓고 누르며 미스트를 스며들게 해요.

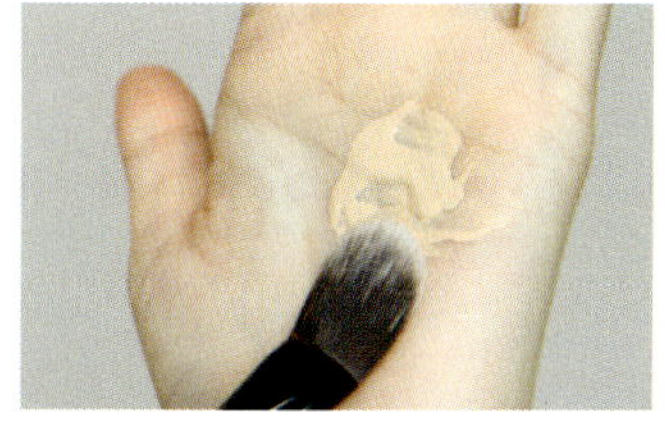

3 파운데이션을 손바닥에 짠 뒤 브러시를 앞뒤로 쓸며 스며들게 해요.

4 브러시 모를 뉘어 넓은 면으로 발라요.

5 브러시 자국이 난 부분을 넓은 면으로 가볍게 두드려서 정리해요.

손 

소량으로도 꼼꼼하게 바를 수 있어요. 양을 조절하지 못하면 화장이 두꺼워지니 거울을
보고 확인하면서 조금씩 바르세요.

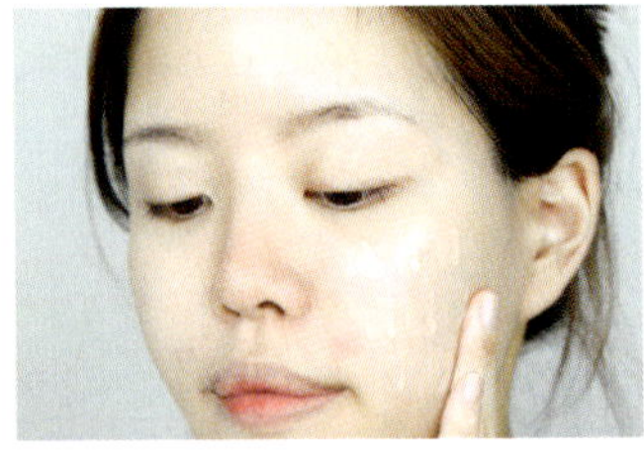

1 파운데이션을 손가락에 찍어 얼굴에
　묻혀줘요.

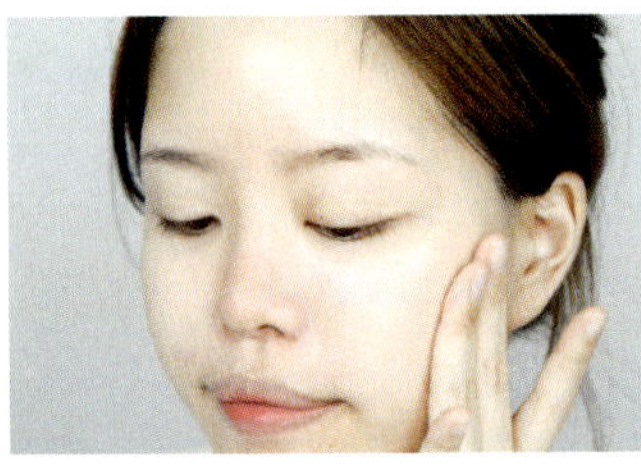

2 피부 결에 따라 바른 뒤 가볍게 두드려
　밀착시켜요. 피부 결대로 발라야 화장
　이 뜨지 않아요.

3 코에도 묻혀줘요.

4 코에 모공이 없다면 피부 결에 따라 바
　르고, 모공이 있다면 피부 결에 따라
　바른 뒤 반대 방향으로 짧게짧게 터치
　하는 느낌으로 다시 한 번 발라요.

5 이마도 같은 방법으로 바른 뒤 톡톡 두
　드려줘요.

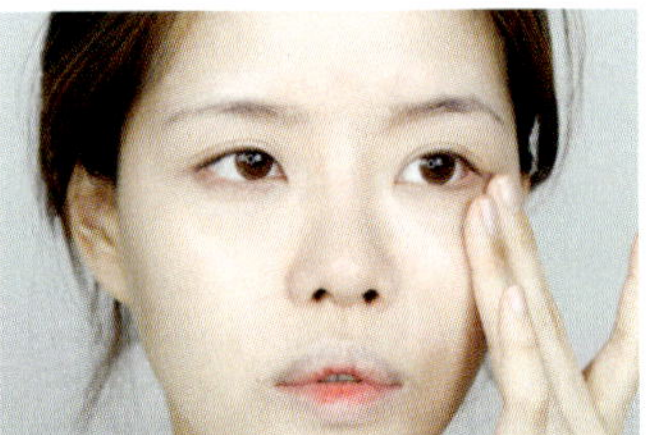

6 다크서클이나 색소 침착이 있는 부분
　은 손가락에 파운데이션을 한 번 더 묻
　혀 톡톡 두드리며 커버해요.

블로거의 깐깐한 코멘트

라오스 핫 걸
정말 좋은 방법이에요. 저는 파운데이션 양을 잘 조절하지 못해
서 먼저 손등에 덜어낸 뒤 손가락으로 조금씩 찍어가며 발라요.

DDYD
코에 각질이 많이 일어나서 톡톡 두드리기만해요. 문지르니 각
질이 들뜨고 난리도 아니에요!

왜?
손가락으로 바르는 게 조금 찜찜해서 피카소 브러시로 코 부분
만 발라요. 나름 커버력이 우수해요!

에어퍼프

에어퍼프는 수분을 흡수하는 습식 퍼프랍니다. 일반 건식 퍼프보다 파운데이션을 겹쳐 바르기 좋고 밀착력이 뛰어나요. 가끔 테두리가 얼굴에 찍혀 그 부분을 계속 커버하다 보면 피부 화장이 두꺼워지는 단점이 있지요. 여러 번 빨면 탄성이 떨어져 피부 밀착력 이 떨어지니 자주 교체하세요.

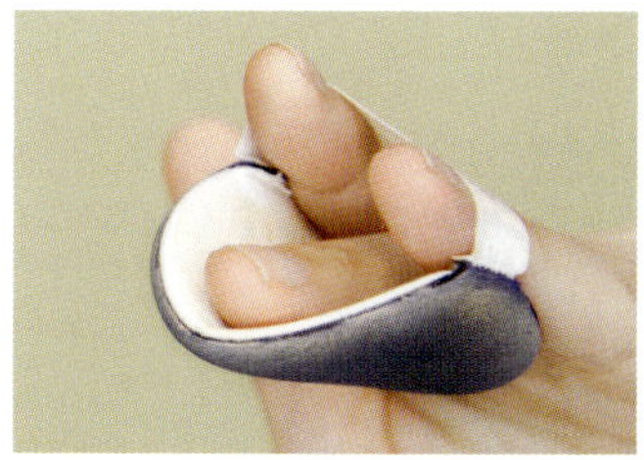

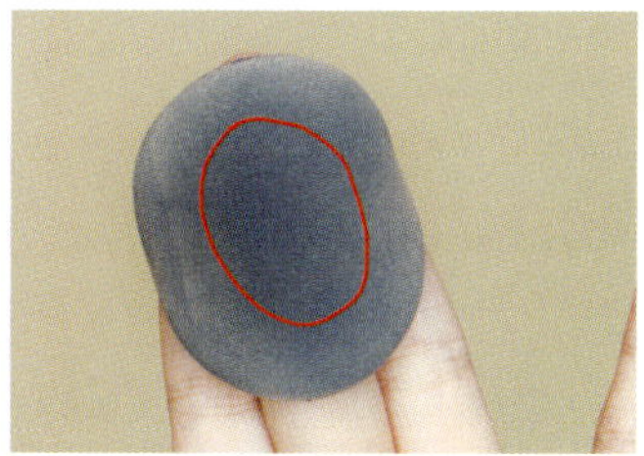

1 손가락 세 개에 끼운 뒤 두 번째, 네 번째 손가락을 위로 들어요.

2 표시된 부분에 힘을 줘요. 세 번째 손가락 중간과 끝마디 사이에 힘을 준다고 생각하면 돼요.

3 파운데이션을 손등에 짠 뒤 손가락으로 찍어 왼쪽 볼, 오른쪽 볼, 이마, 코, 턱 순서로 발라요. 이렇게 넓은 부분부터 바르면 테두리가 얼굴에 찍히지 않아요.

아기처럼 보송보송하고 부드럽게
스펀지

스펀지는 사용하기 간편하고 지속력이 좋아요. 스펀지가 파운데이션을 흡수해 많은 양이 필요하지만 뭉침 없이 고르게 발라져, 바르는 방법에 따라 다양한 피부 표현이 가능해요. 나는 보통 일회용 스펀지를 사용하는 편인데, 한쪽 면으로는 파운데이션을, 다른 면으로는 콤팩트 파우더를 묻혀서 발라요.

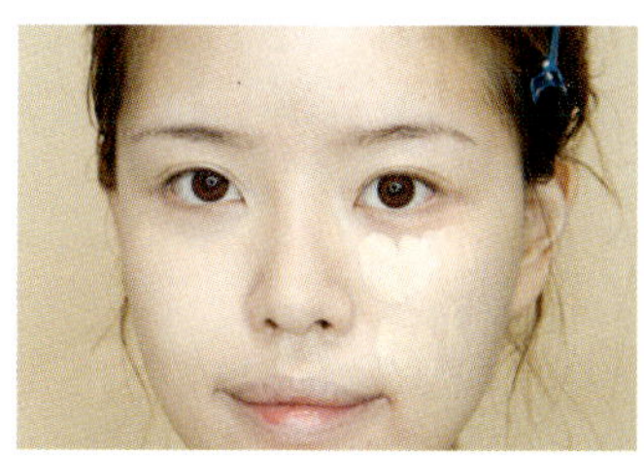

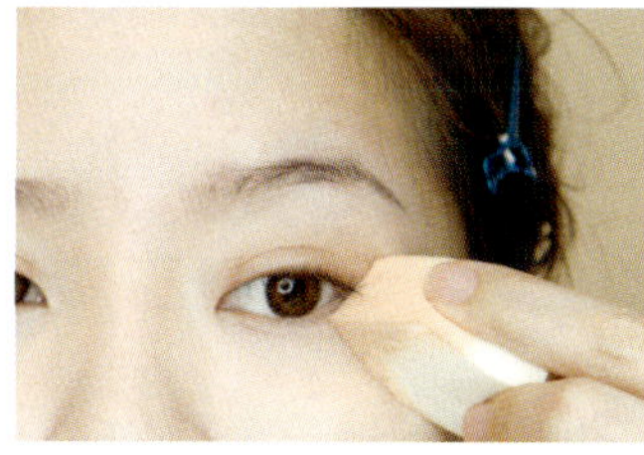

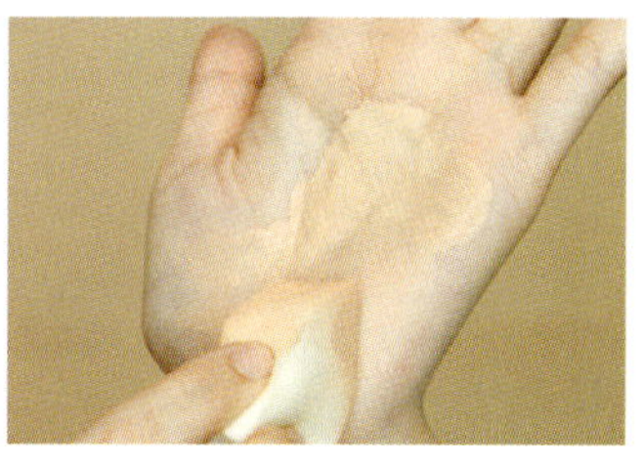

1 스펀지를 미지근한 물로 적신 뒤 힘껏 짜요. 파운데이션을 스펀지에 묻혀 당장 바를 부분에만 발라요. 얼굴 전체에 묻혀놓으면 한 쪽을 바르는 동안 다른 쪽이 말라 얼룩이 생겨요.

2 톡톡 두드리듯 발라요. 문지르면 밀리고 들떠요.

3 커버가 더 필요한 부분은 스펀지에 파운데이션을 묻혀 손바닥에서 양을 조절한 뒤 가볍게 두드려줘요.

얼굴에 붉은 기가 아주 많은데,
메이크업베이스를 어떤 컬러로 하는 게 좋죠?

여드름, 홍조 등으로 얼굴에 붉은 기가 있다면 그린 컬러 메이크업베이스를 사용하세요. 피부를 전체적으로 화사하게 만들어주고 붉은 기를 잡아줘요. 특히 피부 단점 없이 볼만 발그레한 '홍당무녀'들은 라벤더 혹은 그린 컬러를 두 볼에 연하게 펴 바른 뒤 피치 컬러 파운데이션으로 마무리하면 붉은 기가 사라져요. 칙칙하고 노란 기가 있는 피부는 퍼플 컬러, 다크서클이 있고 까무잡잡한 피부는 화이트 컬러, 생기 없고 창백한 사람은 핑크 컬러를 추천해요.
메이크업베이스는 스킨 메이크업의 지속력을 높여 매끈하고 깔끔한 피부 표현을 할 수 있게 도와줘요. 유분 조절, 자외선 차단 등 다양한 기능을 가진 멀티 제품도 있으니 피부 상태나 필요한 기능에 따라 선택해서 사용하세요.

다른 건 다 잘 따라 할 수 있는데
컨실러 고르기가 참 어렵네요

컨실러는 다크서클, 점, 여드름 등 피부의 단점을 커버해주는 역할을 해요. 무난하게 사용하고 싶다면 피부 톤보다 한 톤 어두운 컬러를 선택하세요. 밝은 컬러를 사용하면 피부 톤과 차이가 생겨 그 부분만 잿빛으로 들뜨거나 칙칙해 보일 수 있어요. 특히 돌출된 여드름 자국을 커버할 때는 피부 톤보다 한 톤 어두운 컨실러를 추천해요. 그레이 컬러 위에 블랙 컬러를 덧칠하면 그레이 컬러가 감춰지지만, 그레이 컬러 위에 화이트 컬러를 덧칠하면 가려지지 않고 떠버리죠. 그 원리와 비슷해요.

| 넓은 면적을 가리고 싶을 때 **리퀴드 타입** | 세밀한 커버가 필요할 때 **스틱 타입** | 어디든 OK! **크림 타입** |

넓은 면적을 가리고 싶을 때
리퀴드 타입

발림성은 좋지만 커버력이 떨어져요. 다크서클이나 붉은 기가 올라온 곳 등 넓은 면적을 커버할 때 사용해요.

세밀한 커버가 필요할 때
스틱 타입

점이나 잡티 등 세밀한 부위를 커버할 때 사용해요. 피부가 얇은 눈가에는 바르지 마세요. 주름이 부각될 수 있어요.

어디든 OK!
크림 타입

리퀴드와 스틱 중간 타입으로 브러시에 묻혀서 발라요. 다크서클, 점, 여드름 자국 등 다양한 부위에 사용할 수 있어요.

컨실러로 입술 수정하는
방법이 궁금해요!

휴대하기 좋은 스틱 타입 컨실러만 있으면 충분해요. 입술 주변의 유분기를 잡아 보송보송하게 만든 뒤 립스틱을 바르는 게 포인트! 함께 따라 해봐요.

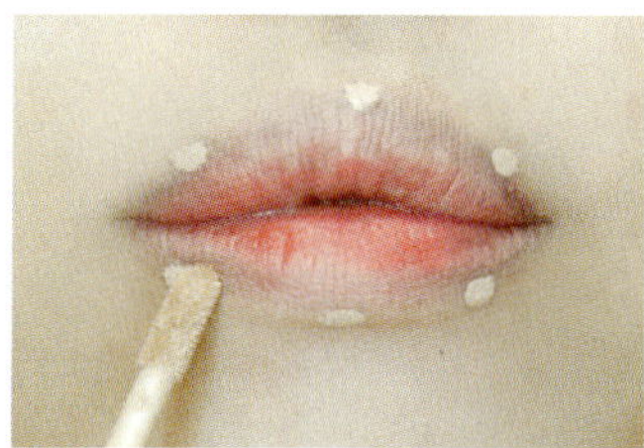

1 스틱 타입 리퀴드 컨실러를 열어 양을 조절한 뒤 입술 라인에 콕콕 찍어요. 많이 바르면 들뜰 수 있으니 주의하세요.

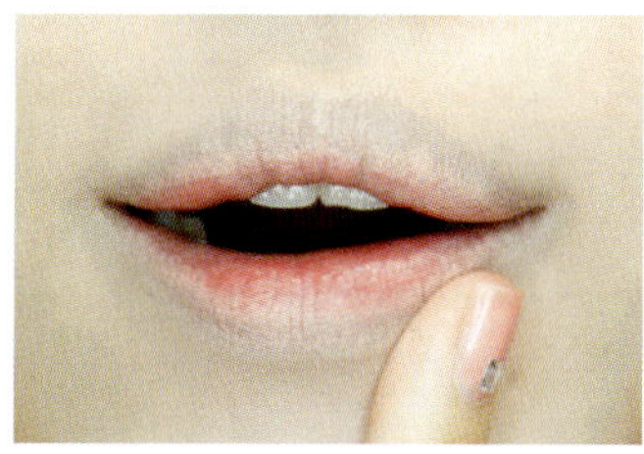

2 손가락으로 펼친 뒤 톡톡 두드려요.

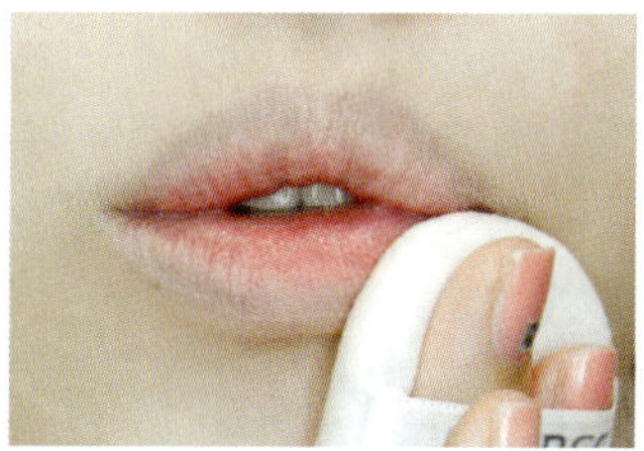

3 가루 파우더로 컨실러 바른 부분을 가볍게 눌러요. 컨실러 위에 립스틱을 바르면 컨실러와 립스틱이 섞여 발색이 예쁘게 안 되고 각질이 일어날 수 있어요.

4 립스틱을 발라요.

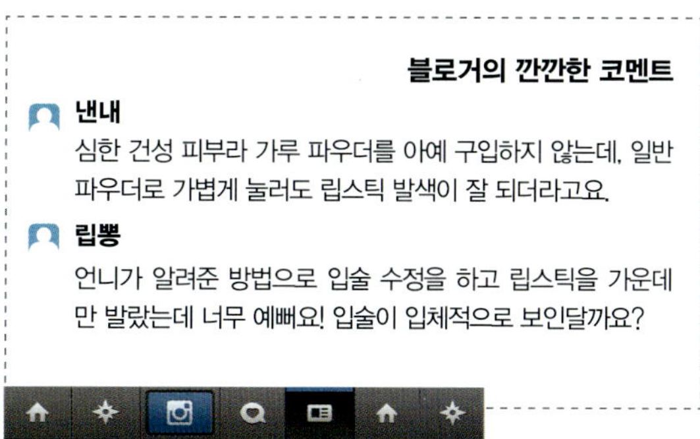

부위별 컨실러 사용법을 알려주세요!

파운데이션을 바르기 전후에 넓은 영역의 색소 침착부터 좁은 영역의 잡티까지 가려주는 역할을 해요. 컨실러를 사용하는 것이 익숙하지 않다면 크림 타입이나 콤팩트 파운데이션만 바른 뒤 볼터치와 아이라인을 강조하는 메이크업을 하세요. 눈과 볼로 시선이 분산되어 잡티가 눈에 띄지 않아요.

무결점 피부에 도전!
점 또는 잡티 커버

브러시에 컨실러를 묻힌 뒤 잡티 위에 콕 찍어 바르는 게 포인트! 제 눈썹 옆에 있는 잡티를 가려볼게요.

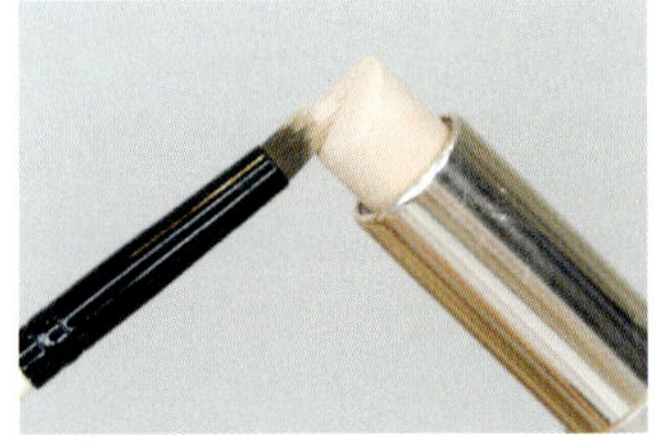

1 끝이 모아지는 둥근 인조모 브러시에 컨실러를 묻혀요.

2 손바닥 위에서 양을 조절해요.

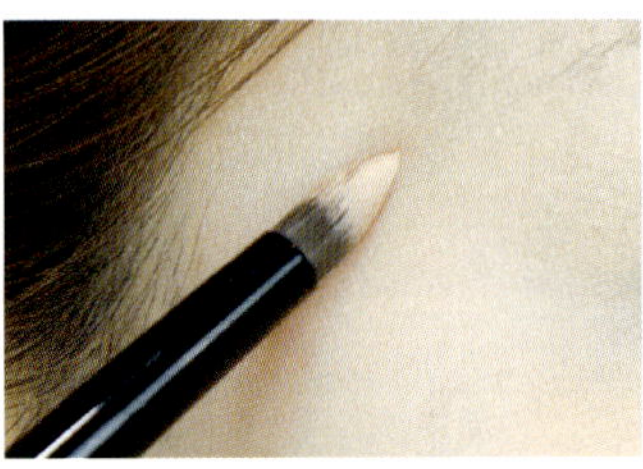

3 작은 잡티 위에 콕 찍어요. 브러시를 휴지에 닦은 뒤 경계 부분에 살살 문질러요.

더 이상 홍조녀가 아니에요!
붉은 기 커버

그린 컬러 컨실러를 메이크업베이스와 섞어서 바르면 붉은 기를 눌러주고 피부 톤을 업시켜줘요. 얼굴 전체에 바르면 떠 보이니 커버할 부분에만 바르세요.

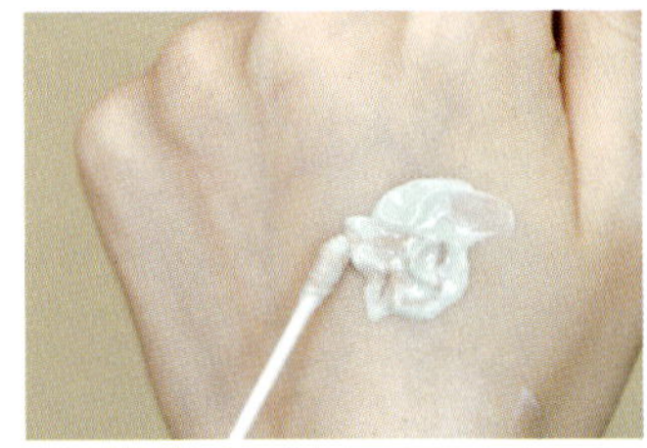

1 그린 컬러 컨실러 혹은 그린 컬러 메이크업베이스와 피부 톤보다 한 톤 어두운 컨실러를 1:4 비율로 섞어요.

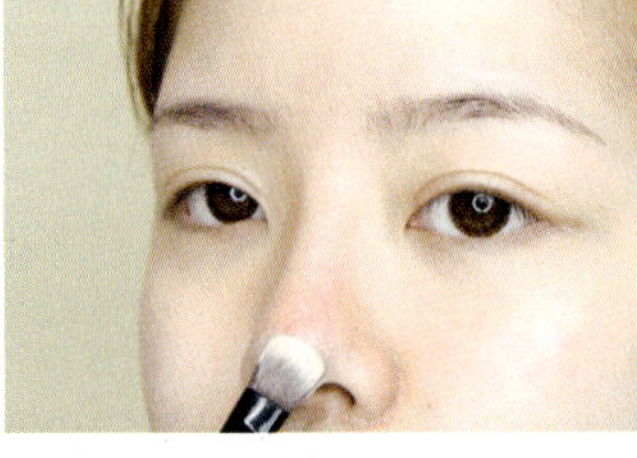

2 1을 브러시에 묻혀요. 넓은 면으로 커버가 필요한 곳에 톡톡 두드려요.

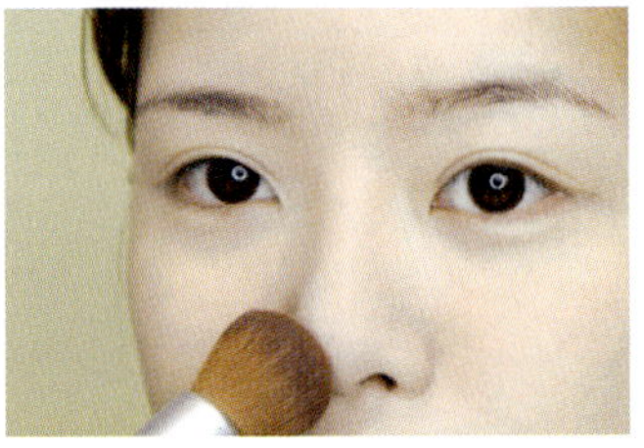

3 파운데이션을 덧바른 뒤 가루 파우더로 가볍게 쓸어요.

다크서클 커버

눈가에 브러시를 바짝 붙여서 바르면 주름이 부각되니,
눈에서 1cm 정도 떨어진 부분을 톡톡 두드리며 다크서클을 커버해요.

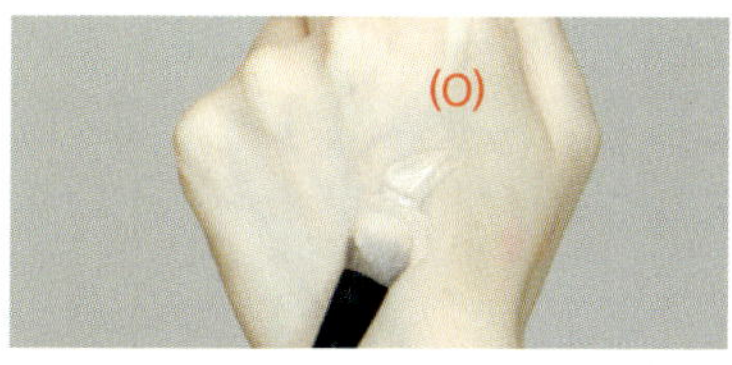

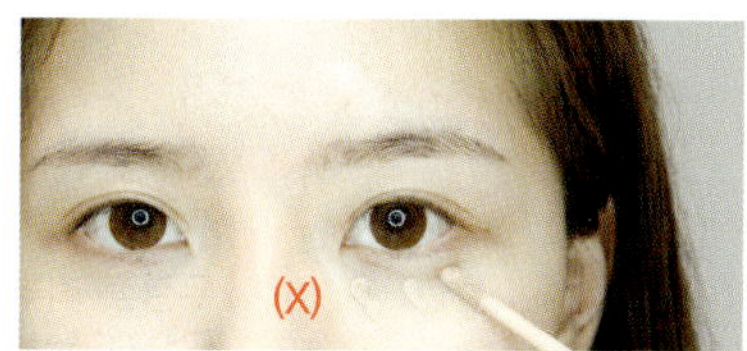

1 컨실러를 손등에 던 뒤 컨실러 브러시 앞뒤에 골고루 묻혀요. 컨실러를 그대로 바르면 뭉치거나 두껍게 발라져요. 브러시에 묻혀 양을 조절해요.

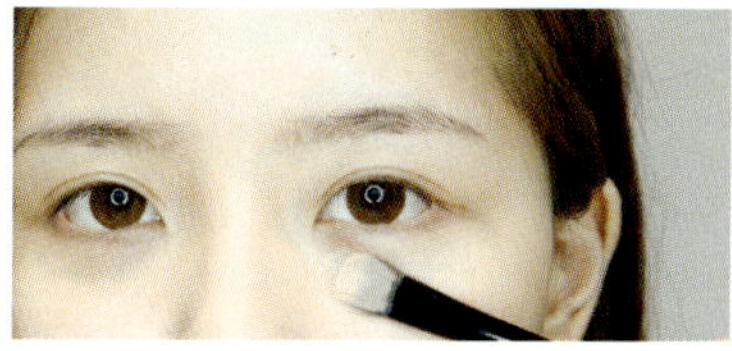

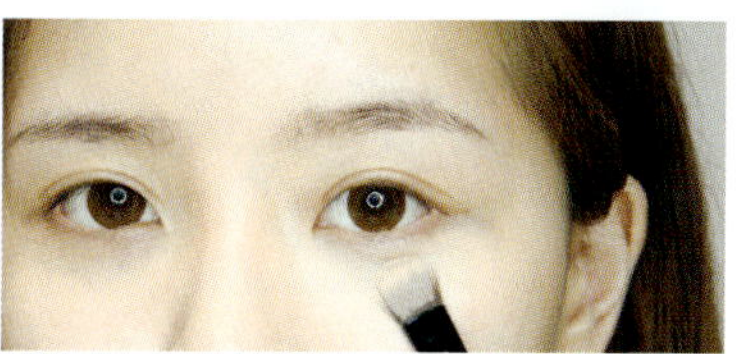

2 브러시를 뉘어 안에서 바깥쪽으로 발라요.

3 넓은 면으로 두드리면서 경계를 없애고 피부에 밀착시켜요.

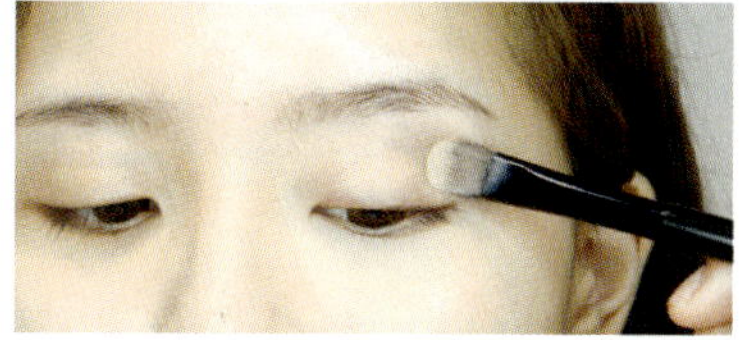

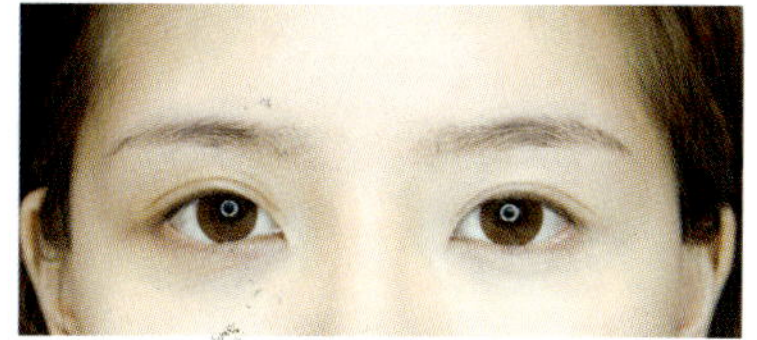

4 남은 양으로 눈두덩에 살짝 두드려요.

비교 샷! 감쪽같이 없어졌죠?

피부 화장 마지막 단계에서
파우더를 꼭 사용해야 하나요?
건성은 어떤 파우더를 사용해야 하나요?

파우더를 피부 화장 마지막에 바르면 먼지가 얼굴에 달라붙지 않고 유분을 잡아 지속력이 높아져요. 투명한 피부 표현을 원한다면 가루 파우더(루스 파우더)를 추천해요. 가루가 날리고 휴대하기 불편하지만 가볍게 마무리할 수 있어요. 반대로 피부 표현을 매트하게 하고 싶다면 압축 파우더(프레스드 파우더)를 바르세요. 커버력은 좋지만 두껍게 발라질 수 있으니 양을 잘 조절해야 해요.

건성 피부는 팬 브러시에 가루 파우더를 묻혀 한 번 턴 뒤 얼굴을 가볍게 쓸어줘요. 이것도 부담스러우면 눈두덩에만 바르거나 생략해도 좋아요. 복합성은 이마와 콧대, 콧방울 주위 등 유분이 많은 곳에, 지성 피부는 얼굴 전체에 가볍게 펴 바르세요.

쌍꺼풀 사이에 화장품이 뭉쳤다면
어떻게 해야 할까요?

눈두덩에는 유분기가 많아 화장품이 쌍꺼풀 라인에서 잘 뭉쳐요. 아이섀도를 바르기 전 눈두덩 전체에 파우더를 가볍게 쓸면서 유분기를 잡아요. 쌍꺼풀 라인에 화장품이 뭉치는 것을 막고 아이섀도의 발색력도 높일 수 있어요.

생얼 메이크업을 하고 나갔다가 쌍꺼풀 라인에 파운데이션이 뭉쳐 당황했던 경험이 있나요? 이럴 때 쉽고 빠르게 대처할 수 있는 방법을 알려드릴게요.

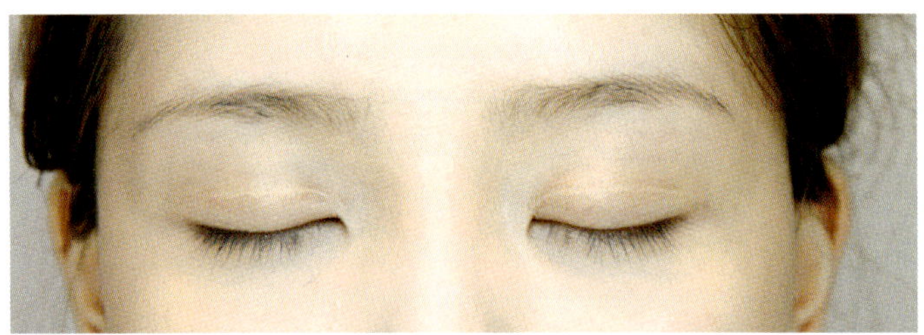

〈준비물〉 엄지손톱 크기의 컨실러 브러시, 파운데이션 혹은 컨실러, 루스 파우더, 엄지손톱 크기의 둥근 브러시

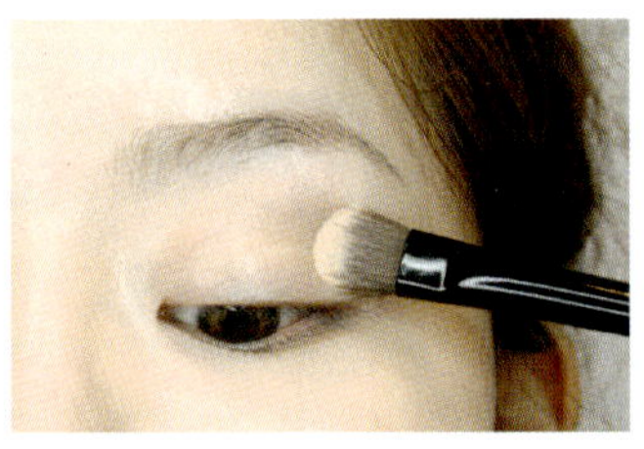

1 엄지손톱 크기의 컨실러 브러시에 컨실러를 묻혀 쌍꺼풀 라인을 두세 번 쓸어요.

2 엄지손가락 크기의 둥근 브러시에 루스 파우더를 묻혀 쌍꺼풀 라인에 한두 번 쓸며 마무리해요.

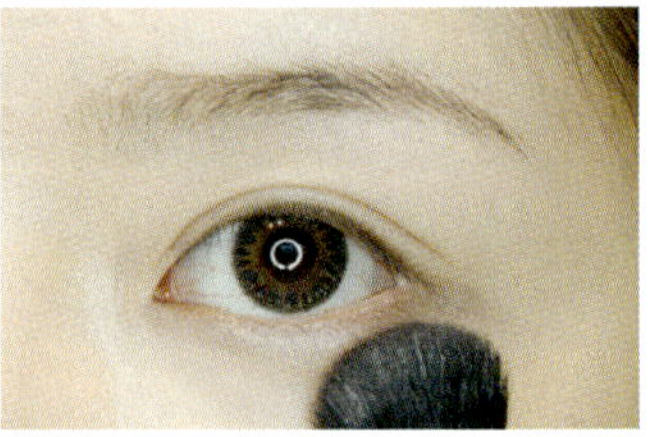

3 언더라인도 꼼꼼하게 쓸어요.

4 남은 양으로 눈썹을 한 번 쓸어요. 파운데이션이 눈썹 사이사이에 끼는 것을 막아줘요.

눈, 입술 피부가 약해서인지
클렌징할 때마다 따가워요
자극 없이 할 수 있는 방법 없나요?

클렌징을 제대로 하지 않으면 피부에 쌓인 먼지와 세균이 모공을 막아 피부 트러블이 생겨요. 특히 눈, 입술 등 색조화장을 한 부분은 더 꼼꼼하게 클렌징하세요. 화장품이 피부에 착색되면 눈가는 칙칙해지고 입술은 검푸르게 변해요. 가장 까다로운 눈, 입술 클렌징 방법을 배워볼까요?

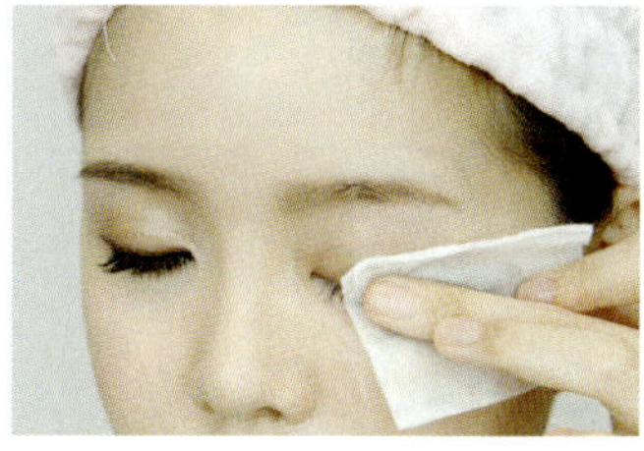

1 5겹 화장솜에 립앤아이 리무버를 충분히 적셔 눈 위에 5초간 올려둔 뒤 지그시 누르며 솜을 빼내요. 마스카라와 아이라이너, 인조 속눈썹 등이 자극 없이 떨어져요.

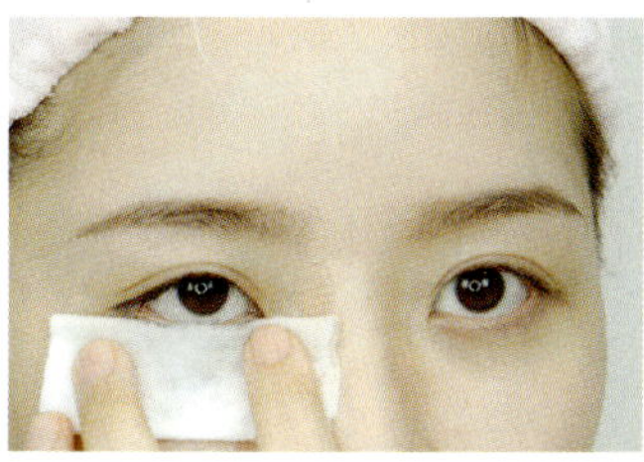

2 솜을 반 접어 언더래시에 위에 5초간 올려둔 뒤 꼭 눌러줘요. 언더래시에 묻은 마스카라나 번져 있던 화장품이 깨끗하게 지워져요.

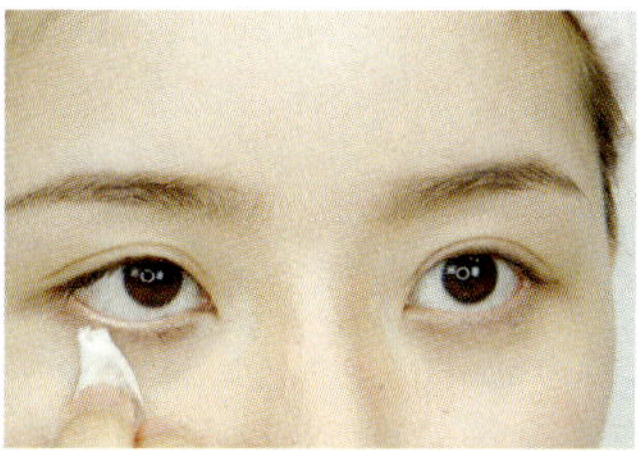

3 모서리를 뾰족하게 접은 뒤 점막과 속눈썹 뿌리 부분을 꼼꼼하게 닦아요.

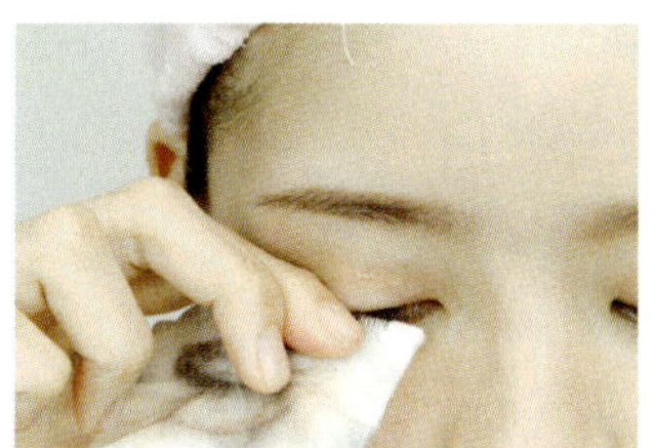

4 화장솜과 손가락 사이에 속눈썹을 끼운 뒤 가볍게 눌러 속눈썹에 남아 있는 마스카라 혹은 인조 속눈썹 풀을 제거해요.

5 깨끗한 모서리로 눈 앞머리와 눈꼬리를 닦아요.

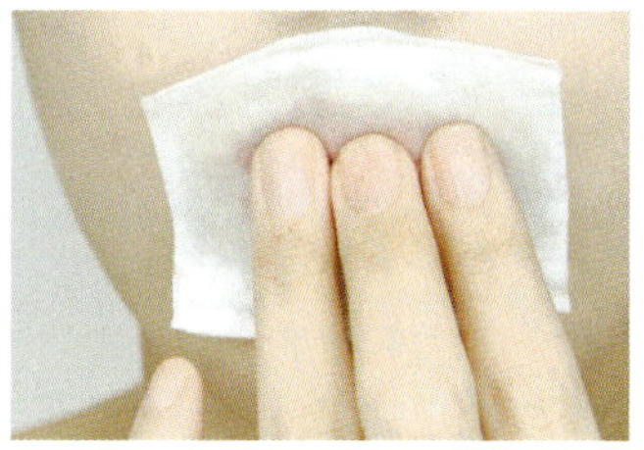

6 미리 떼어놓은 화장솜 한 장을 입술 위에 올린 뒤 5초간 꼭 눌러요.

〈준비물〉

5겹 화장솜, 립앤아이 리무버

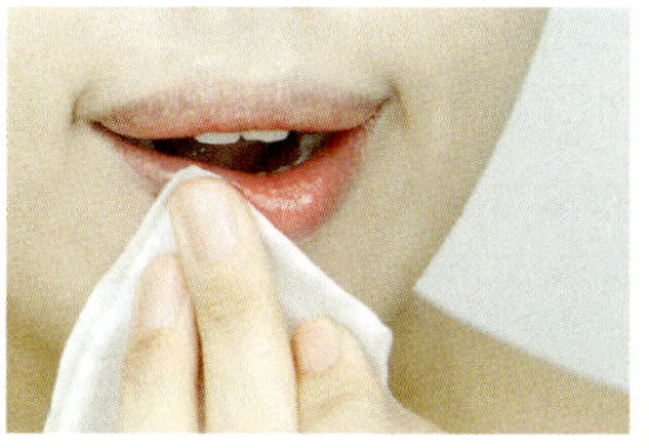

7 3번 과정에서 사용한 모서리를 제외한 나머지 세 모서리로 입술 화장을 깨끗하게 지워요.

EYE CONCERNS

**죠니 님
안녕하세요!**

눈썹 그리기 방법이 궁금해요
제대로 배워 기분에 따라 변신하고 싶어요

눈썹 모양과 길이, 두께에 따라 인상이 놀라울 만큼 달라져요. 아이라인을 그리거나 아이 섀도를 바르지 않고, 눈썹을 꼼꼼하게 그려주는 것만으로도 또렷한 눈매를 연출할 수 있어요. 얼굴의 단점을 보완하고 장점을 부각시킬 눈썹 그리기 방법을 알려드릴게요. 눈썹 모양, 얼굴형에 맞춰 그리기부터 왁싱 없이 다듬는 방법까지 공개할 테니 필요에 따라 예쁘게 다듬어보세요.

얼굴형과 반대로 그리는 게 포인트! 주의점도 체크하며 그리세요.

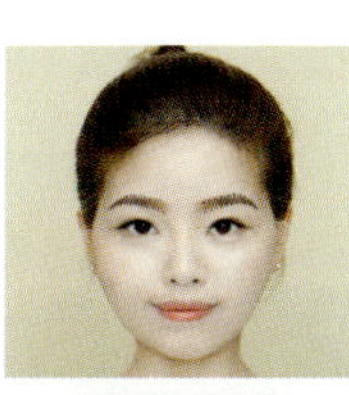

둥근 얼굴형

1 눈썹 산을 올려 그려요.
2 눈썹꼬리는 눈썹 앞머리보다 높게 빼요. 눈썹 전체를 길게 그리면 사나워 보일 수 있
  으니 원래 눈썹 길이에 맞춰 그려요.

긴 얼굴형

1 눈썹 앞머리를 눈썹 산에 맞춰 수평으로 그려요.
2 눈썹꼬리를 얇게 빼요. 눈썹 두께를 얇게 그리거나 눈썹꼬리를 밑으로 처지게 그리면
  나이 들어 보이고 긴 얼굴이 강조되니 주의하세요.

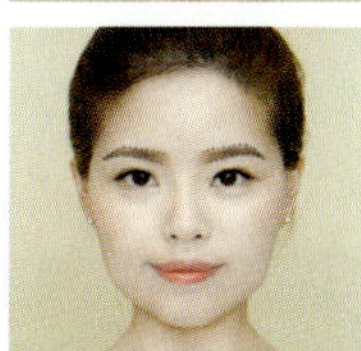

각진 얼굴형

1 펄이 없는 브라운 컬러 아이섀도로 눈썹 산을 둥글게 그려요.
2 눈썹 결대로 빈 부분만 채운 뒤 눈꼬리는 아래로 빼요. 펜슬을 사용하면 힘 조절이 어
  려워 눈썹이 진하게 그려질 수 있어요. 파우더 타입과 크림 타입 아이섀도를 추천!

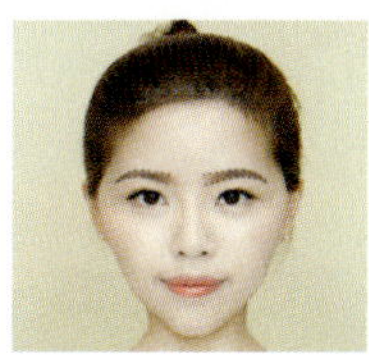

역삼각형 얼굴형

1 눈썹 산을 둥글게 그려요.
2 눈썹 앞머리와 눈썹꼬리, 눈썹 산을 곡선으로 자연스럽게 이어요.

타고난 눈썹 숱과 모양을 완벽하게 변화시킬 순 없지만, 단점만 제대로 커버하면 깔끔
하고 스타일리시해 보여요.

숱이 없는 눈썹

1 파우더로 유분기를 확실하게 잡은 뒤 아이브로 펜슬로 눈썹 모양을 그려요.
2 진한 브라운 컬러 아이섀도로 눈썹 결대로 속눈썹 사이사이를 채워요.
3 눈썹 전용 마스카라 혹은 다 사용한 마스카라로 눈썹 앞머리부터 꼬리까지 쓸어요.

숱이 많은 눈썹

1 눈썹 빗으로 눈썹 결을 따라 빗어요. 빗 위로 올라오는 눈썹은 눈썹 가위로 정리하세요.
2 비어 있는 부분만 아이브로 펜슬로 자연스럽게 채워요.
3 헤어 컬러와 비슷한 아이브로 마스카라로 눈썹 결을 따라 쓸어요.

반쪽 눈썹

1 눈썹 길이를 정한 뒤 아이브로 펜슬로 가이드라인을 그려요.
2 진한 브라운 컬러 아이섀도로 가이드라인을 따라 눈썹 앞머리부터 꼬리까지 결대로
  이어서 그려요.
3 눈썹 솔로 눈썹 앞머리부터 빗어 정리해요.

긴 눈썹

1 눈썹 길이를 정한 뒤 가이드라인을 그려요.
2 가이드라인에 따라 돌출된 눈썹꼬리를 민 뒤 브라운 컬러 아이섀도로 눈썹을 채워요.
3 눈썹 솔로 눈썹 앞머리부터 꼬리까지 빗어요.

중구난방 모양이 없는 눈썹

1 원하는 눈썹 모양을 정한 뒤 아이브로 펜슬로 가이드라인을 그려요.
2 눈썹 아랫부분을 민 뒤 나머지 부분을 가이드라인에 따라 깔끔하게 정리해요.
3 진한 눈썹은 눈썹을 그리지 않고 투명 마스카라로 정리만 해요. 연한 눈썹은 펜슬이나
  아이섀도로 눈썹꼬리 쪽만 채운 뒤 투명 마스카라로 눈썹 앞머리를 빗어요.

미간이 넓은 얼굴에 어울리는 눈썹

1 파우더 타입의 아이브로로 눈썹 앞머리를 앞쪽으로 당겨 그려요.
2 깨끗한 브러시로 경계를 그러데이션해요.

왁싱 없이 사선형, 일자형 눈썹 그리기

한 번 다듬은 눈썹을 되돌리기 쉽지 않죠. 시간도 많이 걸리고 거뭇거뭇 올라온 눈썹 때문에 지저분해 보이고요. 왁싱을 하지 않고도 사선형, 일자형 눈썹을 그릴 수 있어요. 두 모양의 눈썹이 어떻게 달라지는지 비교하면서 보면 이해가 더 잘 될 거예요.

사선형

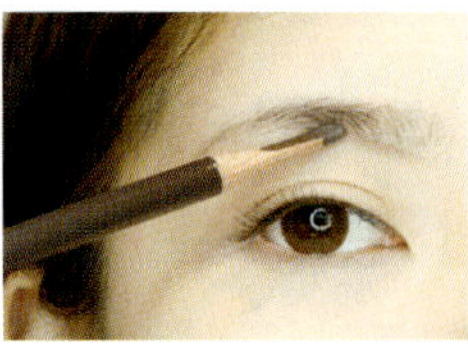

1 스크루 브러시로 눈썹을 안에서 밖으로 빗으며 눈썹 결을 정리해요.

2 원래 눈썹이 나 있는 곳보다 살짝 아래쪽에서 시작해 사선으로 올리며 가이드라인을 그려요.

3 눈썹 산을 살리며 눈썹을 그려요.

4 아이브로 브러시에 아이섀도를 묻혀 가이드라인 안쪽을 채워요. 앞쪽은 브러시를 눕혀서, 뒤쪽은 세워서 그리면 자연스럽게 빈 공간을 채울 수 있어요.

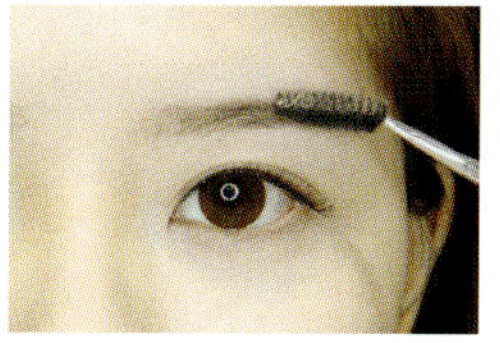 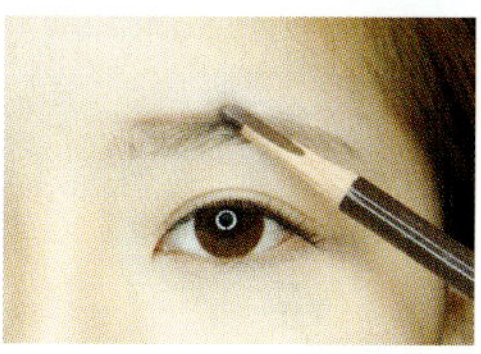 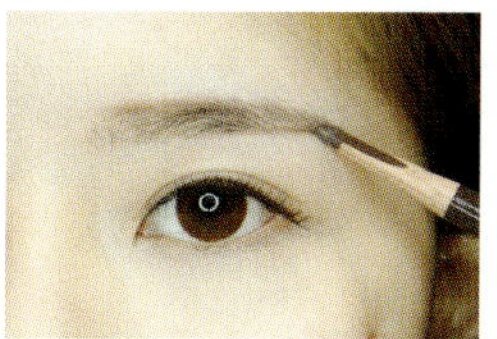 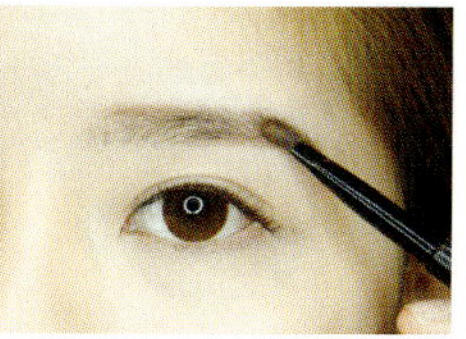

1 스크루 브러시로 눈썹을 안에서 밖으로 빗으며 눈썹 결을 정리해요.

2 눈썹 윗부분부터 눈썹 산까지 수평으로 이어 가이드라인을 그려요.

3 아랫부분 눈썹 중간 지점부터 눈썹 끝까지 수평으로 이어 가이드라인을 그려요.

4 아이브로 브러시에 아이섀도를 묻혀 가이드라인 안쪽을 채워요. 앞쪽은 브러시를 묻혀서, 뒤쪽은 세워서 그려요.

아이섀도는 아이 홀까지 발라야 한다는데, 아이 홀이 대체 어디죠?

사람들마다 눈 모양이 다르듯 아이 홀도 제각각이에요. 아이 홀 위치만 정확히 알아도 내 눈에 어울리는 아이 메이크업을 할 수 있어요.

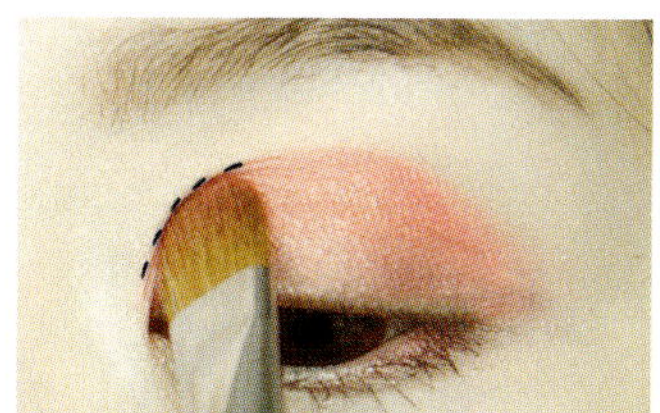 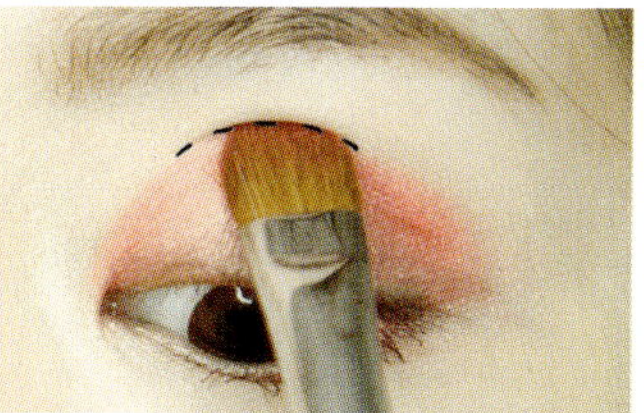 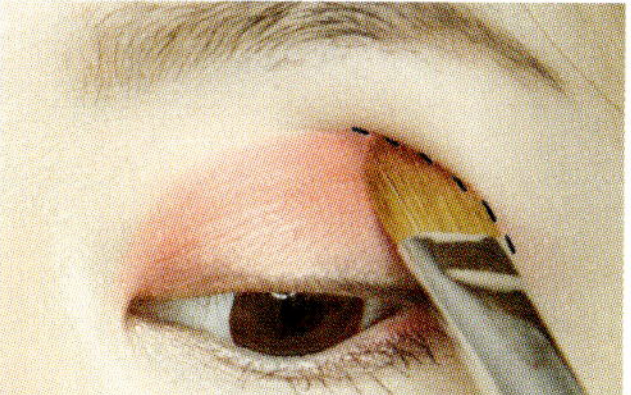

아이 홀은 눈썹 뼈 바로 아래 손가락 혹은 붓으로 눌렀을 때 움푹 들어가는 부분이에요. 아이섀도를 바를 때 중요한 기준이 되죠.

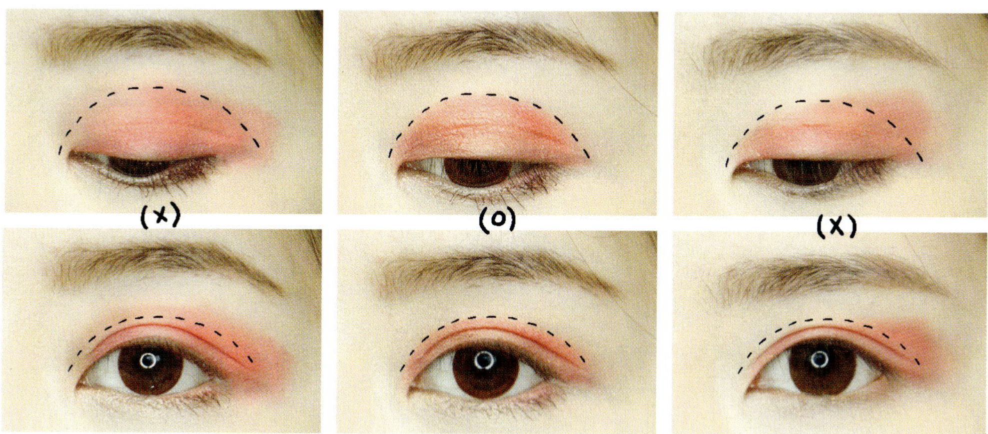

레드 톤 아이섀도를 아이 홀 안쪽과 아이 홀 영역 바깥에 각각 넓게 발라보았어요. 차이가 느껴지나요? 아이 홀 안쪽에 발랐을 때 자연스럽고 깔끔해 보이죠. 레드 톤 아이섀도를 발랐는데도 부어 보이지 않고요.

아이섀도를 어떤 컬러끼리 써야 할지 고민돼요
아이섀도 컬러 조합 방법을 알려주세요

데일리 메이크업을 할 때는 보통 3~4가지 아이섀도를 사용하는 것이 적당해요. 아이섀도의 조합을 가장 쉽게 하는 방법은 명도(밝기)와 펄의 유무에 따라 바르는 거예요. 색 조합에 자신이 없다면 베이스부터 진한 색까지 들어 있는 아이섀도 팔레트(디올_5꿀뢰르 634 골든플라워)를 추천해요. 팔레트에는 보통 비슷한 톤의 컬러들이 들어 있어 3가지만 잘 골라 발라도 실패할 확률이 적어요.

아이섀도의 명도(밝기)

피부 톤과 가장 비슷한 색의 베이스를 바른 뒤 중간 톤 1, 중간 톤 2, 어두운 톤 순서로 발라요. 시중에서 판매되는 제품을 베이스 섀도, 중간 톤, 어두운 톤으로 나눠봤어요. 색을 조합할 때 참고하세요.

베이스 아이섀도

1 이니스프리_02 별빛비친 핑크
2 에뛰드하우스_룩엣마이 아이즈 펄 섀도우 베이스
3 에뛰드하우스_바나나라떼
4 미샤_스프링 드라이브
5 아리따움_글래디글램

중간 톤 1

1 맥_웨지
2 맥_허니러스트
3 미샤_츄러스
4 에스쁘아_오렌지피버
5 에뛰드하우스_로즈골드스카프
6 에뛰드하우스_북극의하얀밤

중간 톤 2

1 미샤_달리루비
2 에스쁘아_누드비치
3 에스쁘아_그레이프에이드
4 에뛰드하우스_메리골드클러치
5 에뛰드하우스_샌드골드
6 아리따움_로맨틱플로어

어두운 톤

1 이니스프리_아기자기도토리
2 마몽드_체리버건디
3 삐아_05
4 에뛰드하우스_블로그일상기록
5 맥_콘크리트
6 아리따움_론리데이즈

펄의 유무

3가지 중 1가지만 펄이 있는 아이섀도를 바르고 나머지 2가지는 펄이 은은하게 있거나 펄이 없는 제품을 사용하세요. 3가지 모두 은은하게 펄이 있어 좋아요. 3가지 모두 펄이 과하게 있으면 눈두덩이 반짝여 부담스럽고 지저분해 보여요. 반대로 모두 펄이 없는 제품을 바르면 눈이 퀭하고 아파 보이니 주의하세요.

제가 자주 바르는 색조합을 소개할게요. 무난한 컬러라 누구나 잘 어울릴 거예요.

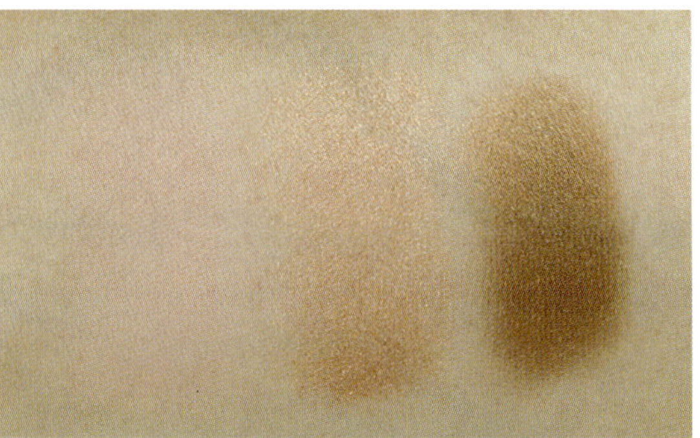

1 펄이 없는 피치색 베이스 섀도 + 화려한 펄 감의 베이지코럴 중간 톤 섀도 + 은은한 펄 감의 진한 갈색 섀도

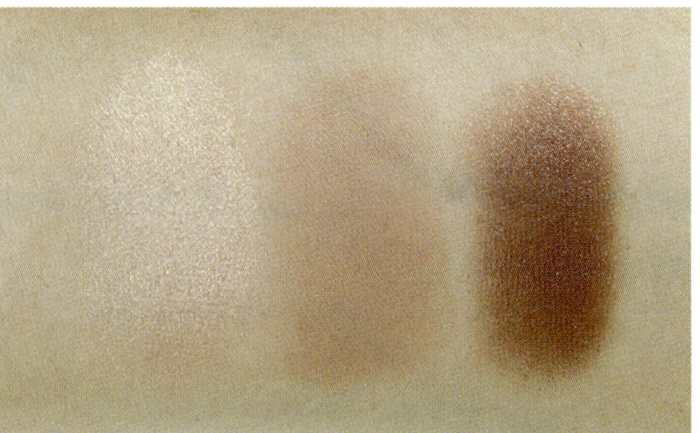

2 은은한 펄 감의 핑크베이지 크림 섀도 + 무펄의 톤 다운된 로즈베이지색 중간 톤 섀도 + 펄 감의 어두운 보랏빛 섀도

3 스킨 톤 크림 섀도 + 화려한 펄 감의 베이지빛 크림 섀도 + 화려한 펄 감의 갈색 크림 섀도 + 은은한 펄 감의 어두운 고동색 섀도

미간이 너무 가까워서 눈 화장을 시도조차 못해요
저 같은 유형도 눈 화장을 할 수 있나요?

아이라인을 그릴 때 조금만 신경 쓰면 충분히 커버할 수 있어요. 미간이 먼 경우와 가까운 경우를 비교하며 해결방법을 알아봐요!

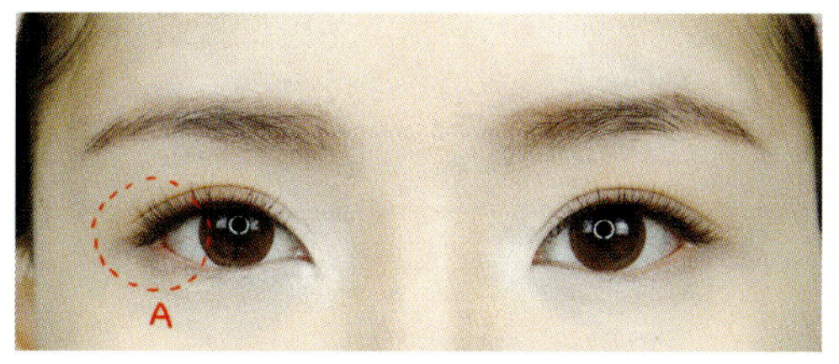
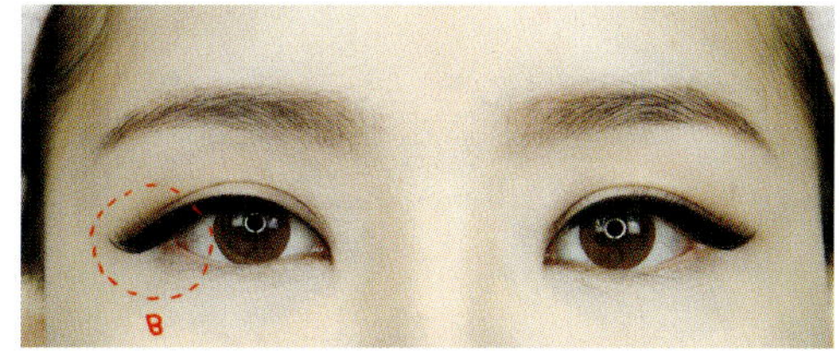

눈꼬리 화장법

A 미간이 먼 경우

눈꼬리는 최대한 빼지 않는 게 좋아요. 눈꼬리로 시선이 가면 눈 사이가 더 멀어 보일 수 있거든요. 브라운 컬러 아이섀도로 표시된 부분을 그린 뒤 아이라이너로 눈꼬리를 살짝 빼요. 시선이 눈 앞머리에서 중앙까지만 머물게 눈꼬리에는 색조를 최대한 바르지 마세요. 인조 속눈썹은 가운데가 긴 모양을 붙이세요.

B 미간이 가까운 경우

눈꼬리를 최대한 강조해요. 눈꼬리로 시선이 가면 눈 사이가 멀어 보이는 효과가 있어요. 인조 속눈썹도 눈꼬리로 갈수록 길어지는 타입을 붙이세요. 눈 앞머리에는 밝거나 튀는 아이섀도를 바르지 않는 게 좋아요. 시선이 눈 앞머리로 쏠리면 눈 사이가 더 가까워 보일 수 있거든요.

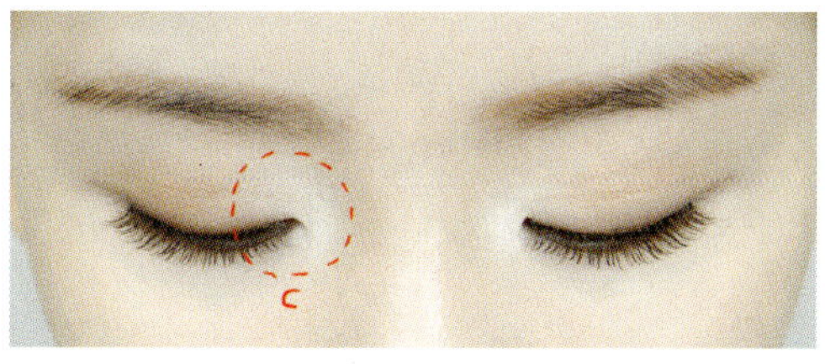
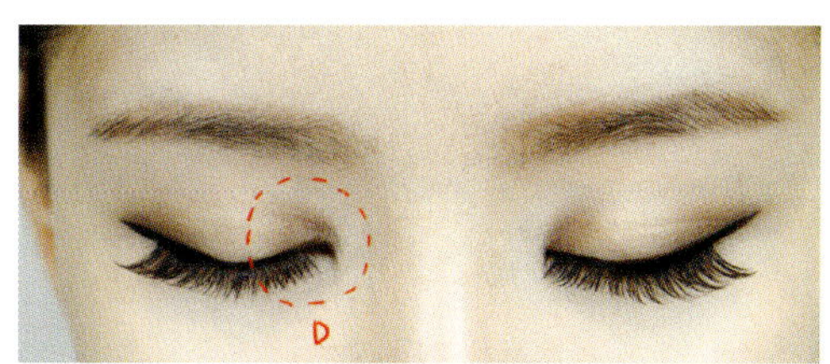

눈 앞머리 화장법

C 미간이 먼 경우

눈 앞머리를 최대한 밝게 표현해 눈 앞머리가 시작되는 부분을 불분명하게 만들어야 해요. 또 눈 앞머리가 앞으로 트여 보이도록 해야 미간이 가깝고 눈이 길어 보여요.

D 미간이 가까운 경우

아이라이너를 바르면 부자연스럽고 눈 앞머리로 시선이 쏠릴 수 있으니 음영 섀도나 브라운 컬러 섀도로 눈 앞머리를 어둡게 표현해요.

브러시로 화장을 하다보면 아이섀도가 섞여서 색이 탁해져요 어떻게 해야 할까요?

한 브러시당 하나의 아이섀도를 쓰는 것이 가장 좋지만 화장품 개수대로 브러시를 구입하기는 부담스럽죠. 펄의 유무, 웜 톤과 쿨 톤으로 나눠서 사용하세요. 컬러가 많이 섞이지 않으면서 원하는 컬러를 표현할 수 있어요.

펄의 유무

펄이 있는 아이섀도를 많이 가지고 있다면 브러시는 펄의 유무에 따라 두 개로 나누는 게 좋아요. 한 개는 펄이 있는 것만 한 개는 펄이 없는 것만 사용하는 거죠. 실제 사용 방법을 보여드릴게요.

펄이 없는 밝은 컬러 A 아이섀도가 묻은 브러시를 휴지에 털고 펄이 없는 밝은 컬러 B를 사용해요.

펄이 있는 어두운 컬러 C 아이섀도가 묻은 브러시를 휴지에 털고 펄이 있는 어두운 컬러를 사용해요.

웜 톤 / 쿨 톤

브러시를 컬러에 맞춰 사용하고 싶다면, 웜 톤과 쿨 톤으로 나누세요.

펄이 있는 피치 베이지 웜 톤 E 섀도가 묻은 브러시를 휴지에 털고, 펄이 있는 핑크 웜 톤 F 섀도를 사용해요.

눈과 눈썹 사이가 좁거나 먼 사람들을 위한 메이크업 방법이 궁금해요

같은 면적이라도 어두운 컬러를 바르면 그 부분이 안으로 들어가 가까워 보이고, 밝은 컬러를 바르면 튀어나와 멀어 보이죠? 이와 같은 착시 효과를 이용해 눈 화장을 하세요. 눈과 눈썹 사이가 좁다면 밝은 컬러 아이섀도를, 눈과 눈썹 사이가 멀다면 어두운 컬러 아이섀도를 바르는 거예요. 말로 설명하긴 조금 부족하니 직접 보여드릴게요!

눈과 눈썹 사이가 먼 경우

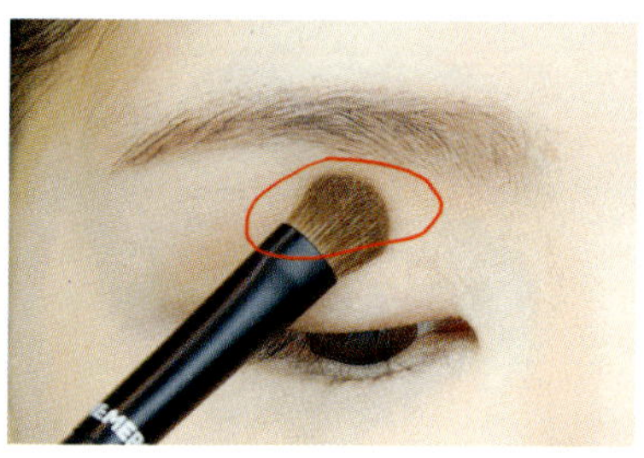

아이 홀 경계에 음영 아이섀도를 발라요. 아이 홀 안쪽까지 바르면 눈이 퀭하거나 아파 보일 수 있으니 주의하세요.

눈과 눈썹 사이가 좁은 경우

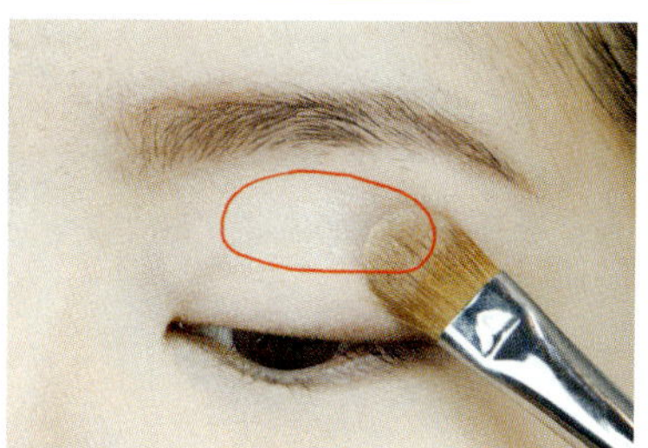

눈썹 밑 부분을 깔끔하게 다듬은 뒤 아이 홀에 하이라이터 또는 화이트 컬러 아이섀도를 발라요.

비교해 볼까요?

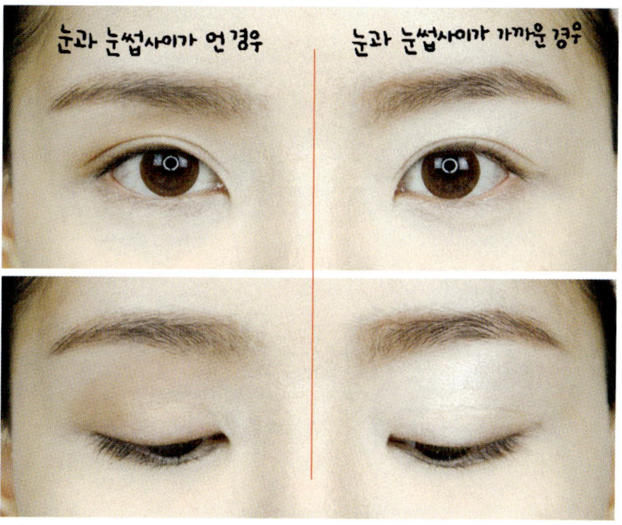

인조 속눈썹은
한 번 쓰고 버리나요?

브랜드와 가격대마다 다르지만 적게는 세 번, 많게는 열 번까지 재사용할 수 있어요.

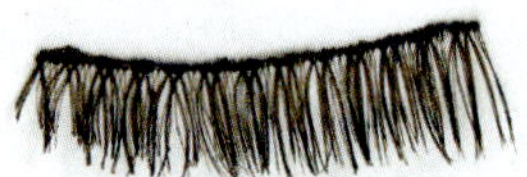

실제로 다섯 번 사용한 인조 속눈썹이에요. 인조 속눈썹 풀과 아이라이너, 마스카라 등이 묻어 있죠. 깔끔하게 재사용하려면 풀과 화장품을 깨끗하게 제거하는 게 포인트! 아주 쉬운 인조 속눈썹 재사용 노하우를 공개할게요.

1 플라스틱 통에 아이 리무버를 1/3 정도 채운 뒤 인조 속눈썹을 5시간 정도 담가놔요. 저녁에 클렌징할 때 담가놨다가 다음 날 아침에 꺼내도 좋아요.

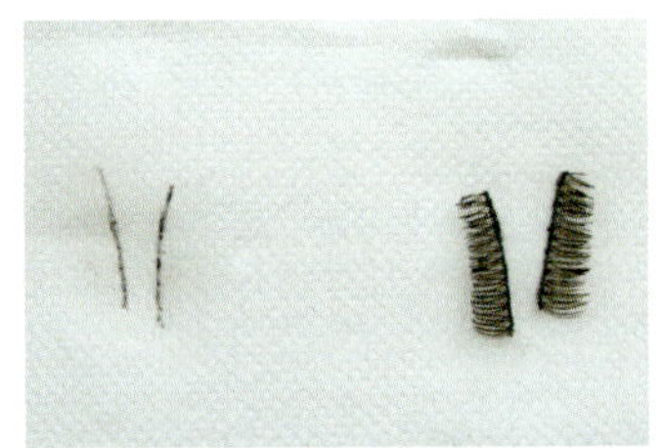

2 인조 속눈썹을 꺼내 키친타월 위에 올린 뒤 반을 접어 꾹꾹 눌러준 다음 펼쳐요. 반대쪽에 풀과 아이라이너, 마스카라가 묻어 나오죠.

3 족집게를 이용해 인조 속눈썹을 조심스럽게 떼어내요.

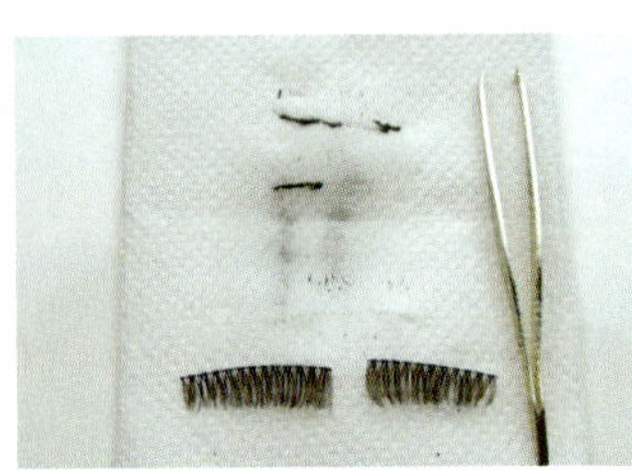

4 속눈썹에 붙어 있던 풀과 아이라이너, 마스카라 등이 키친타월에 묻어 나와요. 키친타월 깨끗한 면에 인조 속눈썹을 다시 한 번 올려놓고 접어서 꾹꾹 눌러요.

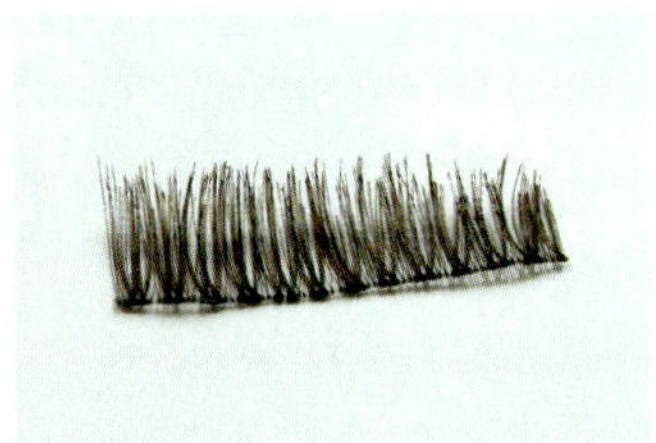

5 4번을 3회 반복한 뒤 남아 있는 화장품을 손으로 확실하게 제거해요. 물티슈로 한 번 마른 티슈로 한 번 닦으면 끝! 속눈썹 대가 휘어 있다면 자신의 눈 모양에 맞게 모양을 잡아줘요.

〈준비물〉
아이 리무버, 플라스틱 통,
족집게, 물티슈

브러시는
어떻게 세척하나요?

보통 1~2주에 한 번 가지고 있는 브러시를 몽땅 꺼내 세척해요. 하루에 한 번 세척하는 게 가장 좋지만 매일 딥클린을 하면 브러시 모가 상할 수 있어요. 사용 후 바로 세척하는 방법과 1~2주에 한 번 세척하는 방법을 소개할게요. 쉽고 간편하게 할 수 있는 개코만의 특급 노하우예요.

브러시 사용 후 바로 세척하기

1 브러시를 모두 꺼내요.

2 마른 티슈에 가볍게 턴 뒤 데일리 클렌저를 뿌려요.

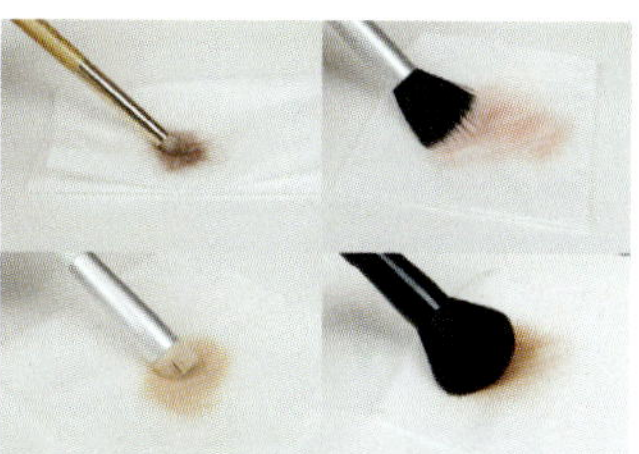

3 티슈에 모가 상하지 않도록 힘을 빼고 닦아내요.

〈준비물〉

티슈, 데일리 클렌저

1 세척할 브러시를 모두 꺼내요. 브러시는 얼굴에 직접 닿는 화장 도구이니 최소 1~2주에 한 번 깨끗하게 세척하는 게 좋아요. 천연모 브러시는 세균 증식이 빠르기 때문에 세척에 특히 신경 써야 해요. 지저분한 브러시는 피부 트러블의 원인이 되기도 하니까요.

2 연한 색조화장품 위주로 사용한 브러시(하이라이터, 연한 색 블러셔 등)부터 진한 색조화장품을 묻혀 사용한 브러시(섀딩, 포인트 섀도용 브러시 등) 순서로 세척해요.

〈준비물〉
티슈, 브러시 클렌저,
손바닥 크기의 용기, 수건

3 티슈에 브러시를 가볍게 털어요.

4 손바닥 크기의 용기에 브러시가 충분히 잠길 수 있을 정도의 브러시 클렌저를 부어요. 브러시를 하나씩 넣어 원을 그리며 가볍게 흔들어요.

 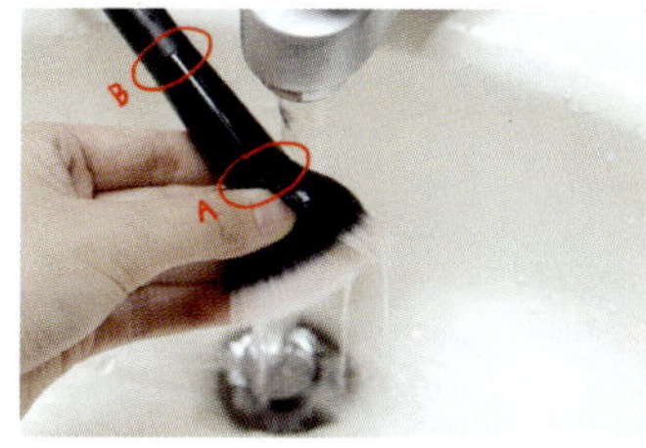 

5 흐르는 물에 깨끗하게 씻어요. 브러시는 항상 거꾸로 세워 보관하기 때문에 사진 속 A에 가루가 많이 끼여 있어요. 그 부분까지 꼼꼼하게 씻어요. 물로 세척할 때 사진 속 B 부분에 물이 묻지 않도록 하세요. 물이 들어가면 B 부분에 발린 접착제의 접착력이 약해져 브러시 머리와 손잡이가 분리될 수 있어요.

6 브러시 모양이 흐트러지지 않도록 수건 위에서 물기를 빼요.

7 물기가 어느 정도 빠졌으면 손으로 브러시를 만지며 모양을 잡아요. 칫솔 모양 브러시는 힘을 뺀 상태로 수건에 문질러 물기를 빼요.

8 모가 아래를 향하게 놓고 말려요. 위로 향하게 말리면 물기가 안쪽으로 들어가 완벽하게 건조되지 않고 모가 바깥으로 퍼져요. 특히 천연모 파우더, 블러셔 브러시는 반드시 브러시 모가 아래를 향하게 놓고 말리세요.

CHEEK+HIGHLIGHT CONCERNS

블러셔,
하이라이터를 아무리
발라도 밋밋하고
답답해 보여요.ㅠㅠ

블러셔와 하이라이터를 바를 때 가장 중요한 건
어떤 컬러를 어느 부위에 바르느냐는 거예요.
미세한 차이로 이미지가 180도 바뀔 수 있거든요.
혹시 한 가지 컬러를 똑같은 영역에만 바르면서 입체감 있는
얼굴로 변화하길 바라는 건 아닌가요?
다른 분들의 고민도 들으며 답을 찾아봐요.

하이라이터, 섀딩 바르는 방법과 효과에 대해 알려주세요

하이라이터는 펄 입자가 곱고 은은하게 발색하는 제품을 선택해 돋보이고 싶거나 결점을 감추고 싶은 부위에 바르세요. 푹 꺼진 이마가 고민이라면 이마에 전체적으로 넓게 쓸어요. 볼륨감이 생기고 얼굴이 입체적으로 보여요. 콧대에 2~3회 가볍게 쓸면 코가 오뚝하고 높아 보이는 효과도 있어요. 턱이 좁다면 턱에 반달 모양으로 가볍게 쓸어요. 턱이 넓고 튀어나와 보여요. 무턱 커버에도 효과적이고요.
섀딩은 얼굴형에 따라 다르게 바르는 게 좋아요. 둥근 얼굴은 라인을 따라 세로로 길게 섀딩해주면 갸름하고 여성스러워 보여요. 긴 얼굴은 내추럴 브라운 톤 파우더를 브러시에 묻혀 이마와 턱 부분에 바르고 콧방울 아래로 내려가지 않는 선에서 광대뼈에 가볍게 둥글려 마무리해요. 각진 얼굴은 턱선과 목선을 이어서 섀딩해요. 역삼각형 얼굴은 하이라이터를 이마와 콧대, 다크서클 부분에 바른 뒤 마지막으로 광대뼈에 둥글려요.

블러셔 바르는 부위를 얼굴형에 따라 알려주세요 이미지 변신도 가능한가요?

바르는 부위에 따라 다양한 분위기를 연출할 수 있어요. 소녀같이 귀여워 보이고 싶으면 볼 중앙에 동그랗게 발라요. 성숙한 이미지를 원하면 광대뼈를 따라 사선으로 쓸고, 수줍은 느낌을 연출하고 싶으면 귓불에만 살짝 발라요. 얼굴형에 따라 바르는 부위를 직접 보여드릴게요.

둥근 얼굴형

코 옆부터 얼굴 가장자리까지 사선으로 그려요. 코 옆으로 갈수록 연하게 발라야 얼굴이 길어 보여요.

긴 얼굴형

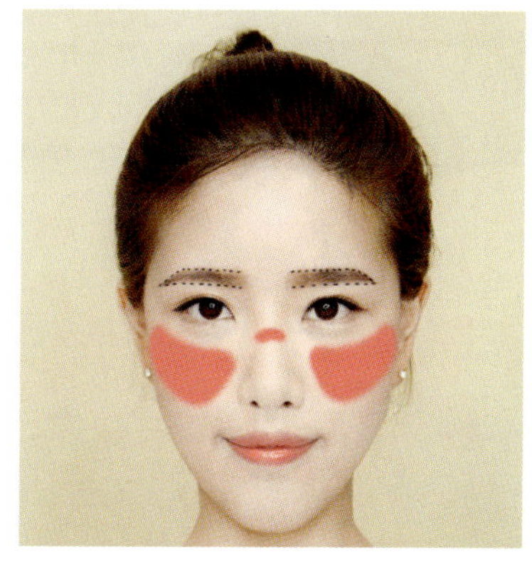

광대뼈를 중심으로 얼굴 가장자리부터 볼 가운데까지 수평으로 발라요. 사선으로 그리면 얼굴이 더 길어 보이니 주의하세요.

각진 얼굴형

얼굴 가장자리부터 볼 중앙까지 사선으로 발라요. 얼굴이 갸름하고 날렵해 보이는 효과가 있어요. 볼 중앙으로 올수록 점점 좁게 바르는 게 포인트!

역삼각형 얼굴형

볼 중앙에 가볍게 둥글려 시선을 얼굴 중앙에 집중시켜요. 진하게 바르면 촌스러워 보일 수 있으니 양을 잘 조절하는 게 중요해요.

이마에 여드름(좁쌀 여드름)이 났을 때
하이라이터 사용 방법을 알려주세요

얼굴에 트러블이 있을 때는 펄 감이 있는 하이라이터를 바르면 안 돼요. 튀어나온 트러블 위에는 하이라이터가 더 진하게 발색돼 트러블이 더 강조되거든요. 하이라이터를 바르지 않는 게 가장 좋지만 꼭 발라야 한다면 펄 감이 없는 하이라이터나 피부 톤보다 살짝 밝은 파운데이션을 추천해요.

코가 긴 편인데
보안할 수 있는 메이크업 방법이 없을까요?

코 콤플렉스를 메이크업으로 커버할 수 없을까 하는 생각에 유명하다는 섀딩을 몽땅 사 밤낮으로 연구했어요. 그리고 알아냈죠! 코의 단점을 커버하는 섀딩 방법. 코에 섀딩을 할 때 많은 양을 바르면 코가 커 보일 수 있어요. 꼭 브러시를 한두 번 털어서 양을 조절한 후 바르세요.

긴 코

눈 앞머리와 코끝에 섀딩해요. 눈 앞머리보다 코끝을 좀 더 진하게 발라야 코가 짧아 보여요.

짧은 코

눈썹 앞머리부터 시작해 콧대를 따라 길게 섀딩해요. 콧방울 가장자리에도 살짝 발라 마무리하면 콧대가 살아나면서 길어 보여요.

매부리코

튀어나온 콧등 뼈와 코끝에 수평으로 발라요. 콧대가 부드럽게 연결돼 보여요.

콧방울이 넓은 코

눈썹 앞머리, 콧대 가운데 부분, 콧방울 가장자리에 부분적으로 발라요. 콧대는 날렵하고 코 끝은 샤프해 보여요.

콧대가 낮은 코

미간에서 눈 앞머리까지 이어서 발라요. 코가 반듯하고 오똑해 보여요.

하이라이터의
종류와 사용법 알려주세요!

파우더 타입, 크림 타입으로 나뉘어요. 파우더 타입은 브러시에 묻혀 바르고 싶은 부위에 골고루 펴 발라요. 가장 무난하게 사용할 수 있는 타입으로 초보자에게 추천해요. 파우더 타입보다 촉촉하고 피부에 자연스럽게 밀착되는 크림 타입은 도구 없이 손가락에 찍어 원하는 부위에 펴 바르거나 인조모 브러시에 묻혀 사용하세요. 케이스에 담겨 있다면 브러시로 덜어낸 뒤 뭉치지 않게 양을 조절해서 발라요.

크림 타입 블러셔를 오래 유지하는
방법에 대해 알고 싶어요

크림 타입과 가루 타입 블러셔를 함께 사용하세요. 볼에 크림 타입 블러셔를 톡톡 두드리며 바른 뒤 마르기 전에 가루 타입 블러셔를 브러시에 묻혀 덧발라요. 크림 타입 블러셔가 가루 타입 블러셔를 날아가지 않게 고정시켜주기 때문에 색감을 오래 유지할 수 있어요.

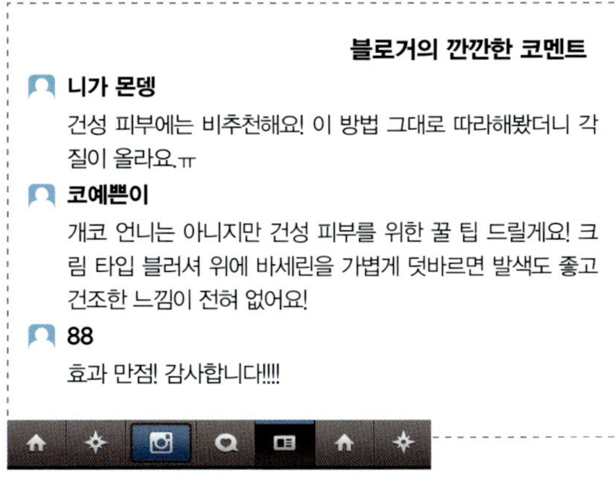

LIP CONCERNS

**chan 님
오랜만이에요**

진한 립스틱 발랐을 때
이에 안 묻는 방법이 있나요?

립스틱이 이에 묻은 줄 모르고 환하게 웃으며 여기저기 돌아다닌 적이 있어요. 평소와 다르게 누구보다 밝게 웃고 다녔죠. 잊고 싶지만 잊히지 않는 기억이라고나 할까요. 아마 저와 같은 경험을 하신 분들 많을 거예요. 이젠 이런 실수 하지 말기로 해요! 지금부터 알려드리는 방법만 잘 따라 하면 빨간 립스틱을 발라도 환하게 웃을 수 있어요.

1 립스틱과 같은 컬러의 틴트를 입술 안쪽에 발라요.

2 립 브러시에 립스틱을 묻혀 바깥쪽에 발라요. 입술에 착색되는 틴트를 입술 안쪽에 바르면 이에 묻지 않아요.

입술로 새로운 분위기를 내고 싶을 때
입술 모양별 연출 방법이 궁금해요

입술이 얇고 색소 침착이 심해 입술 메이크업에 신경을 많이 써요. 입술 라인만 신경 쓰면 단점을 커버하고 다양한 이미지로 변신할 수 있어요.

안젤리나 졸리처럼 도톰하고 빵빵한 입술

1 입술 라이너로 입술 경계보다 바깥으로 라인을 그려요.
2 브러시에 립스틱을 묻혀 안을 채워요.

장나라처럼 얇고 귀여운 입술

1 파운데이션 혹은 컨실러로 입술 라인을 감춘 뒤 파우더를 덧발라요.
2 립스틱을 입술 안쪽을 중심으로 발라요.
3 브러시 혹은 손가락으로 경계를 그러데이션해요.

립스틱을 바른 뒤 각질이 일어났을 때
깨끗하게 정리하는 방법 알려주세요!

저는 입술이 워낙 예민한 편이라 각질이 잘 일어나고 쉽게 부르터요. 각질을 잡아 뜯거나 입술에 침을 바르면 더 심해져요. 특히 립스틱을 바른 뒤 각질이 일어나면 너무 당황스럽죠. 저는 걱정 없어요! 쉽고 간단하게 해결할 수 있거든요. 그 방법을 공개할게요.

〈준비물〉 묽은 립밤, 면봉, 미용티슈

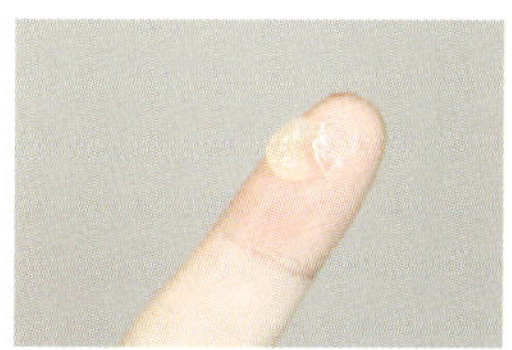   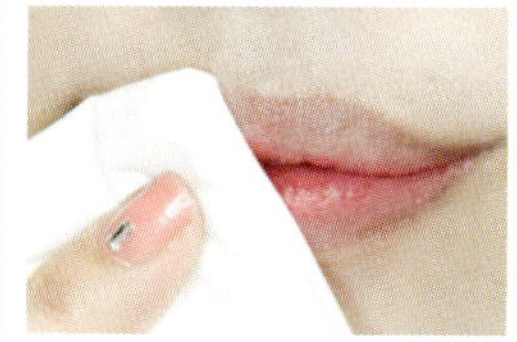

1 튜브 타입 묽은 립밤을 손가락에 충분히 짜요.

2 입술이 답답하다고 느껴질 정도로 듬뿍 발라요.

3 10분 정도 방치한 후 면봉으로 불어난 각질을 닦아내요. 입술 위에 랩을 붙이면 각질이 빨리 불어나요.

4 부드러운 미용티슈로 다시 한번 깨끗하게 닦아내요. 스틱 타입의 가벼운 립밤으로 한 번 더 보습해주세요.

브러시 사용 설명서

브러시를 종류별로 다 살 필요는 없어요. 데일리 메이크업에 필요한 브러시만 있어도 충분해요. 하지만 종류가 워낙 많고 브랜드에 따라 활용법이 다르기 때문에 선택하기 힘들 거예요. 여러분의 고민을 덜어주고자 가장 유용하게, 가장 많이 사용하는 브러시만 모아봤어요. 직접 사용해보고 깐깐하게 고른 개코의 추천 아이템도 놓치지 마세요!

1 블랜딩 & 섀딩 브러시

눈두덩에 음영을 넣거나 콧대를 섀딩할 때, 눈두덩에 아이섀도를 넓게 펼쳐 바른 뒤 블랜딩할 때 사용해요. 브러시 모는 새끼손가락 한 마디 정도 길이에 탄력과 힘이 없는 제품이 좋아요. 모가 빳빳하고 짧으면 자연스럽게 블랜딩하기 어려워요.

개코's pick 아바마트_096X, 아트넷_115**

2 팬 브러시

얼굴에 떨어진 화장품 가루를 털어낼 때 사용해요. 가루 파우더, 하이라이터를 묻혀 발라도 좋아요. 브러시에 파우더를 묻혀 한 번 털어낸 뒤 얼굴 전체를 가볍게 쓸어요.

개코's pick 아바마트_라지 팬 브러시**, 헤라

3 멀티 브러시

파운데이션 혹은 입자가 고운 가루 파우더를 바를 때 사용해요. 브러시 모 숱이 많고 촘촘해 미세한 파우더 가루도 잘 머금어요. 파운데이션을 묻혀 바르면 얇고 고르게 발리며 얼굴에 붓 자국이 남지 않아요.

개코's pick 네이처 리퍼블릭_퍼펙트 커버 브러시, 미미박스_아임 퍼펙트 브러시**

4 블러셔 브러시

볼 전체에 둥글게 바를 때 사용해요. 보통은 브러시 모의
숱이 많고 통통한 제품을 사용하지만 가루 타입 블러셔는
부드러운 천연모 제품을 사용해야 발색이 잘 돼요.

개코's pick 미샤_프로페셔널 파우더 브러시＊＊,
에뛰드하우스_치크브러시, 아트넷_132,
아바마트_007X

5 섀딩 브러시

둥글고 숱이 많으며 부드러운 천연모 브러시에 묻혀 발라
야 가장 자연스러워요.

개코's pick 아트넷_101, 피카소_602＊＊

6 립 브러시

립스틱을 그대로 입술에 대고 바르면 각질이 일어나 지저
분해 보여요. 립 브러시에 묻혀 바르면 입술 경계를 깔끔
하게 그릴 수 있고 각질도 덜 일어나지요. 브러시 모는 반
드시 인조모를 선택하세요. 파우치에 넣고 다녀야 하니 뚜
껑이 있거나 뚜껑과 원터치 일체형인 제품이 좋아요.

개코's pick 피카소_501＊＊, 피카소_Voyage56043＊＊,
아리따움_프리미엄 립 브러시 원터치형,
미샤_이지 립 브러시 푸시형

7 아이섀도 브러시

모가 납작하고 크기가 다양해요. 눈두덩에 아이섀도를 바를 때 사용하지요. 보통 천연모 브러시를 사용하되, 크림 아이섀도나 리퀴드 아이섀도를 바를 때는 인조모 브러시를 선택하세요. 발색이 정확하고 펄이 또렷해 보여요.

개코's pick 이연물산_아이섀도 브러시 대, 피카소_206A**,
이연물산_아이섀도 브러시 중, 피카소_209,
미샤_프로페셔널 베이스 섀도 브러시

8 아이섀도 블랜딩 브러시

아이섀도를 블랜딩하거나 아이 홀에 음영을 넣을 때 사용해요. 부드러운 천연모 제품을 선택해야 경계 없이 부드럽게 블랜딩할 수 있어요.

개코's pick 아바마트_055X , 아임미미_아임섀도브러시**,
메이블린_아이섀도 브러시

9 아이라이너 브러시

젤 아이라이너를 바를 때 꼭 필요해요. 사용 후에는 바로 클렌저 혹은 물티슈로 닦은 뒤 마른 티슈로 한 번 더 닦아서 보관해요. 눈꼬리를 뾰족하게 빼는 게 어렵다면 모 길이가 짧고 브러시 크기가 작은 것을 선택하세요. 모가 길면 힘 조절이 어려워요.

개코's pick 이니스프리_에코 뷰티툴 젤 아이라이너 브러시,
피카소_231, 피카소_7008**

10 포인트 아이섀도 브러시

쌍꺼풀 라인 안쪽이나 언더라인 등 좁은 범위에 아이섀도를 바를 때 사용해요. 보통 어두운 섀도는 가루 날림이 없는 천연모 브러시가 좋고, 언더라인에는 크림 타입, 글리터 아이섀도를 바를 때는 인조모 브러시가 좋아요.

개코's pick 아바마트_065X, 피카소_711**

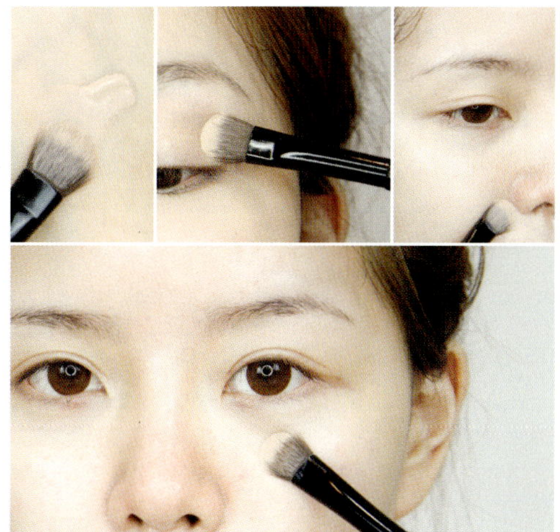

11 컨실러 브러시

컨실러를 바를 때 사용하는 브러시예요. 컨실러는 제형이 무겁기 때문에 손보다는 브러시에 묻혀 바르는 것을 추천해요. 얇고 밀착력 있게 발리기 때문이에요. 리퀴드 타입 컨실러는 무조건 인조모 브러시를 사용하세요.

개코's pick 아트넷_135, 피카소_PROOF ANGLE**

12 사선 스몰 사이즈 블러셔 브러시

볼 좁은 범위에 강하게 발색할 때 사용해요. 제형에 따라 달라질 수 있지만 블러셔의 펄 감을 화려하게 표현하고 발색을 강하게 하고 싶다면 살짝 거친 모의 브러시를 사용하는 것이 좋아요.

개코's pick 아임미미_아임컨투어 브러시 미니**,
e.l.f 프로페셔널 블러셔 브러시

13 사선 빅, 미디움 사이즈 블러셔 브러시

광대뼈부터 볼까지 사선 모양으로 블러셔를 바를 때 사용
해요. 숱이 많고 부드러운 천연모 제품이 가장 무난해요.

개코's pick　아바마트_008X, 아임미미_아임컨투어 브러시

14 페이스 브러시

펄 파우더, 하이라이터, 블러셔, 파운데이션을 바를 때 사
용하는 브러시예요. 펄 파우더를 묻혀 바르면 펄 감이 은
은하게 발색되고, 파운데이션을 묻혀 바르면 모공을 채우
며 부드럽게 바를 수 있어요.

개코's pick　에뛰드하우스_광택 브러시,
　　　　　　　이연물산_펄 파우더브러시**,
　　　　　　　다이소_페이스 브러시,
　　　　　　　아리따움_하이라이터 브러시

15 블랜딩 브러시

끝으로 갈수록 모아지는 모양으로 일명 총알 브러시로 불
려요. 쌍커풀 라인 안쪽에 아이섀도를 바른 뒤 블랜딩할
때 사용해요. 가루 타입 아이섀도를 바를 땐 천연모 제품
이 좋아요.

개코's pick　피카소_219, 피카소_7005**,
　　　　　　　아임미미_아이섀도 블랜딩브러시,
　　　　　　　미샤_프로페셔널 이지 블랜딩

16 아이브로 브러시

사선으로 커팅되어 있어 눈썹을 그릴 때 유용해요. 자연스럽고 부드러운 눈썹을 연출하고 싶을 땐 천연모 브러시에 아이섀도나 아이브로를 묻혀 그리고, 진하고 딱 떨어지는 눈썹을 그릴 땐 인조모 브러시에 리퀴드 타입의 아이브로나 브라운 젤 아이라이너를 섞어 발라요.

개코's pick 아임미미_아임아이브로 브러시,
이연물산_아이브로 브러시**,
이니스프리_에코 뷰티툴 듀얼 아이브로 브러시,
아트넷_120

17 파운데이션 브러시

파운데이션을 가장 얇게 펼쳐 바를 수 있어요. 얼굴에 닿기 때문에 모가 부드럽고 탄력 있는 제품이 좋아요. 파운데이션은 리퀴드 제형이니 반드시 인조모를 사용하세요.

개코's pick 피카소_FB07**,
이연물산_파운데이션 브러시**

18 팁브러시

펄이 많은 아이섀도나 피그먼트를 바를 때 사용해요. 매트한 립스틱을 그러데이션을 할 때도 유용하지요. 팁브러시는 마른티슈에 닦아 클렌징 하기 때문에 자주 교체하는 게 좋아요.

개코's pick 아바마트_068,
토니모리_블록섀도팁**

3

MAKEUP TUTORIAL

때론 청순하게, 때론 시크하게, 때론 셀럽처럼!
믿고 따라 하는
개코의 메이크업 레시피

눈에 들어온 메이크업은
그날 따라 해봐야   잠이 와요!

누군가 저에게 "화장 정말 잘 한다!", "눈 화장 어떻게 했어?", "나 메이크업 좀 해줘!"라는 말을 하면 너무 신나요. 그 자리에서 바로 파우치를 열어 화장품을 추천하거나 메이크업을 해주기도 하죠. 저는 메이크업 자체를 정말 사랑해요. 특히 외출 전에 메이크업하는 시간이 너무 즐거워요. 남들은 귀찮다고 하지만, 가장 좋아하는 일을 매일 아침 할 수 있어 너무 행복해요. 메이크업에 관심이 많다보니 사람을 만나면 어떤 메이크업을 했는지 먼저 보게 돼요. TV나 잡지를 볼 때도 마찬가지고요. 옷, 헤어스타일보다 메이크업에 먼저 눈이 가죠. 따라 하고 싶은 메이크업이 생기면 일단 머릿속에 비슷한 컬러의 색조화장품이 있는지부터 파악해요. 없다면 바로 화장품 가게로 달려가죠. 아무리 몸이 안 좋아도 화장품 가게는 그냥 지나치지 못해요. 눈에 들어온 메이크업은 그날 따라 해봐야 잠이 오거든요. 그냥 잠들면 마치 숙제를 안 한 것처럼 불안하고 초조해서 잠을 설치곤 해요.

개코의 메이크업
촬영 현장을

공개합니다!

블로그에 포스팅한 메이크업 튜토리얼을 보며 작업이 어떤 식으로 이루어지는지 궁금해하는 분이 많으세요. 모든 과정을 혼자서 한다고 하면 믿지 않는 분들도 계시죠. 혹시 누군가 대신 해주는 것 아니냐고요. 여러분도 혹시 이런 생각 하고 계신가요? 그 궁금증을 리얼하게 풀어드릴게요!

*작업실이에요. 깨끗하죠? 여러분께 보여드리기 위해 이틀 내내 청소했어요. ^^*

하고 싶은 메이크업이 생기면 노트에 튜토리얼을 짜요. 어느 제품의 어떤 컬러를 바를지, 메이크업 순서는 어떻게 할지 꼼꼼하게 정리하죠.

도구와 화장품을 미리 세팅해요. 엄청 많죠? 사진 속에 있는 도구를 모두 사용하진 않아요. 원하는 표현이 안 나올 때를 대비해 최대한 많이 챙겨둬요. 중간에 찾으러 가기도 귀찮고요.^^
그 다음에는 조명을 설치해요. 무겁지 않느냐고 물어보시는 분들이 있는데 하나도 안 무거워요. 거뜬합니다! 드디어 메이크업 시작! 마음에 드는 컷이 나올 때까지 촬영하기 때문에 보통 하루 꼬박 걸리는 것 같아요. 도구를 얼굴에 댄 후 표정 관리를 하고 카메라 리모컨을 누르면 한 컷 완성!
촬영한 사진을 모두 모아 필요한 사진만 추린 뒤 컴퓨터 작업을 시작하면 끝! 모든 메이크업 튜토리얼은 이 과정으로 이루어진답니다.
그럼 지금부터 여러분이 가장 기대하시는 메이크업 튜토리얼을 공개할게요. 청순, 우아, 큐티, 섹시까지! 다양한 콘셉트를 쌍꺼풀, 홑꺼풀 모두 따라 할 수 있게 구성했어요. 하나도 놓치지 마세요!

1.
퍼스널 컬러 데일리 메이크업

특별한 날이 아니면 대부분 자신에게 어울리는 메이크업을 하죠. 화장을 하면 화사하고 어려 보이지만 반대로 피곤하고 나이 들어 보이는 분들도 있을 거예요. 차라리 생얼이 낫다고 생각해 아예 메이크업을 하지 않는 경우도 있고요. 혹시 피부 톤을 제대로 파악하지 않고 메이크업을 한 게 아닐까요? 데일리 메이크업을 시작하기 전, 먼저 나에게 맞는 피부 톤을 찾아보세요.

연예인이 발랐을 때 예뻐 보여서 구매했는데 막상 발라보니 내 얼굴과 어울리지 않아 방 안 어딘가에 처박아둔 화장품이 꽤 있을 거예요. 분명 같은 색조화장품인데 왜 나와는 어울리지 않는 걸까요? '퍼스널 컬러'와 맞지 않기 때문이에요.

퍼스널 컬러란 피부 톤과 가장 잘 어울리는 컬러를 뜻해요. 자신의 피부 톤에 맞는 컬러에 맞춰 옷을 입거나 화장을 하면 더 생기 있고 예뻐 보여요.
못 믿겠다고요? 위의 사진을 함께 살펴볼까요. 두 사진 중 어느 쪽이 더 예뻐 보이나요? 취향에 따라 다르겠지만 오른쪽이 더 자연스러워 보일 거예요.
퍼스널 컬러는 크게 웜 톤(Yellow Base)과 쿨 톤(Blue Base)으로 나뉘어요. 왼쪽은 쿨 톤 컬러로, 오른쪽은 웜 톤 컬러를 사용해 메이크업했어요. 제 피부는 웜 톤이기 때문에 웜 톤 컬러로 메이크업을 했을 때 더 예뻐 보이죠. 쿨 톤 타입도 비교해볼까요?

오른쪽 메이크업이 안정적이고 피부 톤도 맑아 보이죠. 왼쪽 메이크업은 피부가 들뜨고 색조화장품과 피부가 따로 노는 느낌이 들어요.

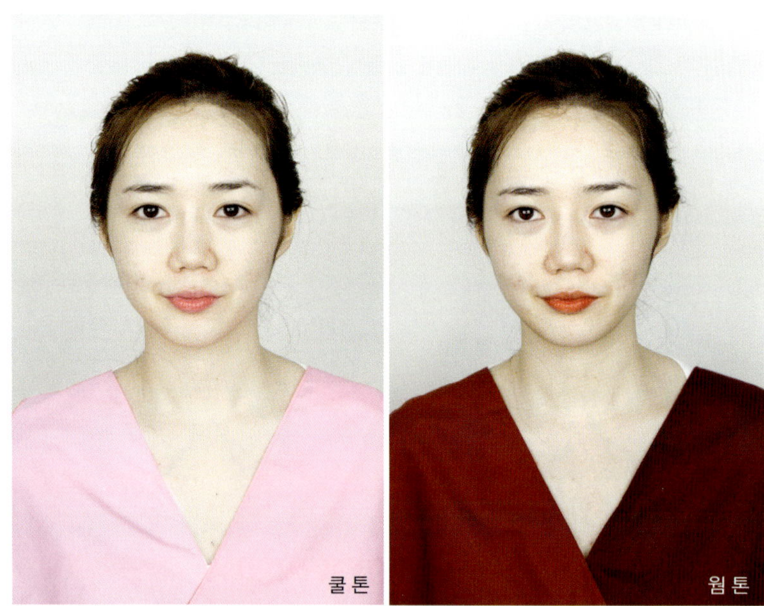

오른쪽 사진을 보세요. 쿨 톤 타입 피부에 딥한 웜 톤 컬러의 진단천을 대보니 얼굴에 붉은 기와 푸른 기가 올라와 칙칙해 보여요. 반대로 쿨 톤 컬러의 진단천을 대보니 얼굴이 훨씬 생기 있어 보이죠. 진단천과 얼굴이 따로 노는 느낌도 없고요. 실제로 보면 그 차이가 더 크게 느껴진답니다. 퍼스널 컬러는 얼굴색과 얼굴의 윤기, 얼굴 형태에도 큰 영향을 끼쳐요.

사진만 봐서는 웜 톤과 쿨 톤의 차이를 정확히 이해하기 힘들 거예요
컬러칩을 보며 그 차이점을 자세히 알아봐요

왼쪽은 쿨 톤의 블루 베이스, 오른쪽은 웜 톤의 옐로 베이스예요. 컬러칩을 보면 대충 블루 베이스와 옐로 베이스의 차이점을 알겠지만 정확히 와 닿지 않죠. 순색에 투명한 파란색 셀로판지를 올린 컬러를 블루 베이스(쿨 톤), 노란색 셀로판지를 올린 컬러를 옐로 베이스(웜 톤)로 생각하면 이해하기 쉬울 거예요. 순색에서 이렇게 쿨 톤과 웜 톤으로 나눠지는 것처럼 화장품도 쿨 톤과 웜 톤으로 나눠진답니다.

왼쪽은 노르스름한 옐로 베이스(웜 톤)이고 오른쪽은 붉으스름하며 푸른 기가 도는 블루 베이스(쿨 톤)예요. 이제 웜 톤과 쿨 톤을 확실히 구별할 수 있겠죠? 하지만 '퍼스널'이라는 이름이 붙은 만큼 모든 사람을 두 타입으로 정확하게 나눌 수는 없어요. 진단천을 대보고, 여러 가지 컬러를 발라보면서 자신에게 어울리는 퍼스널 컬러를 찾는 것이 중요해요.

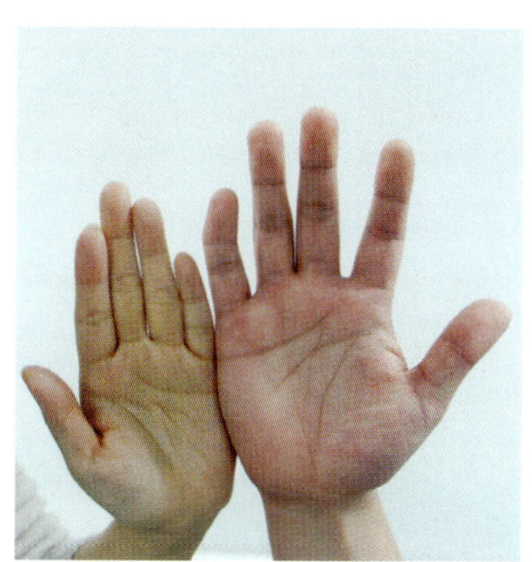

나는 쿨 톤일까? 웜 톤일까?

자신의 피부 톤이 어느 유형에 속하는지 궁금하죠. "너 오늘 예뻐 보인다" 혹은 "오늘 바른 립스틱 색 정말 잘 어울린다"라는 말을 들었을 때를 생각해보세요. 그때 어떤 컬러의 옷을 입고 립스틱을 발랐었죠? 웜 톤과 쿨 톤의 색조화장품을 보고 그 컬러를 찾아봐요!
따뜻한 노란빛이 도는 왼쪽 컬러가 웜 톤, 차가운 푸른 기 혹은 붉은 기가 도는 오른쪽 컬러가 쿨 톤이에요. 이 중 어울리는 컬러가 많은 쪽이 자신의 퍼스널 컬러겠죠?

레드 립스틱

웜 톤   쿨 톤

버건디 립스틱

웜 톤   쿨 톤

베이지 립스틱

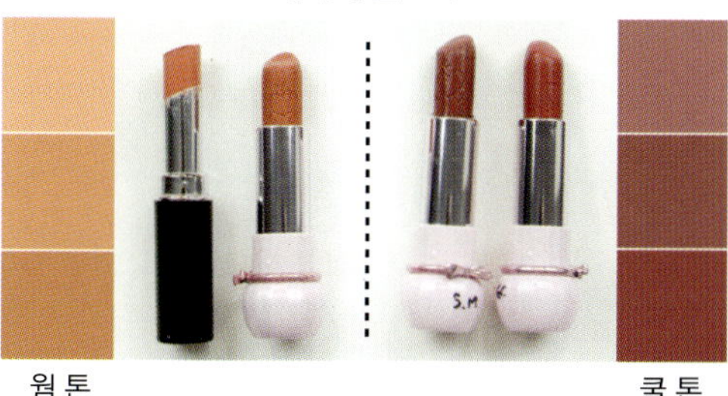

웜 톤   쿨 톤

핑크 립스틱

웜 톤   쿨 톤

브라운 아이섀도

웜 톤과 쿨 톤으로 나뉘지 않는 절대색도 있어요

오렌지와 퍼플! 오렌지는 무조건 웜 톤, 퍼플은 무조건 쿨 톤이에요. 두 색을 비교하며 퍼스널 컬러를 찾아도 좋아요. 두 컬러 모두 어울리지 않는다면 옆 페이지에서 소개하는 컬러 팔레트를 참고하세요!

웜 톤은 봄 타입과 가을 타입, 쿨 톤은 여름 타입과 겨울 타입으로 나뉘어요. 사계절로 나누는 이유는 가장 기본이 되는 퍼스널 컬러의 이론 때문이에요. 색채 조화론에서 시작 되는데요, 사람마다 각각 타고난 신체 색이 있고, 그 신체 색과 어울리는 컬러가 있어요. 그걸 크게 나눠보니 사계절 자연에서 찾을 수 있는 컬러와 연결이 되어 있다고 해요. 예를 들어 '봄'은 파릇파릇한 새싹들이 돋아나고 따뜻한 기운에 꽃들이 피어나는 시기죠. 그걸 그대로 컬러와 연결해보세요. 밝고 맑은 컬러가 떠오르죠? 색상, 명도, 채도로 나뉜 PCCS톤 표를 보면서 컬러를 직접 확인하고 무슨 색이 가장 잘 어울리는지, 어느 타입인지까지 파악해봐요.

웜 톤 봄 타입

명도 : 고명도～중명도 / 채도 : 고채도～중채도

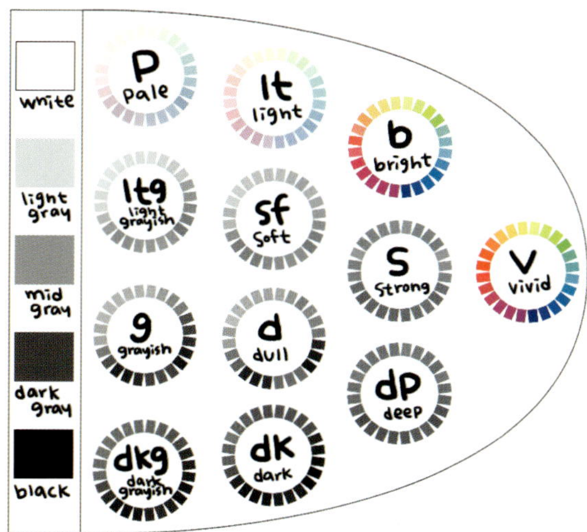

메이크업 팁

아이섀도 : 따뜻한 빛의 브라운 컬러를 바른 뒤 오렌지 컬러로 포인트!
아이라이너 : 브라운 컬러
블러셔 : 따뜻한 코럴 컬러 혹은 핑크코럴 컬러
립 : 블러셔와 맞춰 발라요.

컬러 : 비비드한 톤에서 파스텔 톤까지 따뜻하고 밝으며 깨끗한 컬러

쿨 톤 여름 타입

명도 : 고명도～저명도 / 채도 : 중채도～저채도

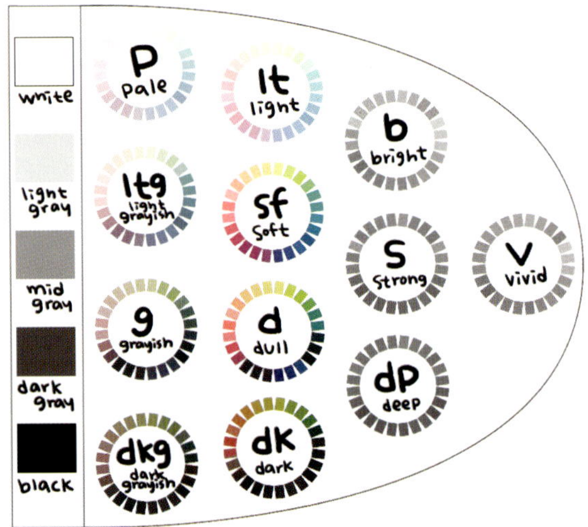

메이크업 팁

아이섀도 : 차가운 빛이 도는 브라운 혹은 연보랏빛 컬러

아이라인 : 차콜 컬러를 바른 뒤 라벤더 혹은 핑크 컬러 덧바르기!

블러셔 : 핑크 혹은 밝은 체리레드 컬러

립 : 블러셔와 발춰 발라요.

컬러 : 차가운 느낌의 은은하고 차분한 컬러

웜 톤 가을 타입

명도 : 중명도～저명도 / 채도 : 중채도～저채도

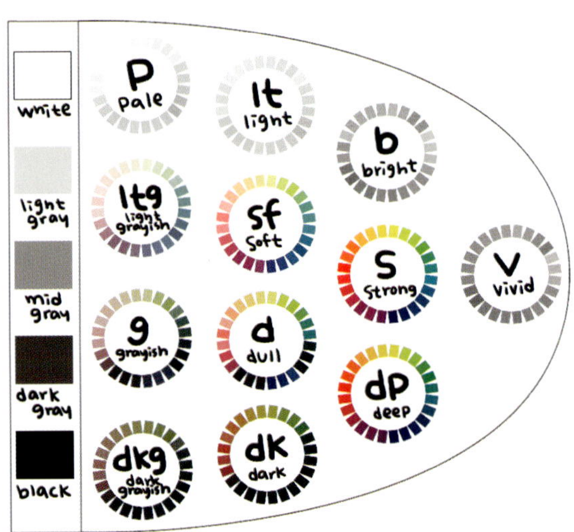

메이크업 팁

아이섀도 : 따뜻한 살구색부터 톤 다운된 오렌지, 카키, 어두둔 브라운 컬러

아이라인 : 브라운 컬러

블러셔 : 오렌지 혹은 살구색

* 눈 화장을 강조하거나 오렌지 컬러 아이섀도를 발랐다면 따뜻한 베이지 컬러도좋아요.

립 : 블러셔와 맞춰 발라요. 포인트를 주고 싶다면 딥한 버건디 컬러를 추천해요.

컬러 : 따뜻한 느낌의 그윽하고 편안한 컬러

쿨 톤 겨울 타입

명도 : 고명도～저명도 / 채도 : 고채도～저채도

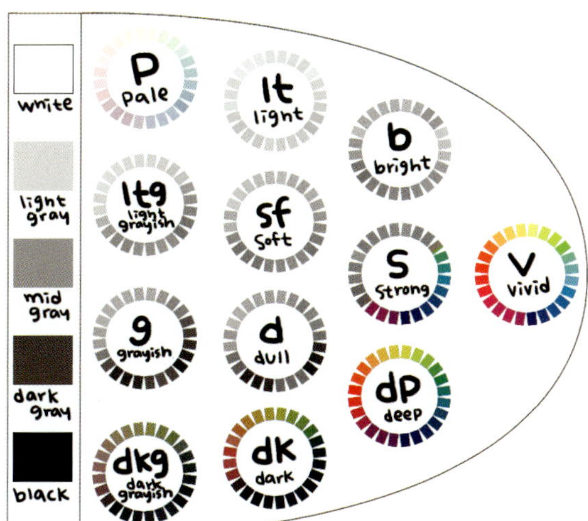

메이크업 팁

아이섀도 : 컬러칩에 있는 한 가지 컬러만 바르는 게 좋아요.
아이라인 : 블랙 컬러
블러셔 : 차가운 베리 컬러 혹은 혈색과 비슷한 컬러
립 : 차가운 마젠타 핑크 혹은 보랏빛이 도는 핑크 컬러, 진한 쿨 톤의 레드 립

컬러 : 차갑고 쨍한 컬러

피부 타입을 찾았나요? 조금 헷갈릴 수도 있어요. 그럴 땐 자신이 가지고 있는 색조화장품과 옷 컬러를 확인해보세요. 어떤 컬러가 가장 많죠? 그 컬러와 위의 컬러칩을 매칭해 비교하면 쉽게 찾을 수 있을 거예요. 이제부터는 피부 타입에 맞는 튜토리얼을 찾아 메이크업 해봐요!

개코's 아이템

1 레드 립스틱

웜 톤 : 맥_러시안레드 쿨 톤 : 맥_루비우

2 버건디 립스틱

웜 톤 : 더페이스샵_패션레, 네이쳐리퍼블릭_버건디레드
쿨 톤 : 더페이스샵_레이디와인, 네이쳐리퍼블릭_버건디와인

3 베이지 립스틱

웜 톤 : 토니모리_피치베이지, 에뛰드하우스_그리운베이지
쿨 톤 : 에뛰드하우스_센치한로즈베이지, 에뛰드하우스_묘한베이지

4 핑크 립스틱

웜 톤 : 에뛰드하우스_당돌한핑크 중간 톤 : 에뛰드 하우스_두근거리는핑크
쿨 톤 : 에뛰드 하우스_욕심나는핑크

5 브라운 아이섀도

웜 톤 : 이니스프리_27아기자기도토리, 맥_탬팅, 맥_코크, 삐아_03, 미샤_모닝커피, 맥_소바, 에뛰드하우스_카라멜라떼, 삐아_10, 삐아_01, 아리따움_코코넛베이
쿨 톤 : 삐아_05, 맥_콘크리트, 아리따움_시크릿빔, 미샤_ 초코 카푸치노, 아리따움_브라운버니, 맥_웨지 , 에뛰드하우스_블로그 일상기록, 아리따움_어반라이프, 삐아_09, 아리따움_러브모드, 아리따움_토프

웜 톤 봄 타입 데일리 메이크업

맑고 화사한 컬러가 잘 어울리는 봄 타입 메이크업. 눈두덩에 베이스와 중간 톤 컬러 아이섀도만 발라 화사하고 깔끔한 눈매를 연출해요. 눈 화장이 밋밋하다고 느껴지면 오렌지나 코럴 컬러로 포인트를 줘요. 피치 컬러 블러셔를 볼 전체에 바르면 사랑스럽고 앳된 분위기 완성! 입술은 블러셔 컬러와 맞춰 전체적으로 통일감을 주세요.

개코's 아이템	
1	연한 코럴 컬러 아이섀도
2	코럴 컬러 블러셔
3	핑크 컬러 크림 블러셔
4	펄 감이 있는 핑크 코럴 컬러 펜슬 라이너
5	밝은 브라운 컬러 렌즈
6	자연스러운 인조 속눈썹
7	화려한 핑크 코럴 컬러 크림 섀도
8	브라운 컬러 젤 아이라이너
9	블랙 컬러 젤 아이라이너
10	은은한 펄 감의 브라운 컬러 아이섀도
11	은은한 펄 감의 오렌지골드 컬러 아이섀도
12	화려한 펄 감의 피치베이지 컬러 아이섀도
13	오렌지코럴 컬러 립스틱
14	웜 톤 핑크 컬러 립스틱

EYE

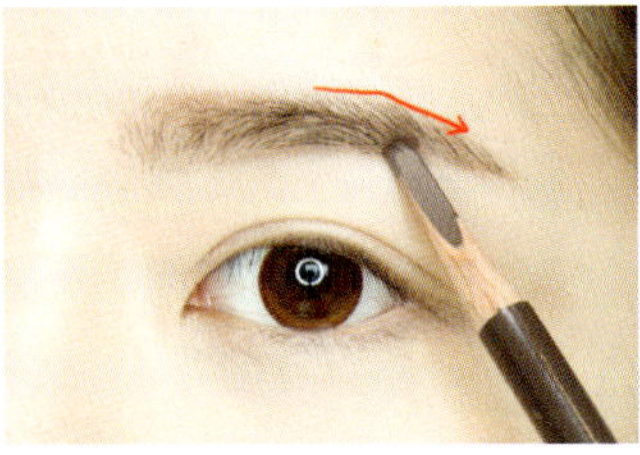

1 아이브로 펜슬로 눈썹 산을 각지게 그려요.

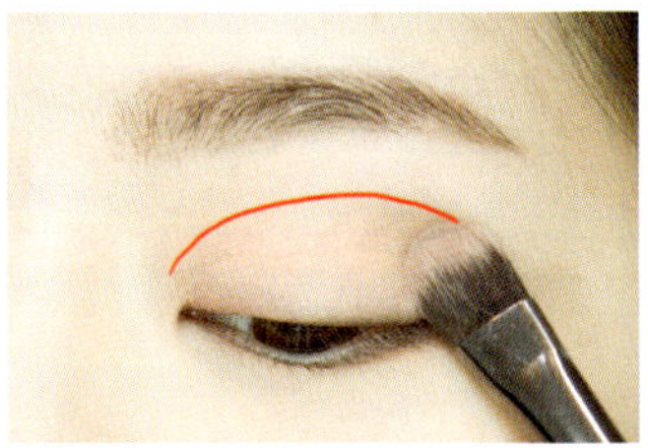

2 1번 아이섀도를 눈두덩에 펼쳐 발라요.

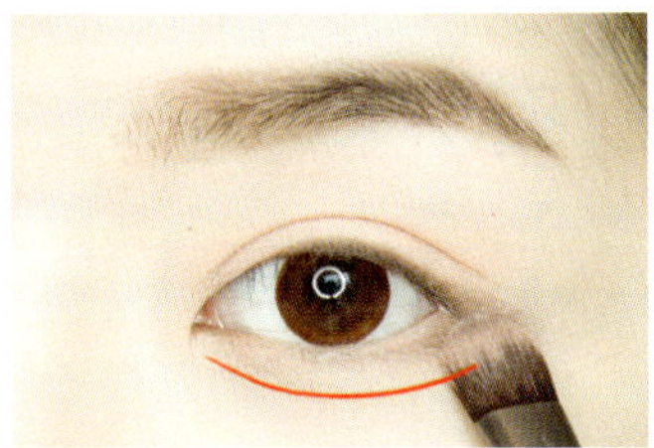

3 언더라인에도 발라요.

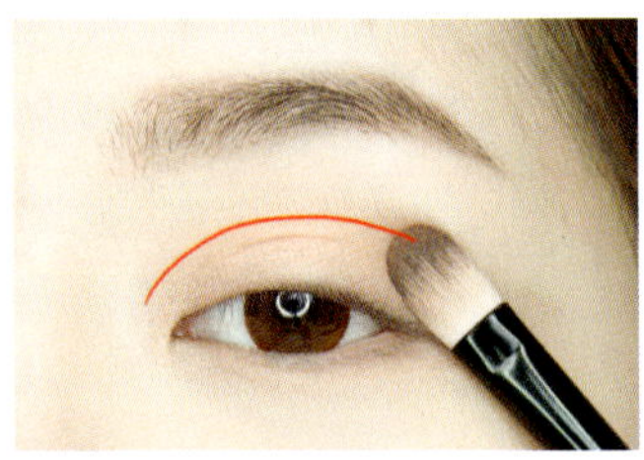

4 12번 아이섀도를 눈두덩 절반에 발라요.

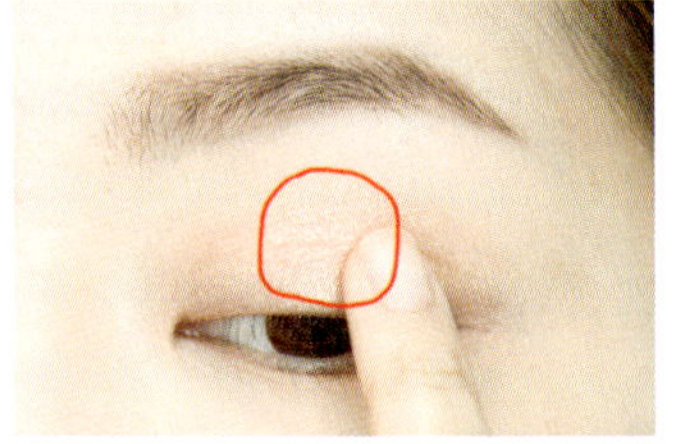

5 손가락에 7번 아이섀도를 묻혀 눈두덩 가운데에 발라요. 눈을 깜빡일 때 반짝이고 볼륨감이 있어 보여요.

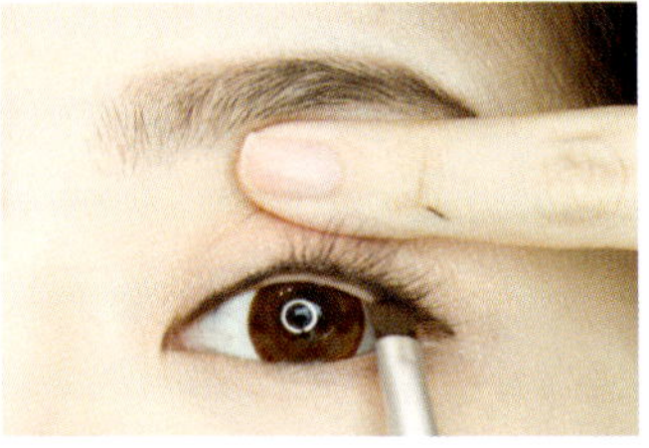

6 손가락으로 눈두덩을 살짝 올려요. 8번, 9번 젤 아이라이너를 섞어 눈 위 점막을 채워요.

7 10번 아이섀도로 속눈썹 윗부분을 꼼꼼하게 발라요.

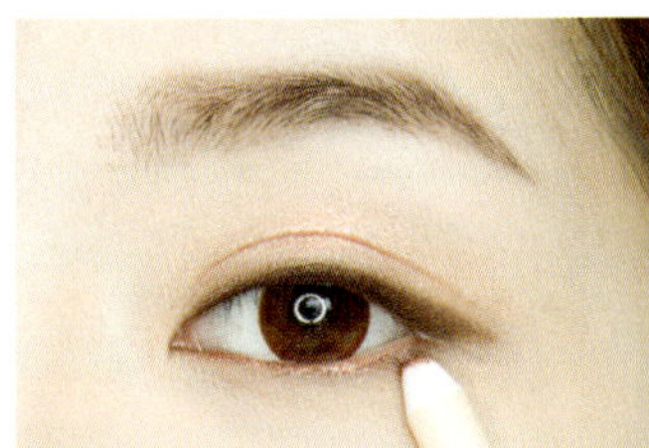

8 4번 펜슬로 눈 밑 점막을 채워요.

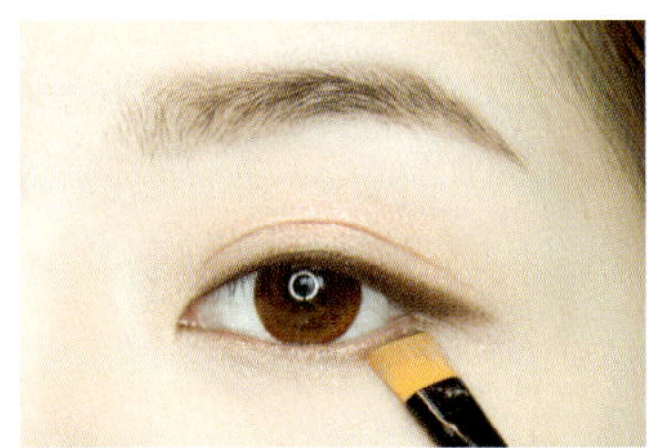

9 12번 아이섀도를 언더라인에 발라요.

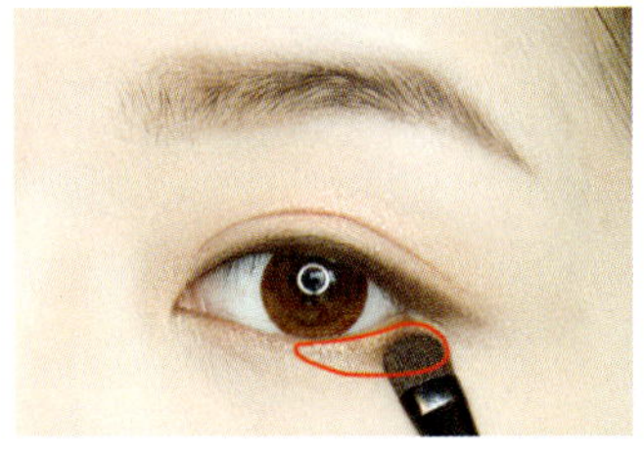

10 11번 아이섀도를 언더라인 뒷부분에 발라요.

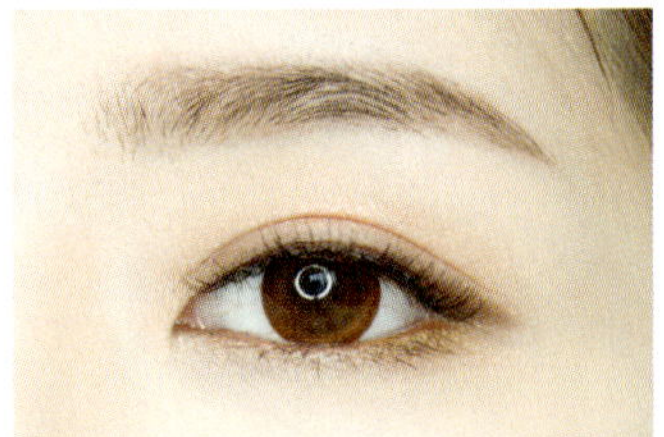

11 내 속눈썹과 가장 비슷한 모양의 인조 속눈썹을 붙여요.

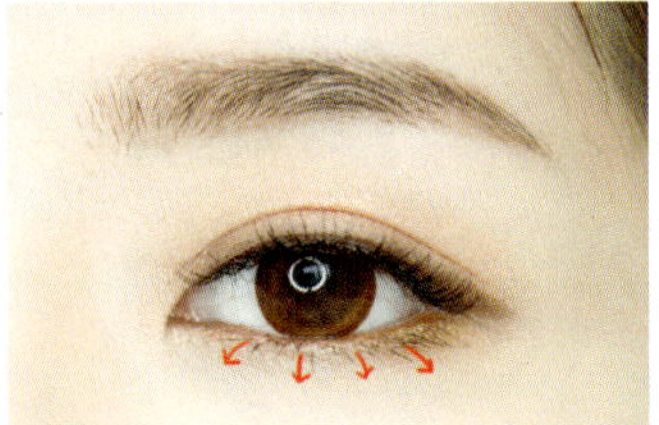

12 아래 속눈썹이 처지도록 마스카라를 위에서 아래로 쓸어내려요.

CHEEK

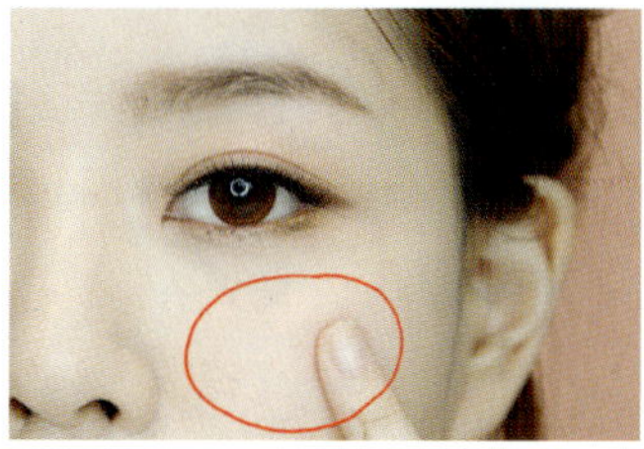 

13 3번 크림 블러셔를 손가락에 묻혀 부드럽게 펴 발라요.

14 2번 블러셔를 덧발라요.

LIP

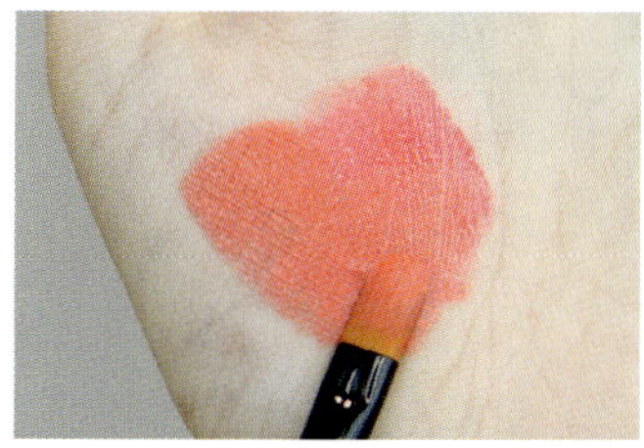 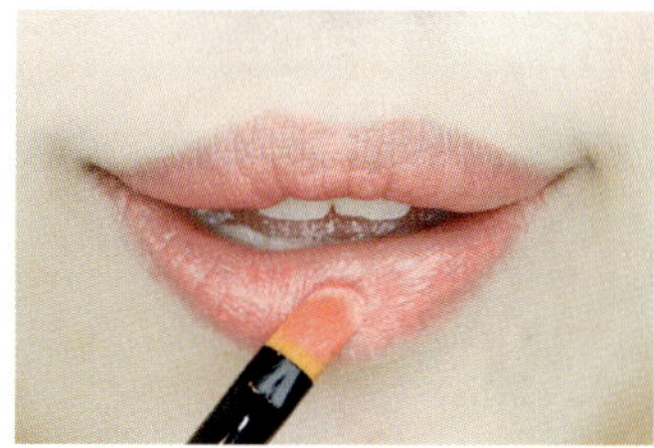

15 13번과 14번 립스틱을 손바닥에 던 뒤 립 브러시로 섞어요.

16 입술 전체에 발라요.

쿨 톤 여름 타입 데일리 메이크업

보호 본능을 자극하는 연보랏빛 블러셔와 핑크빛 립스틱이 시선을 끄는 메이크업이에요. 피부 톤과 어울리는 블루 베이스 섀도로 눈두덩을 감싼 뒤 아이라인을 블랜딩해 부드러운 느낌을 살려요. 볼에 홍조가 있다면 그린 컬러 메이크업베이스로 커버한 뒤 크림 블러셔를 얇게 발라요. 그 위에 핑크색 블러셔를 가볍게 한 번 더 쓸며 깔끔하게 마무리! 여성스러움이 물씬 풍기는 로맨틱 메이크업, 함께 도전해볼까요?

개코's 아이템	1 살짝 푸른 기가 도는 브라운 컬러 음영 섀도
	2 차콜 컬러 아이섀도
	3 쨍한 핑크 컬러 포인트 섀도
	4 라벤더 컬러 크림 블러셔
	5 흰빛이 섞인 핑크 컬러 블러셔
	6 연보랏빛 아이섀도
	7 회갈색 아이섀도
	8 톤 다운된 퍼플 컬러 아이섀도
	9 화려한 펄 감의 화이트 컬러 크림 아이섀도
	10 자연스럽고 모가 풍성한 속눈썹
	11 살짝 푸른 기가 도는 핫핑크 립스틱
	12 은은한 펄 감의 투명 립글로스
	13 블랙 컬러 젤 아이라이너
	14 테두리가 흐릿한 블랙 컬러 렌즈

EYE

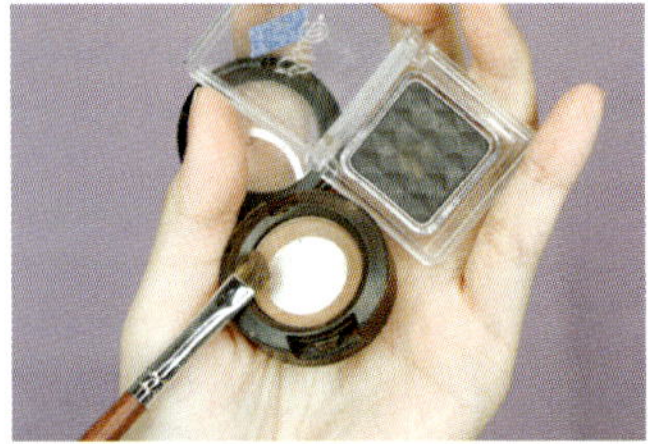

1 1번 아이섀도와 2번 아이브로를 각각 브러시에 묻혀요. 손등에서 섞어 회갈색을 만든 뒤 양을 조절해요.

2 눈썹 결을 따라 그려요.

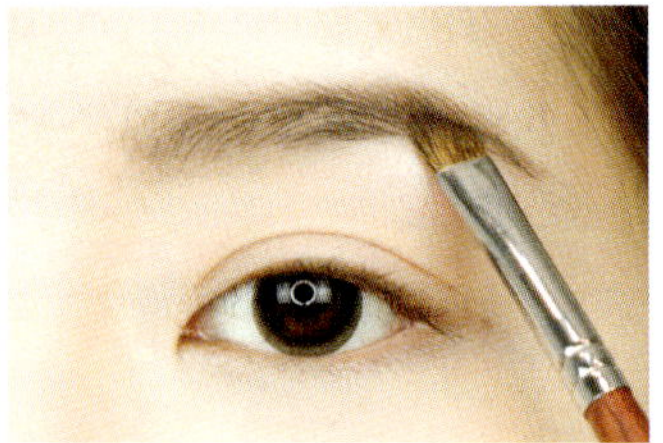

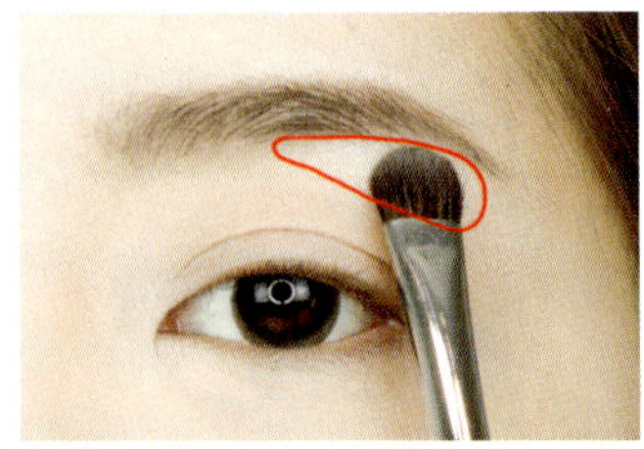

3 눈썹 뼈에 하이라이터 혹은 화이트 아이섀도를 발라요.

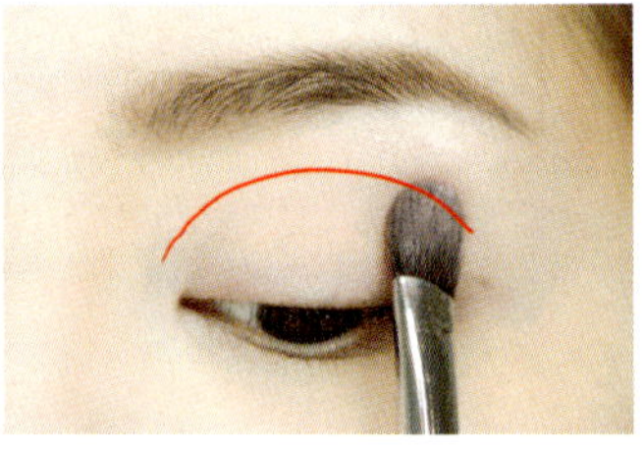

4 6번 아이섀도를 눈두덩에 넓게 펼쳐 발라요.

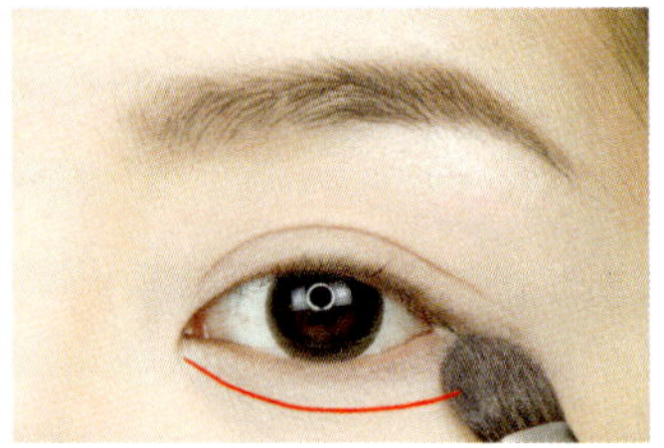

5 언더라인에도 발라요.

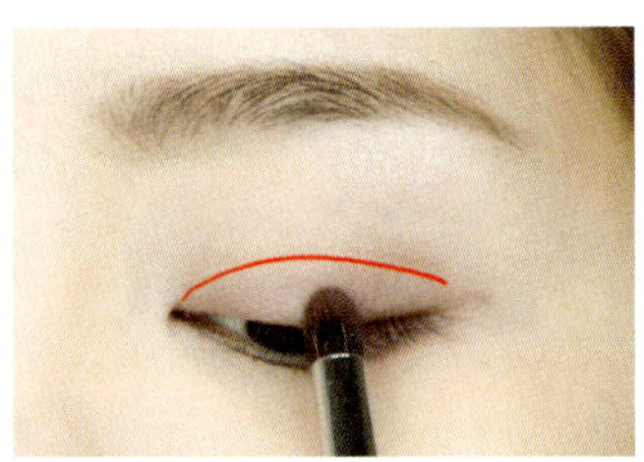

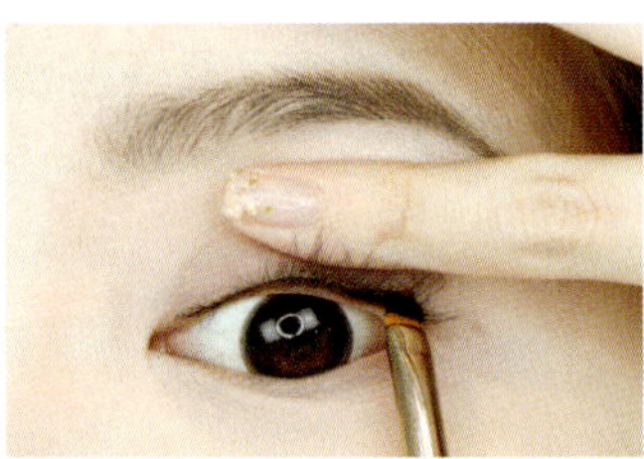

6 8번 아이섀도를 쌍꺼풀 라인 안쪽에 좌우로 4~5회 쓸어요.

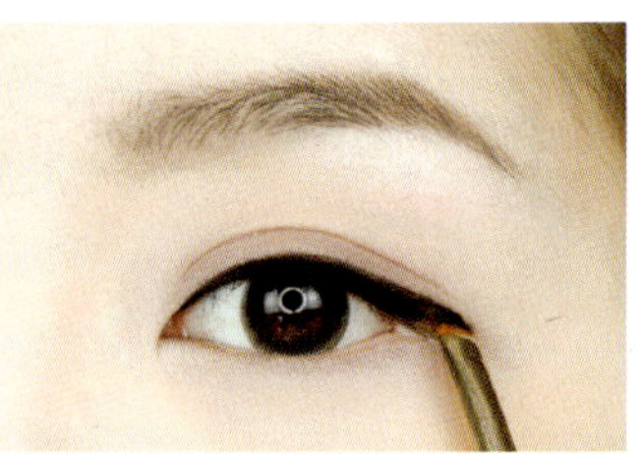

7 13번 블랙 컬러 젤 아이라이너로 점막을 채워요.

8 속눈썹 사이사이도 채운 뒤 5mm 정도 눈꼬리를 빼요.

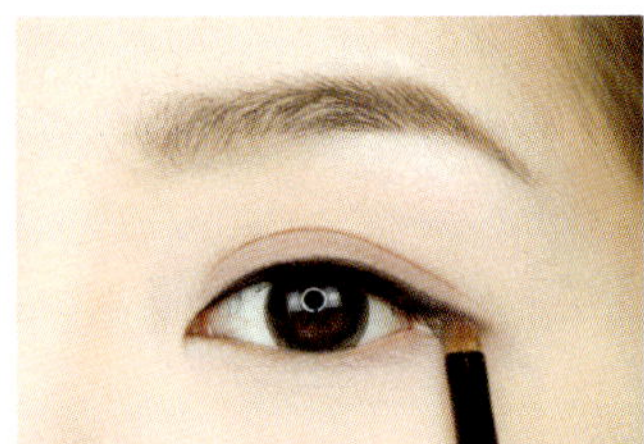

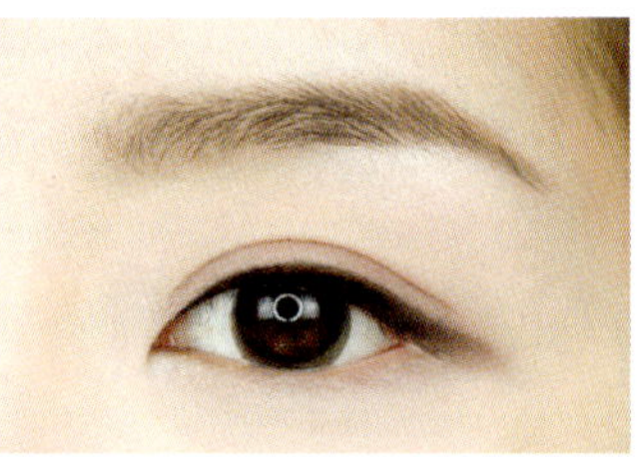

9 7번 아이섀도로 눈꼬리 쪽 아이라이너 경계를 풀어요. 눈매의 또렷함을 유지하면서 부드러운 인상을 줄 수 있어요.

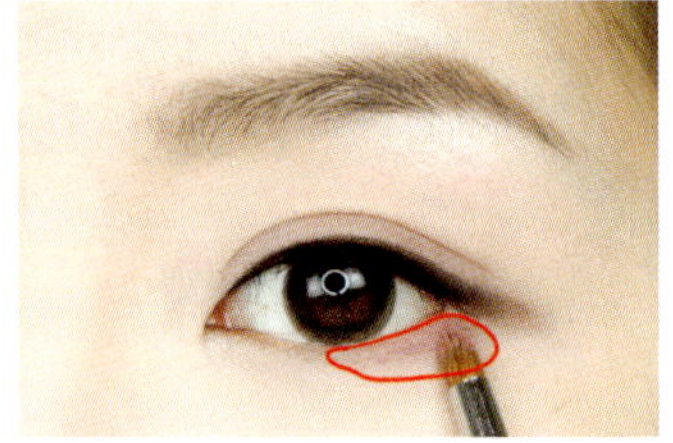

10 언더라인을 절반 나눈 뒤 뒷부분에 3번 아이섀도를 연하게 발라요.

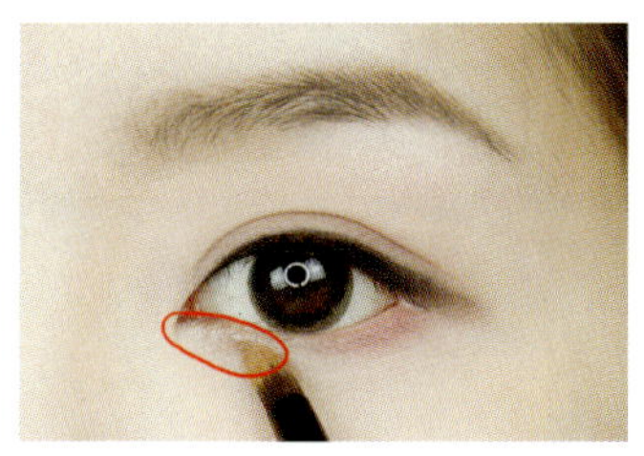

11 앞부분에 9번 아이섀도를 발라 화사함을 더해요.

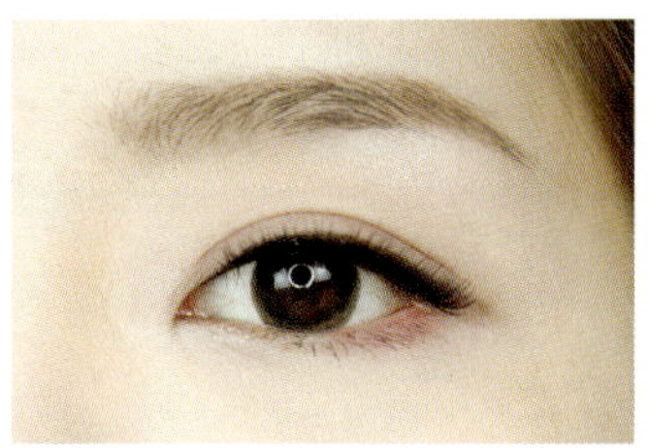

12 인조 속눈썹을 붙인 뒤 마스카라를 발라요.

CHEEK

13 브러시에 4번 크림 블러셔를 묻혀 볼 전체에 얇게 펴 발라요. 연보랏빛 크림 블러셔는 시간이 지나면 본래 붉은 피부색이 비치면서 발색이 예쁘게 올라와요.

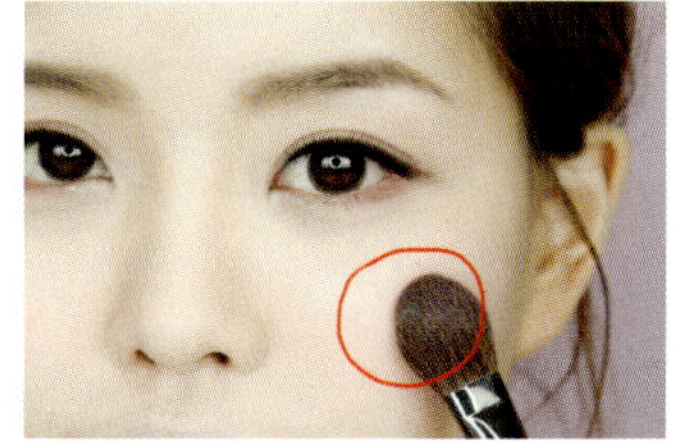

14 볼 중앙에 5번 블러셔를 덧발라 여성스럽고 로맨틱한 이미지를 연출해요.

LIP

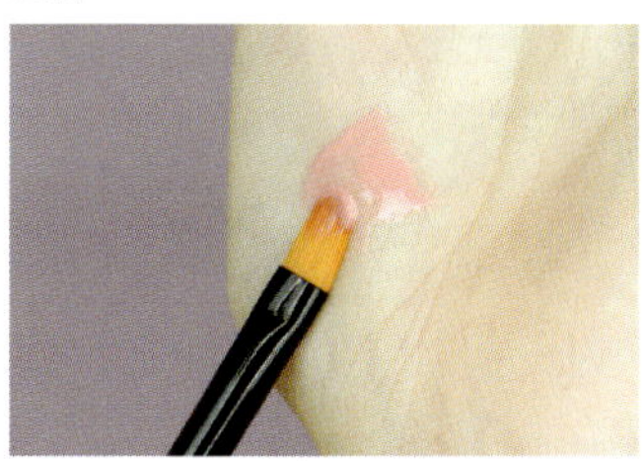

15 12번 립글로스를 손바닥에 던 뒤 립 브러시에 묻혀요. 투명하고 맑은 핑크 컬러는 차분하고 여성스러운 느낌을 줘요.

16 입술 전체에 발라요.

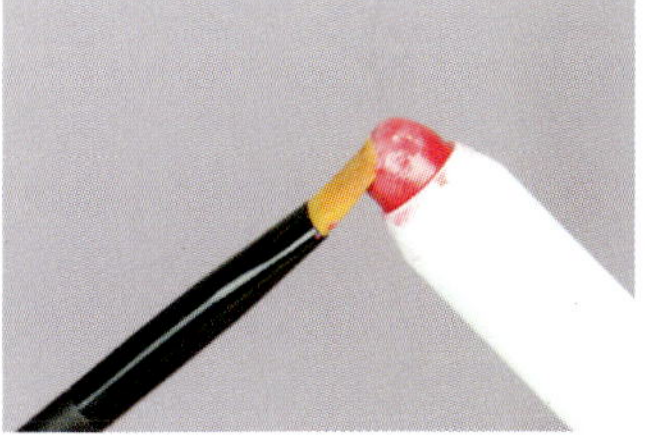

17 립 브러시에 11번 립스틱을 묻혀요.

18 입술 안쪽을 중심으로 살살 쓸며 경계가 생기지 않게 발라요.

웜 톤 가을 타입 데일리 메이크업

그윽하고 고급스러운 컬러가 끌리는 날. 카키나 브라운 컬러 아이섀도로 분위기 있는 여인으로 변신해보는 건 어떨까요?
깊은 눈매를 강조하기 위해 입술은 최대한 내추럴한 누드 컬러가 좋아요. 어둡고 차분한 컬러 위주로 메이크업하기 때문에
전체적으로 우울해 보일 수 있어요. 피부 톤과 비슷한 블러셔를 발라 혈색을 주세요.

개코's 아이템

1 브라운 컬러 젤 아이라이너
2 블랙 컬러 젤 아이라이너
3 중간 톤 음영 섀도
4 은은한 펄 감의 오렌지 컬러 아이섀도
5 은은한 펄 감의 밝은 베이지 컬러 아이섀도
6 붉은 빛이 도는 브라운 컬러 아이섀도
7 살구색 아이섀도
8 은은한 펄 감의 카키 컬러 아이섀도
9 은은한 펄 감의 코럴 컬러 블러셔
10 눈꼬리가 길고 모가 풍성한 속눈썹
11 그린 컬러 렌즈
12 밝은 아이보리 컬러 펜슬 아이라이너
13 스킨 톤 베이지 컬러 립스틱
14 피치베이지 컬러 립스틱

EYE

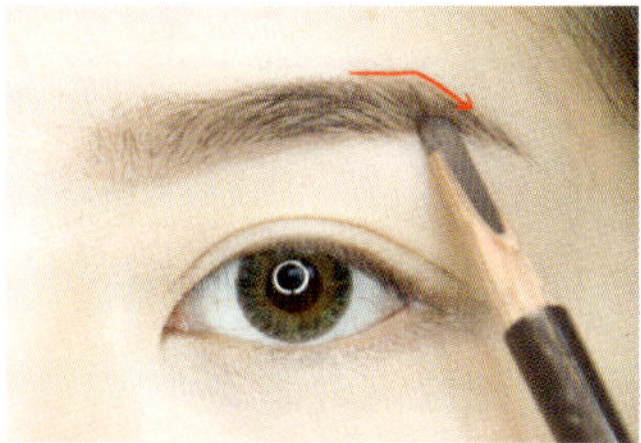

1 아이브로 펜슬로 눈썹 산을 각지게 그려요.

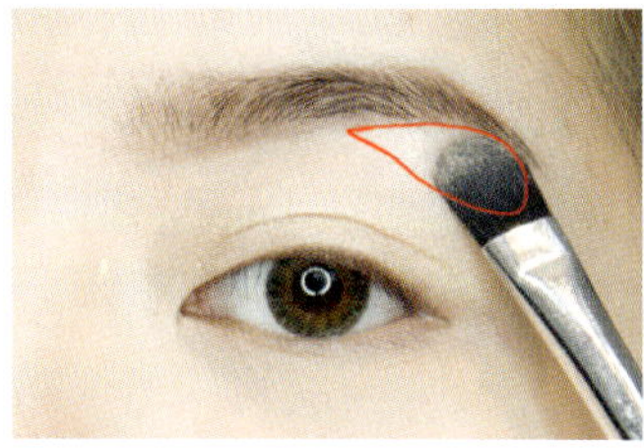

2 하이라이터를 눈썹 산에 발라요.

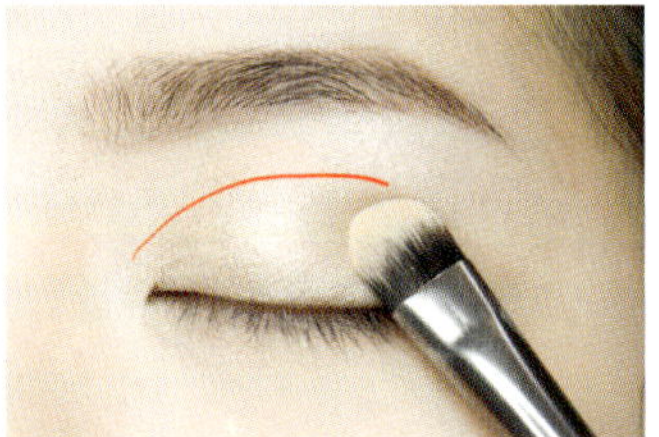

3 5번 아이섀도를 눈두덩에 넓게 펼쳐 발라요.

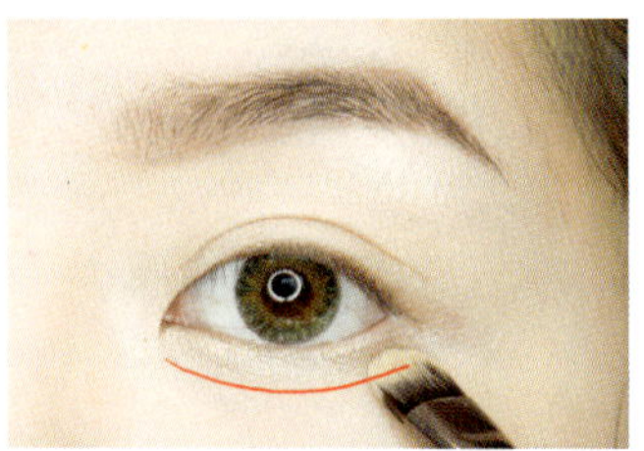

4 언더라인에도 발라요.

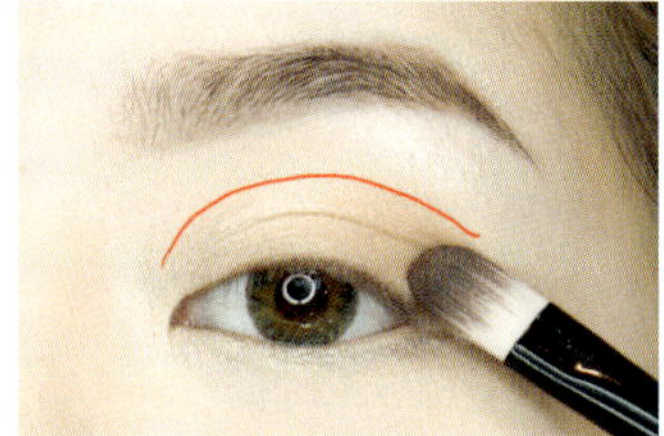

5 7번 아이섀도를 눈두덩 절반에 발라요.

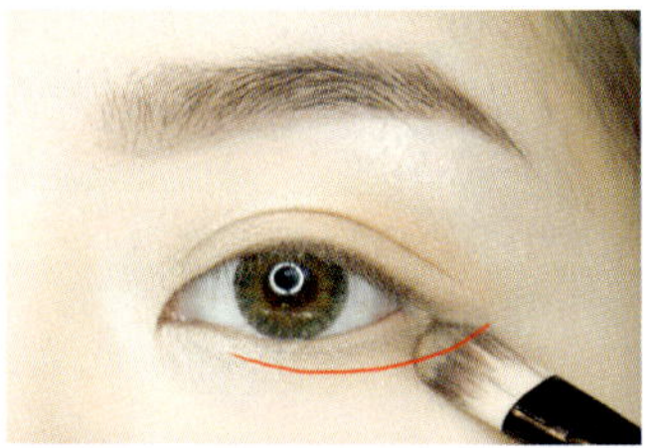

6 언더라인 끝에서 2/3길이까지 발라요.

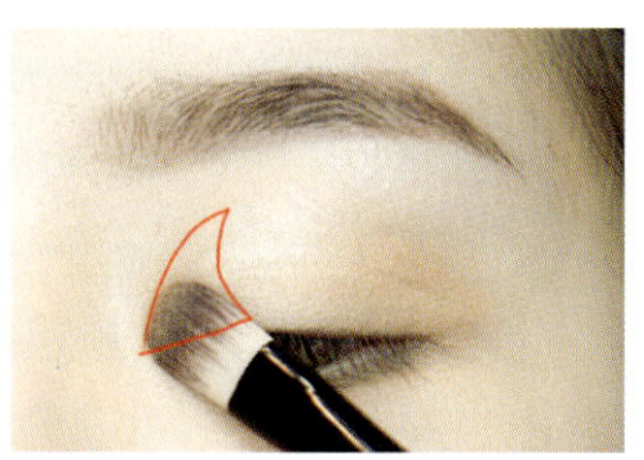

7 4번 아이섀도를 눈두덩 앞부분에 2~3회 발라요.

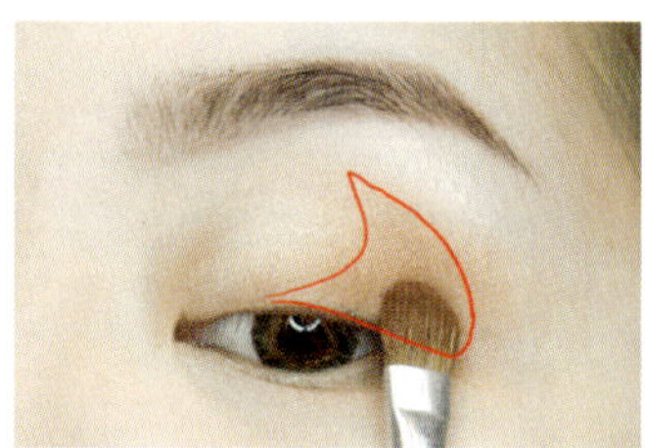

8 눈두덩 뒷부분에도 발라요.

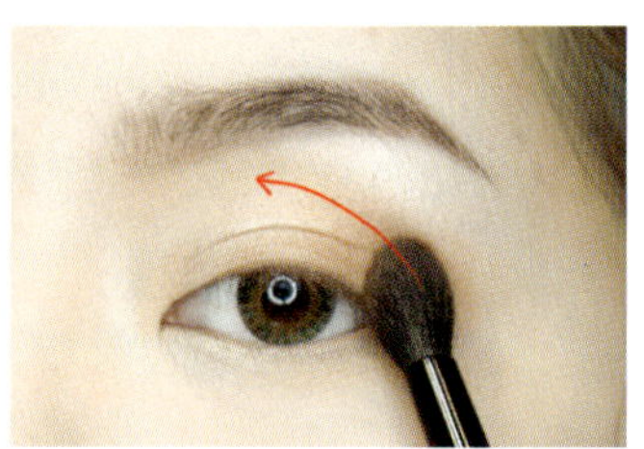

9 3번 음영 섀도를 눈두덩 바깥쪽에서 안쪽으로 가볍게 쓸어 음영을 넣어요.

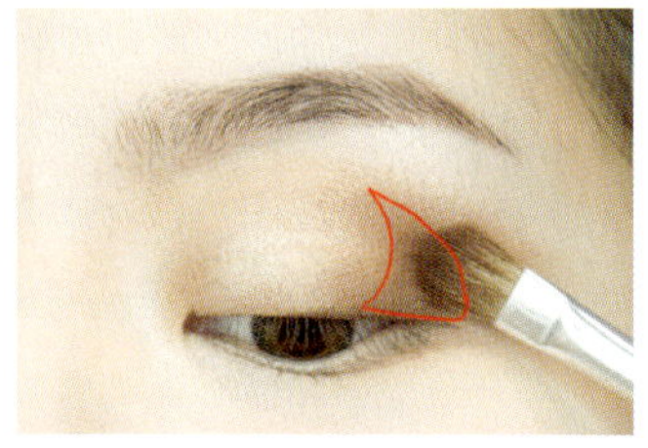

10 눈두덩 뒷부분에도 덧발라요

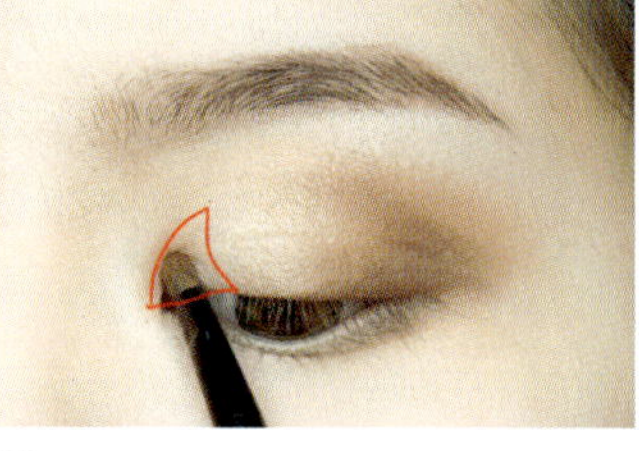

11 눈두덩 앞부분에도 안에서 바깥쪽 방향으로 덧발라요.

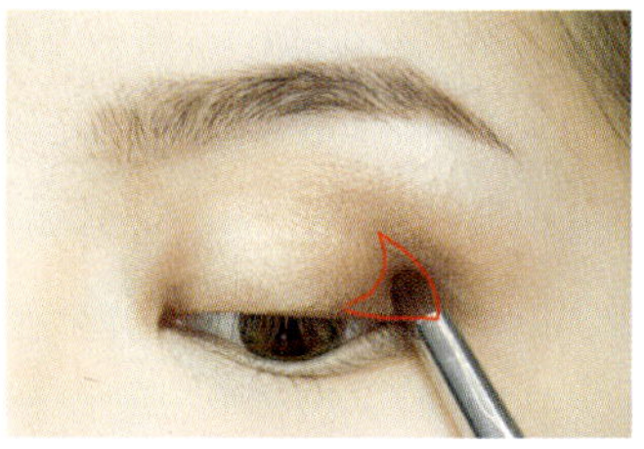

12 6번 아이섀도를 눈두덩 뒷부분에 다시 한 번 덧발라요.

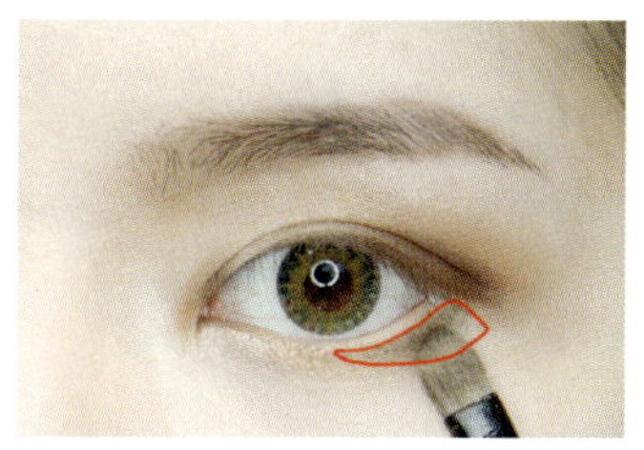

13 8번 아이섀도를 언더라인 뒷부분에 발라요.

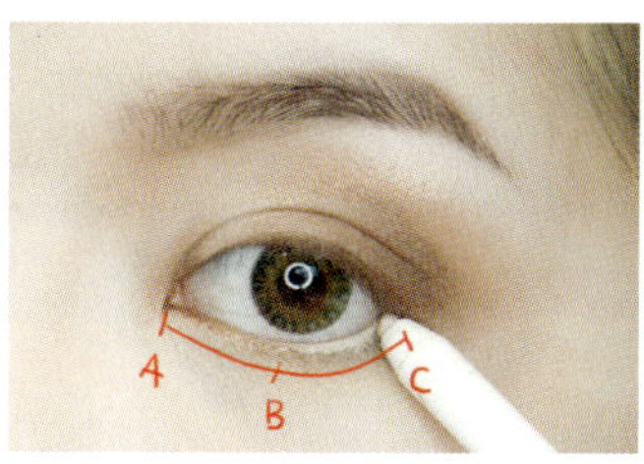

14 작은 포인트 브러시에 4번 아이섀도를 묻혀 A~B 점막을 채운 뒤 12번 펜슬로 B~C 점막을 채워요.

15 1번, 2번 아이라이너를 섞은 뒤 아이라인을 그리면서 눈꼬리는 수평으로 길게 빼요.

16 눈꼬리 빈 공간을 채워요.

17 6번 아이섀도를 아이라인 경계선에 발라요. 아이라인과 눈꺼풀이 자연스럽게 연결돼 보여요.

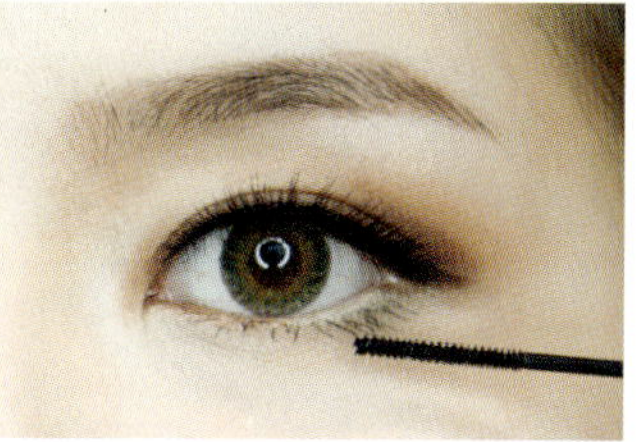

18 내 속눈썹과 가장 비슷한 모양의 인조 속눈썹을 붙인 뒤 아래 속눈썹에 마스카라를 발라요.

CHEEK

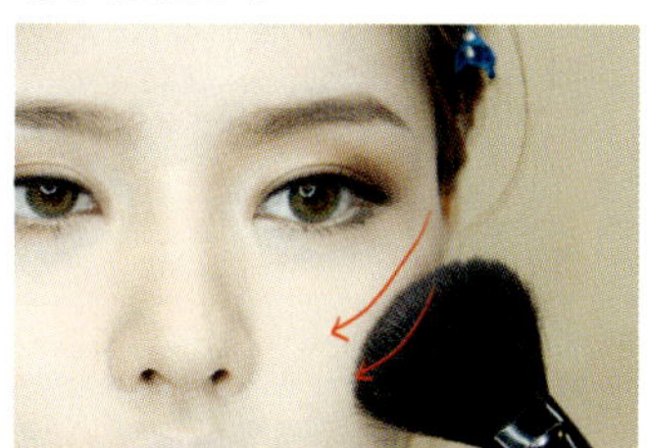

19 9번 블러셔를 얼굴 가장자리부터 코 옆부분까지 사선으로 발라요.

LIP

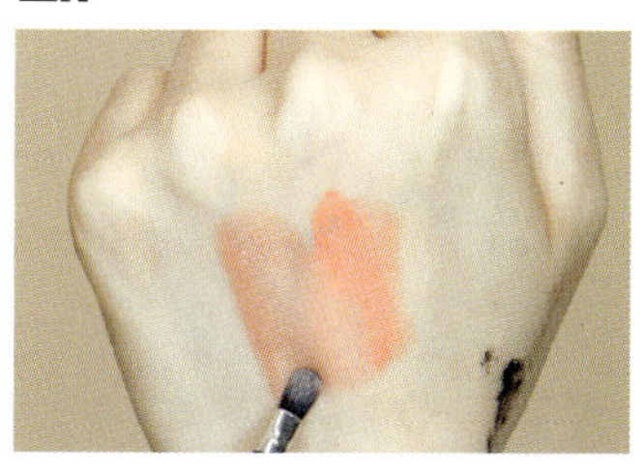

20 립 브러시에 13번, 14번 립스틱을 차례로 묻혀 손등에서 섞어요.

21 입술 전체에 발라요.

쿨 톤 겨울 타입 데일리 메이크업

일상에서는 화려한 메이크업을 할 엄두가 나지 않죠. 큰 마음먹고 블링블링한 섀도에 풍성한 인조 속눈썹을 붙이고 외출하면 너무 과한 것 같아 지우고 평소처럼 메이크업을 다시 한 경험이 있을 거예요. 튀고 진한 메이크업만이 화려하진 않아요. 쨍한 원 컬러 립스틱 하나만 발라도 포인트가 되죠. 아이섀도는 최소한 사용하고 젤 아이라이너로 눈매를 또렷하게 잡아줘요. 여기에 자연스러운 속눈썹을 붙이면 눈매가 깊어 보이고 시크한 느낌까지 살릴 수 있으니 일석이조죠.

개코's 아이템

1 은은한 펄 감의 푸른 기가 도는 그레이 컬러 아이섀도
2 은은한 펄 감의 푸른 기가 도는 밝은 그레이 컬러 아이섀도
3 마젠다핑크 컬러 립스틱
4 쿨 톤 핑크 컬러 크림 블러셔
5 차콜 컬러 아이섀도
6 살짝 푸른 기가 도는 브라운 컬러 음영 셰도
7 블랙 컬러 젤 아이라이너
8 끝으로 갈수록 길어지는 풍성한 속눈썹
9 그레이 컬러 렌즈

EYE

1 아이브로 브러시에 5번 아이섀도를 묻혀 눈썹 산을 살리며 눈썹을 그려요.

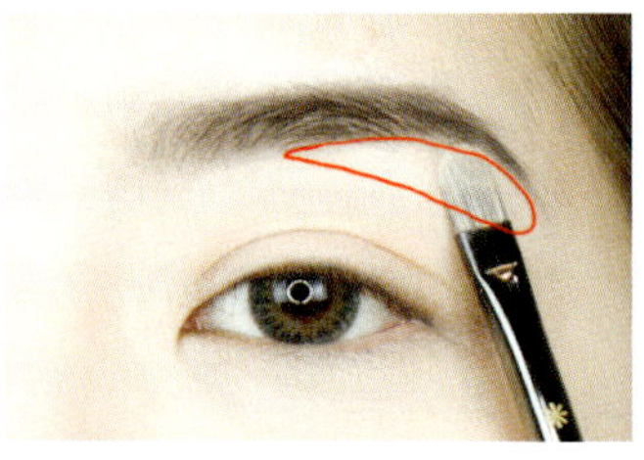

2 컨실러를 눈썹 경계에 바르며 깔끔하게 딱딱 떨어지는 느낌을 표현해요.

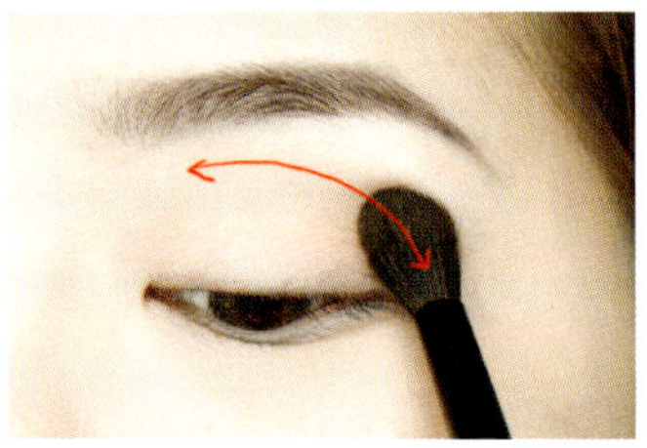

3 6번 음영 섀도를 눈썹 뼈부터 눈썹 앞머리까지 좌우로 쓸며 음영을 줘요.

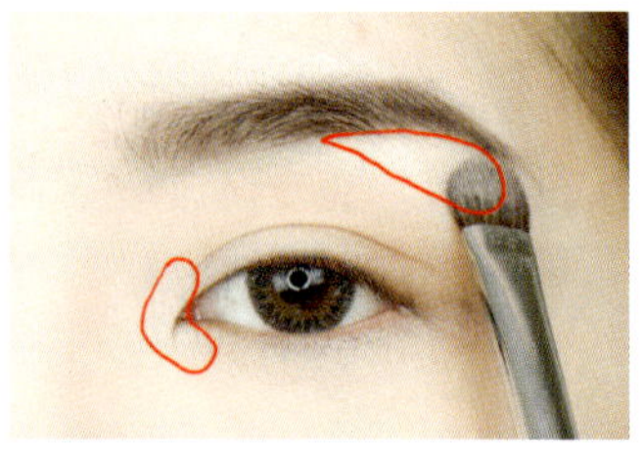

4 눈 앞머리와 눈썹 뼈에 하이라이터를 발라요.

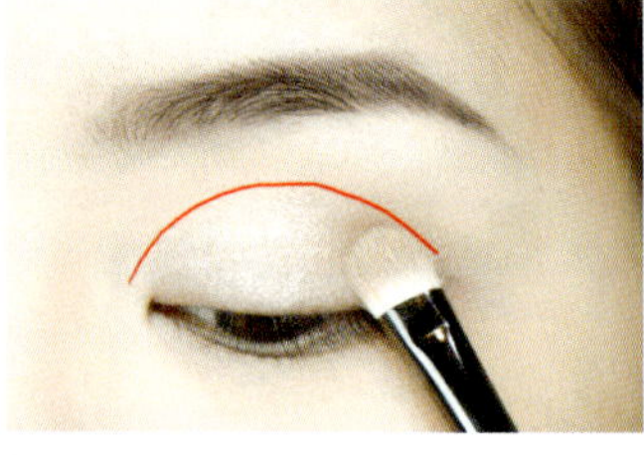

5 2번 아이섀도를 아이 홀과 언더라인에 발라요.

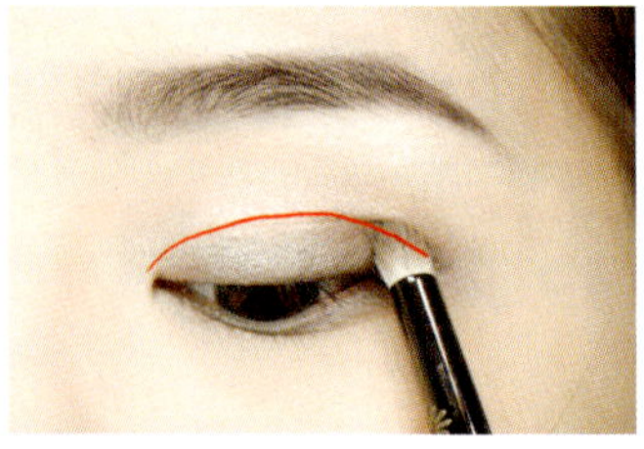

6 1번 아이섀도를 쌍꺼풀 라인 안쪽에 발라요. 홑꺼풀은 눈을 떴을 때 약 3~5mm 정도 보이게 바른 뒤 경계는 풀지 마세요.

7 7번 젤 아이라이너로 점막을 꼼꼼하게 채워요.

8 속눈썹을 채우며 라인을 그려요.

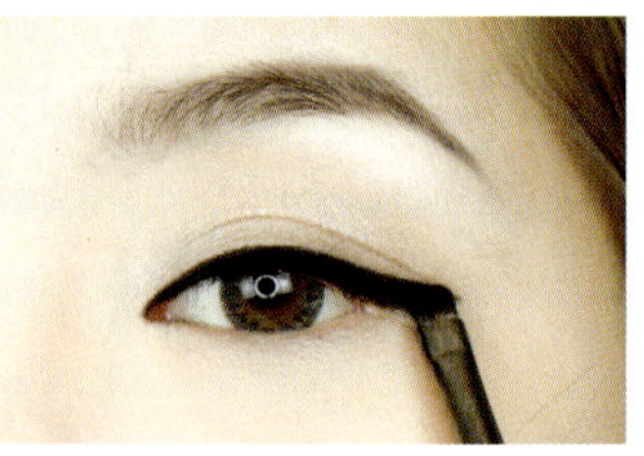

9 눈꼬리를 길게 빼요.

10 인조 속눈썹을 3등분해요.

11 1조각을 눈꼬리에 붙여 눈꼬리를 강조해요.

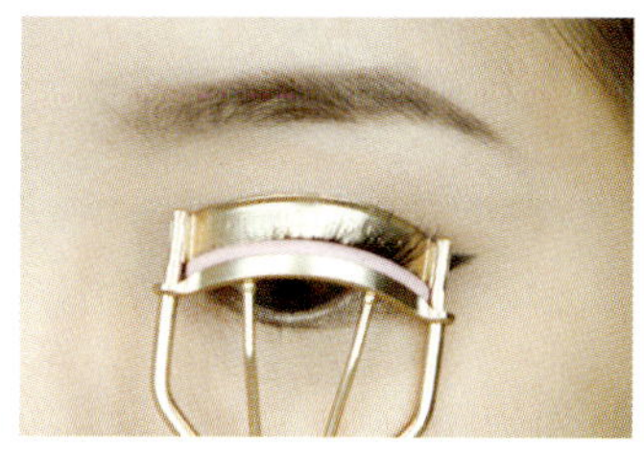

12 뷰러로 인조 속눈썹과 내 속눈썹을 함께 집어요.

13 마스카라를 눈썹에 한 번 더 발라 인조 속눈썹을 고정해요.

CHEEK

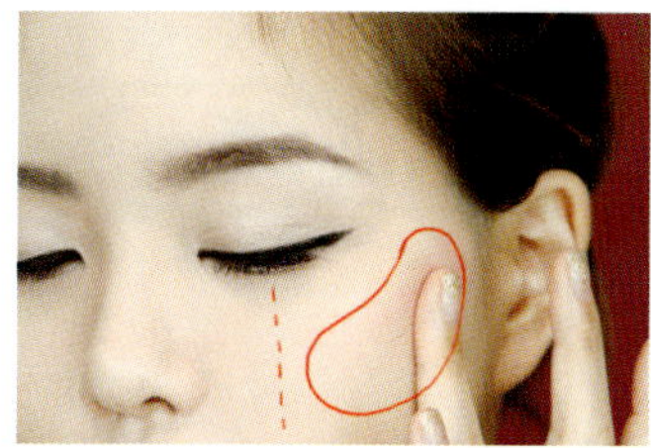

14 4번 크림 블러셔를 옆광대부터 정면을 봤을 때 눈동자에서 수직으로 떨어지는 선 바깥쪽까지 발라요.

LIP

15 3번 립스틱을 입술 경계선 안쪽에 3~4회 발라요.

16 립 브러시에 3번 립스틱을 묻혀요.

17 입술 경계를 따라 입술 모양을 잡아가며 그려요.

스페셜 데이 메이크업

매일 같은 옷을 입는 것이 지루하듯 똑같은 스타일의 화장은 너무 심심해요. 그 날그날 각각 다른 메이크업으로 분위기를 바꿔봐요. 주목받기 위해 진한 메이 크업을 할 필요는 없어요. 한두 부분만 제대로 포인트를 줘도 충분해요. 특별한 날, 나를 더 돋보이게 하는 스페셜 데이 메이크업, 지금부터 시작해요!

도도하고 섹시한
분위기를 연출하고 싶을 때

고양이 눈매 메이크업…128P

청순하고 귀여운 이미지를
표현하고 싶다면

강아지 눈매 메이크업…132P

이성의 마음을 훔치는

레드 립 포인트 메이크업…136P

신뢰감을 주는
인상을 남기고 싶다면

면접 메이크업…140P

단아하고 세련된
분위기를 내고 싶은 날

'K' 항공사 승무원 메이크업···149P

편안하고 따뜻한 인상을
남기고 싶다면

'A' 항공사 승무원 메이크업···150P

시크하고 도발적인 무드를 강조한 날

버건디 메이크업···154P

주목받고 싶은 날

블랙 스모키 메이크업···158P

화사함의 끝판왕

클래식 웨딩 신부 메이크업···162P

깔끔하고 젠틀하게

클래식 웨딩 신랑 메이크업···166P

고양이 눈매 메이크업

아래로 처진 눈매, 순하고 귀여운 이미지를 탈피하고 싶다면 고양이 메이크업으로 도도하고 섹시하게 변신해봐요! 진하고 날렵하게 아이라인을 그린 뒤 눈 앞머리를 뾰족하게 빼요. 눈 위 점막에 인조 속눈썹을 붙이면 완성! 블랙 아이라이너가 부담스럽다면 어두운 브라운이나 카키 컬러를 사용해도 좋아요.

개코's 아이템

1 펄 감이 있는 남색 아이섀도
2 펄 감이 있는 옐로골드 컬러 아이섀도
3 블랙 컬러 젤 아이라이너
4 화려한 펄 감의 오렌지골드 컬러 아이섀도
5 은은한 펄 감의 오렌지 컬러 블러셔
6 눈꼬리가 긴 투명 라인 속눈썹
7 테두리가 흐릿한 블루 컬러 렌즈
8 코럴 컬러 글로시한 틴트
9 블랙 컬러 붓펜 아이라이너
10 코럴 컬러 립스틱

EYE

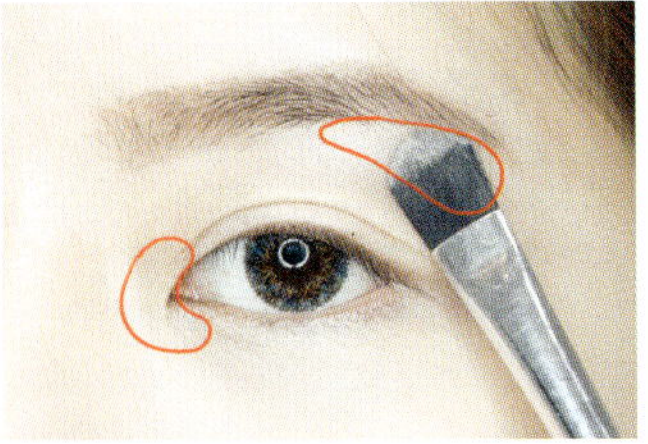

1 하이라이터 혹은 화이트 아이섀도를 눈 앞머리와 눈썹 뼈에 발라요.

2 2번 아이섀도를 눈두덩에 2~3회 넓게 펴 바른 뒤 언더라인에도 발라요.

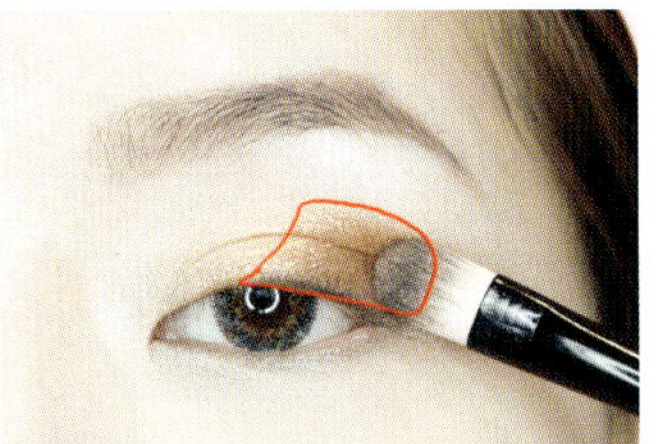

3 4번 아이섀도를 눈 앞머리 1/3 지점부터 눈꼬리까지 넓게 발라요.

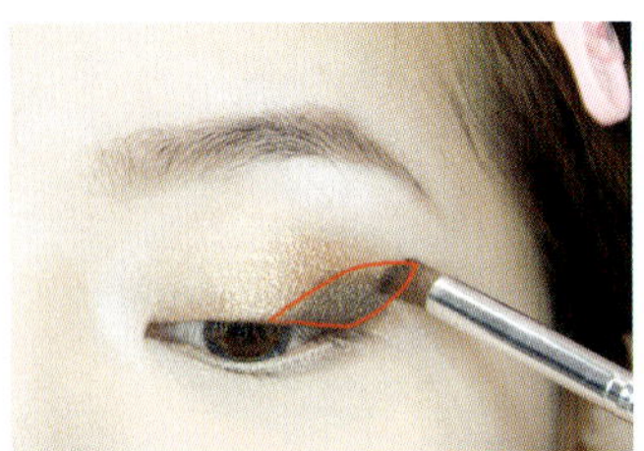

4 1번 아이섀도를 눈두덩 뒷부분에 발라요. 눈꼬리로 갈수록 진하고 날렵하게 빠지는 아이라인과 잘 어울려요.

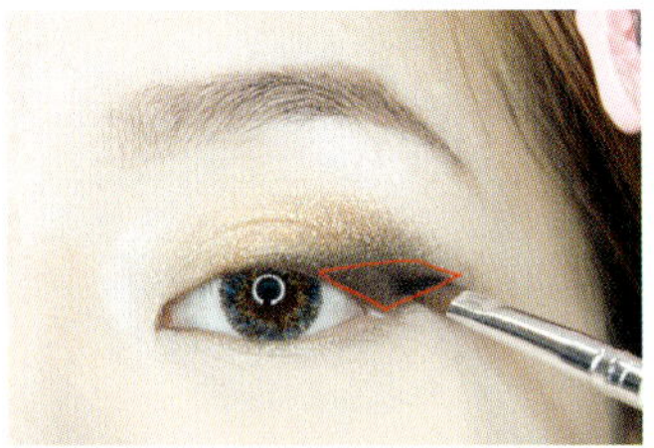

5 날렵한 사선 브러시에 1번 아이섀도를 묻혀 다시 한 번 눈꼬리를 강조해요.

6 3번 아이라이너로 눈 앞머리를 뾰족하게 빼요.

7 9번 붓펜 아이라이너로 아이라인 절반을 그려요. 홑꺼풀은 눈을 떴을 때 약 1mm 정도 보이게 그려요.

쌍꺼풀

홑꺼풀

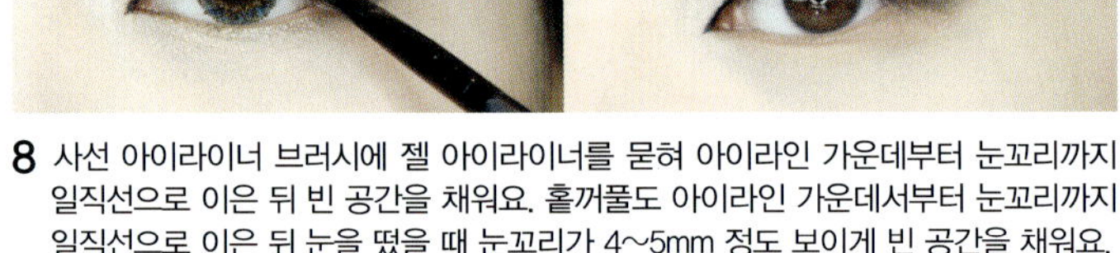

8 사선 아이라이너 브러시에 젤 아이라이너를 묻혀 아이라인 가운데부터 눈꼬리까지 일직선으로 이은 뒤 빈 공간을 채워요. 홑꺼풀도 아이라인 가운데서부터 눈꼬리까지 일직선으로 이은 뒤 눈을 떴을 때 눈꼬리가 4~5mm 정도 보이게 빈 공간을 채워요.

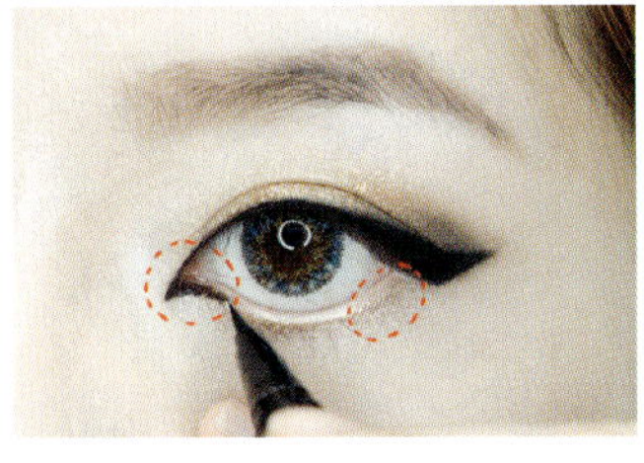

9 손가락으로 눈 밑을 살짝 당겨요. 9번 붓펜 아이라이너로 언더라인 앞부분과 뒷부분을 그려요.

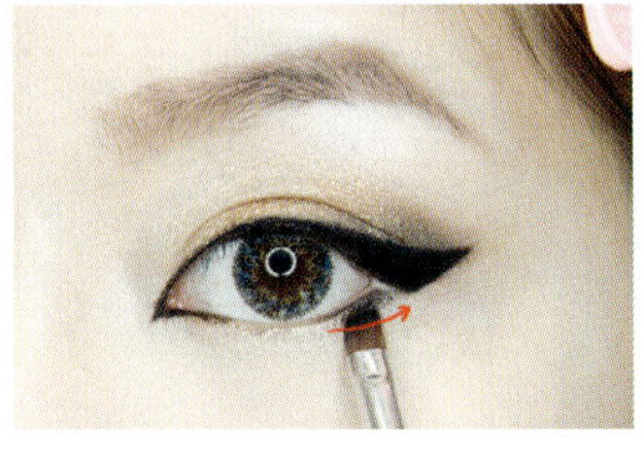

10 1번 아이섀도로 언더라인 뒷부분과 아이라인을 연결해요.

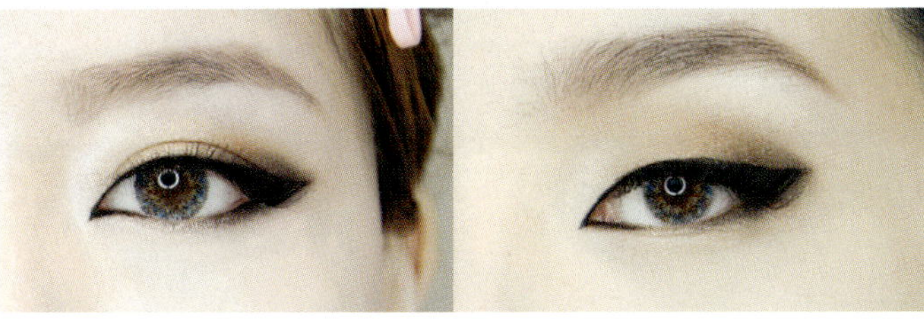

11 뒤로 갈수록 길어지는 인조 속눈썹을 붙여요. 눈매가 길어 보이는 효과가 있어요.

CHEEK

12 5번 블러셔를 얼굴 바깥에서 안쪽 방
향으로 발라요.

LIP

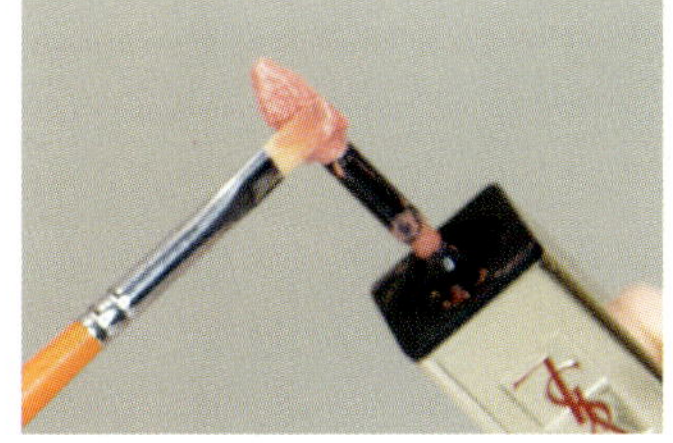

13 10번 립스틱을 바른 뒤 8번 틴트를 립 브러시에 묻혀 덧발라요.

아이라인 각도에 따른 눈매 연출 

눈꼬리를 수평으로 그렸을 때

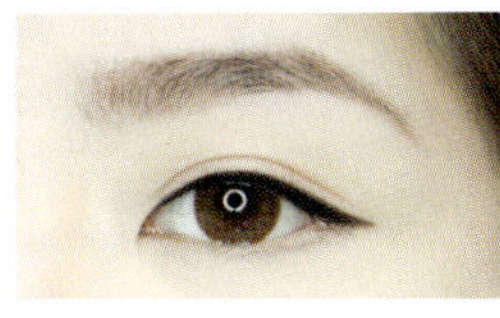

눈매를 그대로 살리고 눈꼬
리는 길게 빠지지 않아 자연스
러워 보여요. 내추럴 메이크
업, 면접 메이크업에 잘 어울
려요.

눈꼬리를 내려 그었을 때

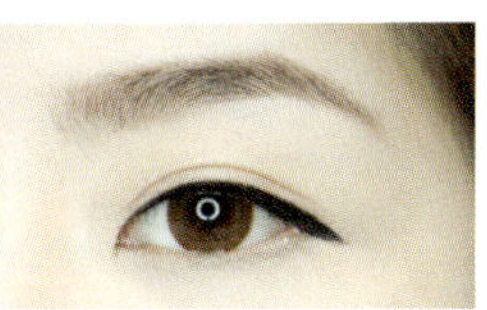

순하고 귀여운 이미지로 데
이트 메이크업, 신부 메이크
업을 할 때 딱이에요!

눈꼬리를 올려 그렸을 때

눈꼬리를 눈 앞머리보다 올
려 도도하고 시크한 느낌을
줄 수 있어요. 파티 메이크업,
클럽 메이크업 등 평소와 다
른 이미지로 변신하고 싶을
때 잘 어울려요.

강아지 눈매 메이크업

어려 보이면서 귀여운 느낌을 주는 강아지 메이크업은 동그란 눈매와 촉촉한 입술, 발그레한 볼이 포인트예요. 아이라인을 아래로 길게 뺀 뒤 애교살에 음영 섀도를 발라요. 블러셔를 볼 중앙에 둥글게 굴리면 완성! 진한 리퀴드 아이라이너는 날카로워 보일 수 있으니 부드러운 펜슬 아이라이너를 사용하세요.

<table>
<tr><td>개코's 아이템</td><td>
1 흰빛이 섞인 코럴 컬러 블러셔
2 밝은 아이보리 컬러 펜슬 아이라이너
3 브라운 컬러 펜슬 아이라이너
4 진한 고동색 아이섀도
5 바세린 광의 스킨 톤 크림 섀도
6 은은한 펄 감의 옐로골드 컬러 아이섀도
7 쨍한 오렌지 컬러 립스틱
8 은은한 펄 감의 스킨 톤 아이섀도
9 코럴 컬러 립스틱
10 가운데가 긴 하프 속눈썹
11 밝은 브라운 컬러 렌즈
</td></tr>
</table>

EYE

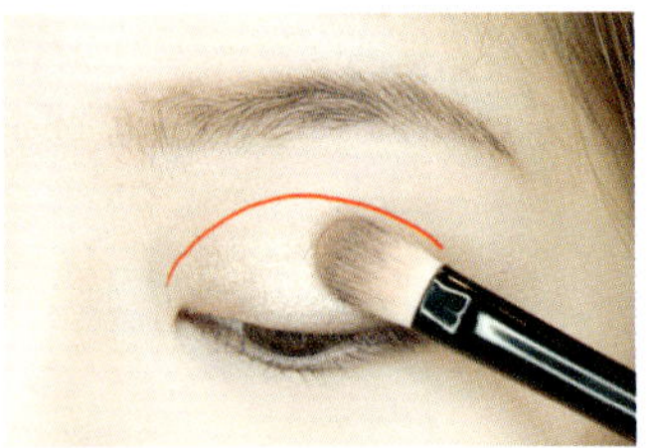

1 아이브로 펜슬로 눈썹을 일자로 그리다 눈꼬리를 살짝 밑으로 빼요. 8번 아이섀도를 눈두덩에 넓게 펼쳐 발라요.

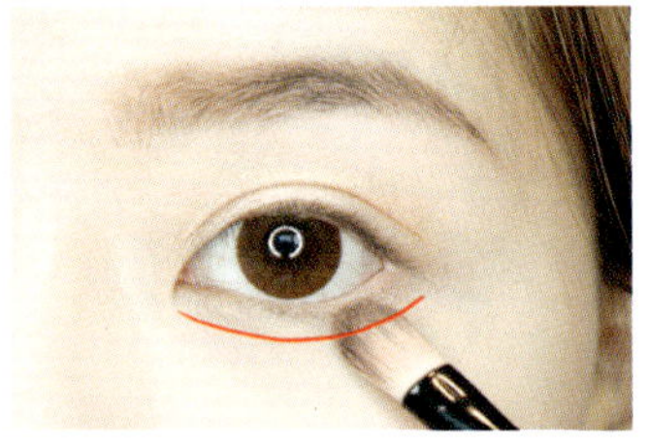

2 언더라인에도 발라요.

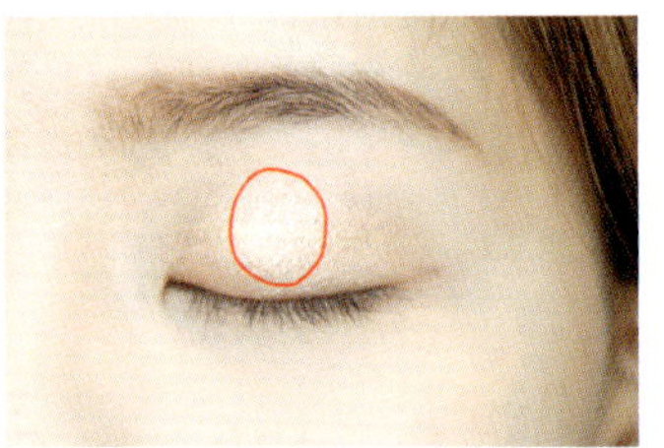

3 손가락에 5번 아이섀도를 묻혀 눈두덩 가운데에 발라요. 눈두덩이 촉촉하고 볼륨감 있어 보여요.

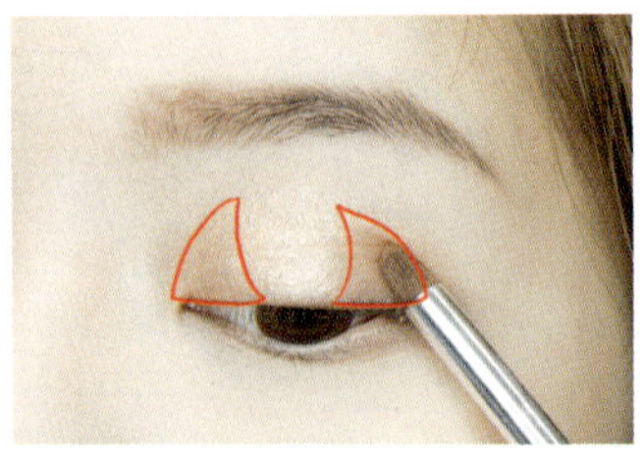

4 6번 아이섀도를 눈두덩 앞부분과 끝부분에 발라요.

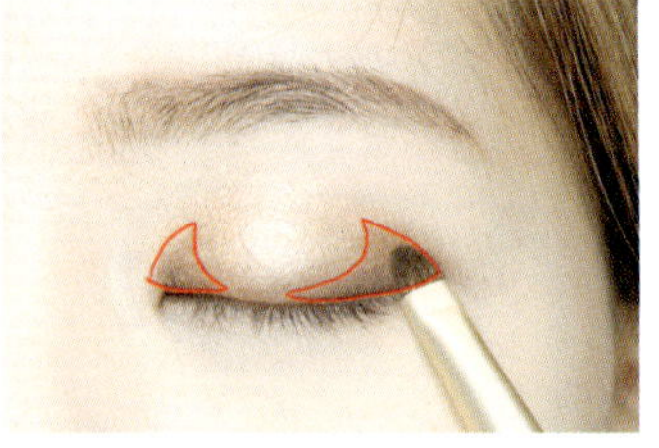

5 4번 과정에서 바른 부분을 가로로 2등분해요. 4번 아이섀도를 바깥쪽에 각각 덧발라 볼륨감을 줘요.

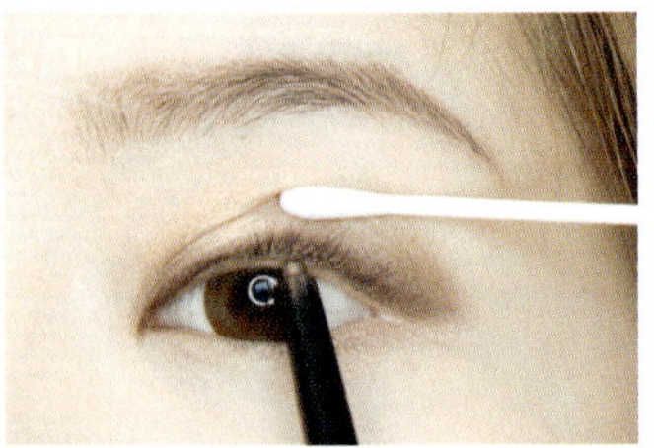

6 면봉으로 눈두덩을 살짝 올려요. 3번 아이라이너로 점막을 꼼꼼히 채워요.

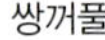

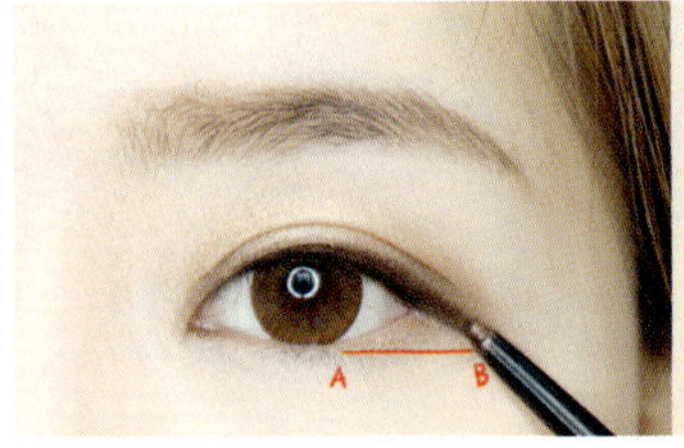
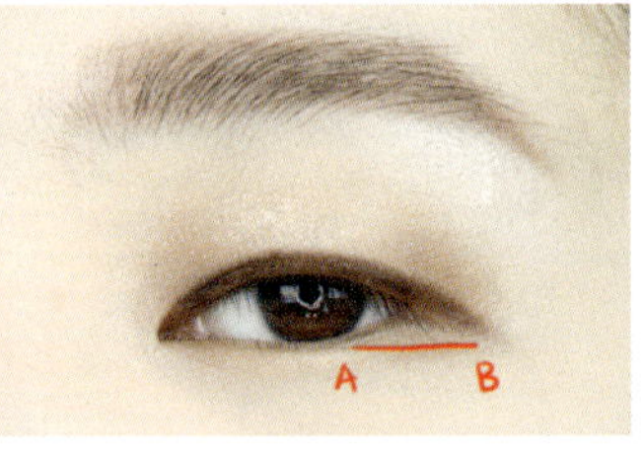

7 A~B 구간에 직선으로 가이드라인을 그린 뒤 눈꼬리를 B 지점까지 빼요. 홑꺼풀은 눈을 떴을 때 아이라인이 1mm 정도 보이게 그린 뒤 눈꼬리를 B 지점까지 빼요.

8 2번 펜슬로 삼각존을 채워요.

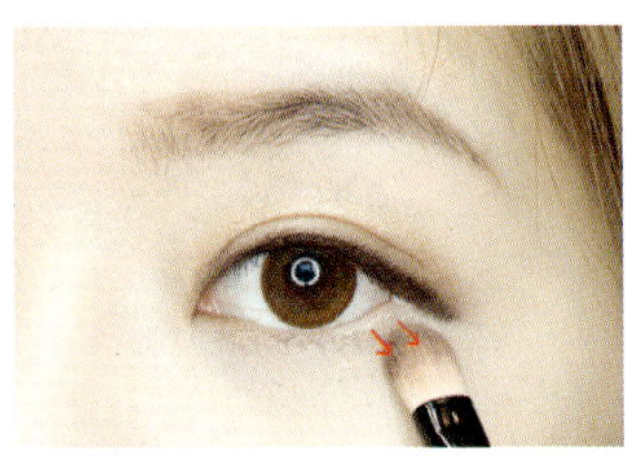

9 하이라이터로 삼각존을 쓸어요. 뒤트임한 듯 눈매가 시원해 보여요.

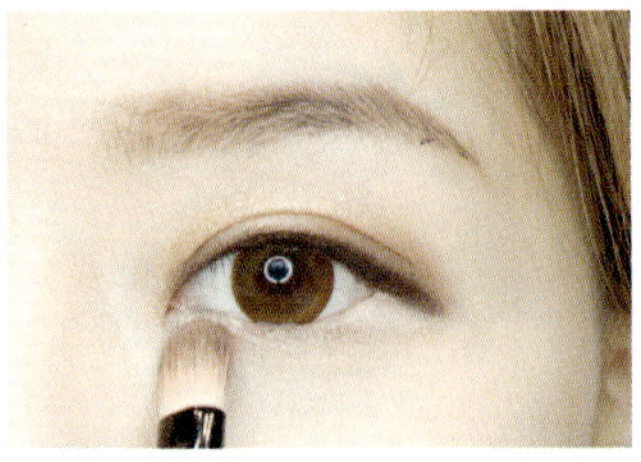

10 2번 펜슬로 언더라인 앞부분을 그려요. 8번 아이섀도로 좌우를 가볍게 쓸며 뭉친 부분을 풀어줘요.

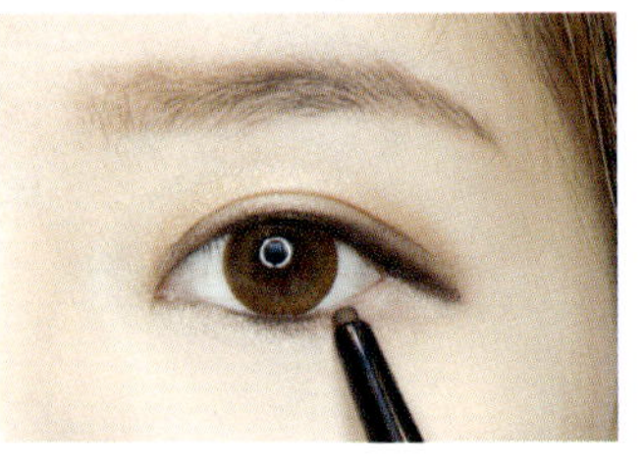

11 3번 펜슬로 언더라인 가운데만 라인을 그려요. 눈동자가 크고 동그랗게 보여요.

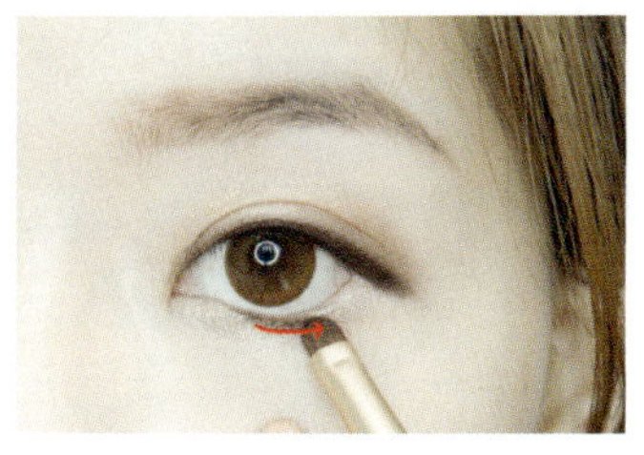

12 4번 아이섀도로 안에서 밖으로 가볍게 쓸어요.

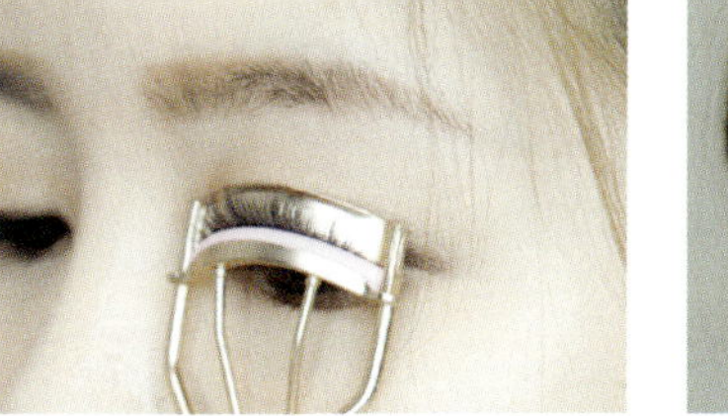

13 중앙이 긴 인조 속눈썹을 붙인 뒤 뷰러로 집어 동그란 눈매를 연출해요.

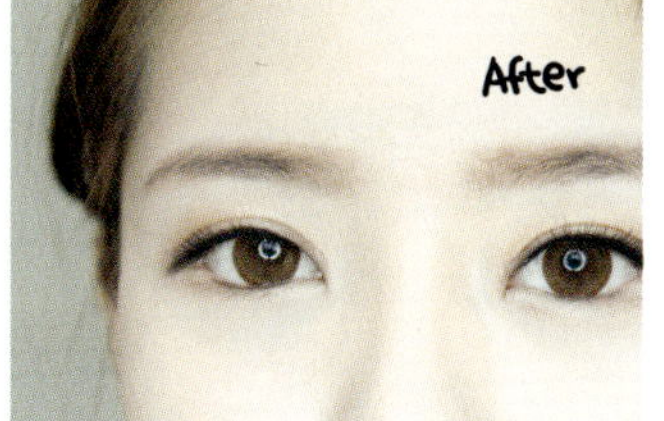

쌍꺼풀　　　　　　　　　홑꺼풀

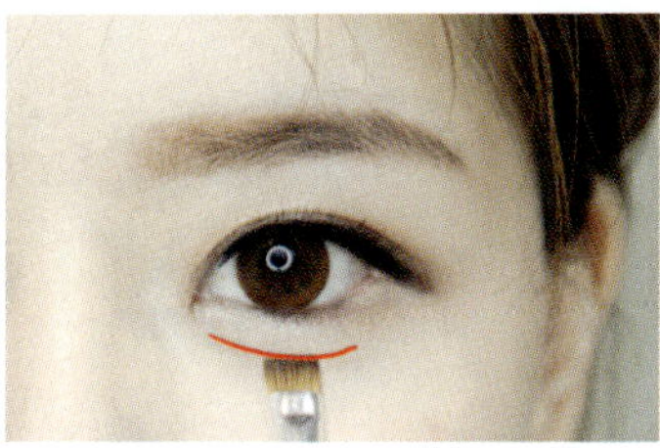
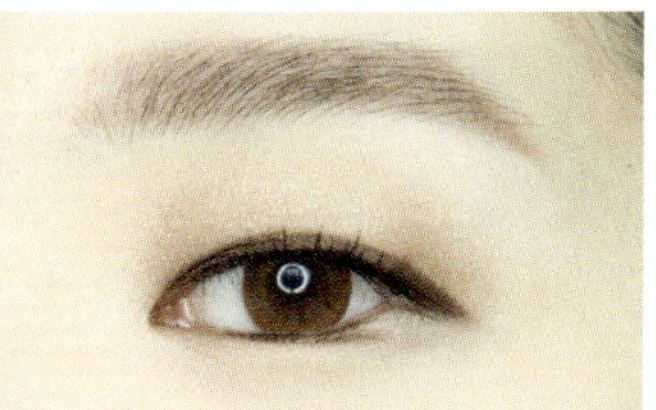

14 음영 섀도를 애교살에 발라요. 웃을 때마다 애교살이 강조돼 귀여워 보여요.

CHEEK

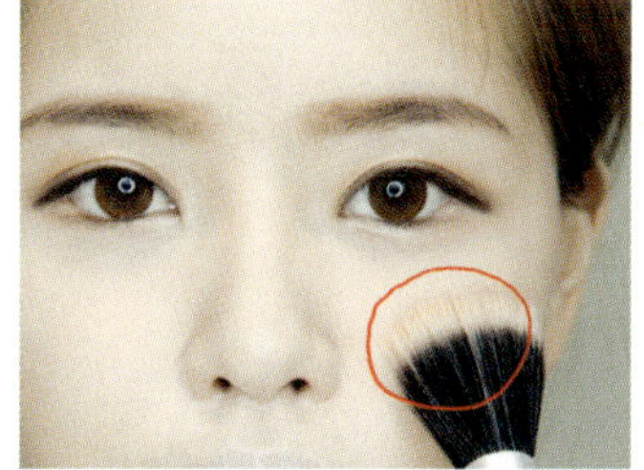

15 1번 블러셔를 볼 중앙에 둥글게 굴려가며 2~3회 발라요.

LIP

16 립 브러시에 9번 립스틱을 묻혀 입술 전체에 발라요.

17 깨끗한 립 브러시에 7번 립스틱을 묻혀 입술 경계선 안쪽에 발라요.

레드 립 포인트 메이크업

초승달처럼 둥근 눈썹, 갈색 눈동자, 붉은 입술! 이성에게 인기 있는 관상을 메이크업으로 표현해봤어요. 눈꼬리는 길게 빼고 눈 앞머리는 아이라이너로 뾰족하게 그린 뒤 레드 컬러 립스틱으로 입술에 포인트를 줘요. 눈꼬리에만 집중해 점막을 채우지 않거나 윗입술을 제대로 그러데이션하지 않는 실수가 많아요. 포인트 메이크업을 할 때는 기본에 더욱 충실하세요.

1 흐릿한 인디핑크 컬러 아이섀도
2 화려한 펄 감의 중간 톤 베이지 컬러 아이섀도
3 따뜻한 펄 감의 레드 컬러 아이섀도
4 매트한 레드 컬러 립스틱
5 레드 컬러 립글로스
6 블랙 컬러 젤 아이라이너
7 가장자리가 흐릿한 브라운 컬러 렌즈
8 붉은 기가 도는 브라운 컬러 아이섀도
9 은은한 펄 감의 로즈핑크 컬러 블러셔
10 눈꼬리가 길고 모가 풍성한 속눈썹
11 블랙 컬러 마스카라
12 무색 마스카라 픽서

EYE

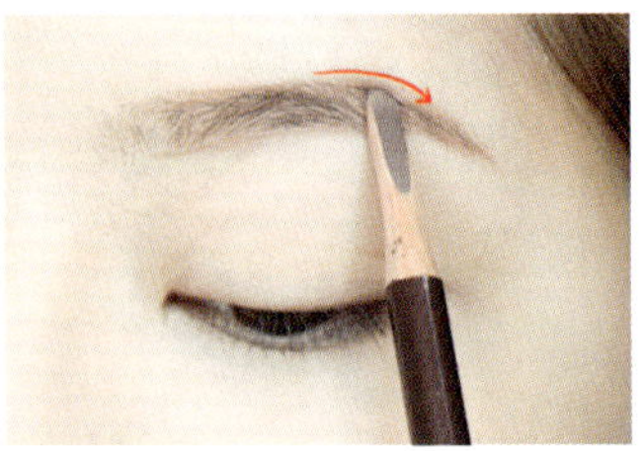  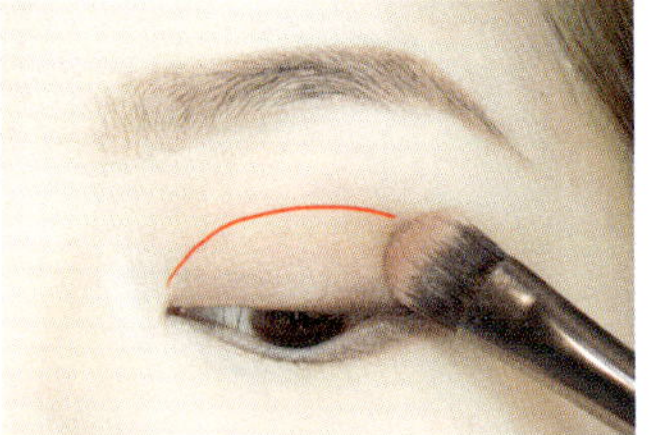

1 아이브로 펜슬로 눈썹 산을 둥글게 그린 뒤 눈썹꼬리를 아래로 빼요.

2 1번 아이섀도를 눈두덩에 2~3회 펼쳐 발라요.

3 8번 아이섀도를 눈두덩 절반에 1~2회 발라요.

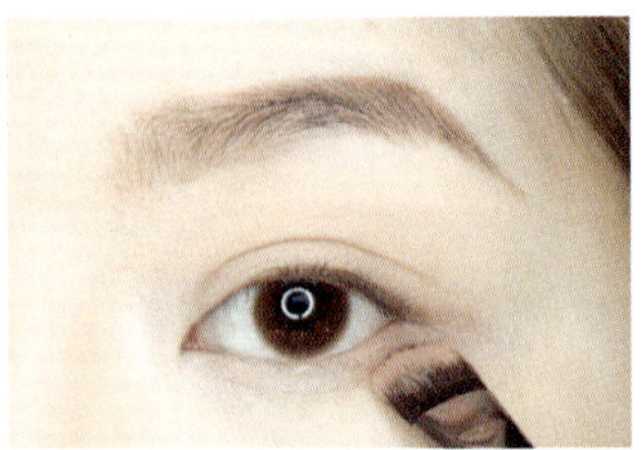 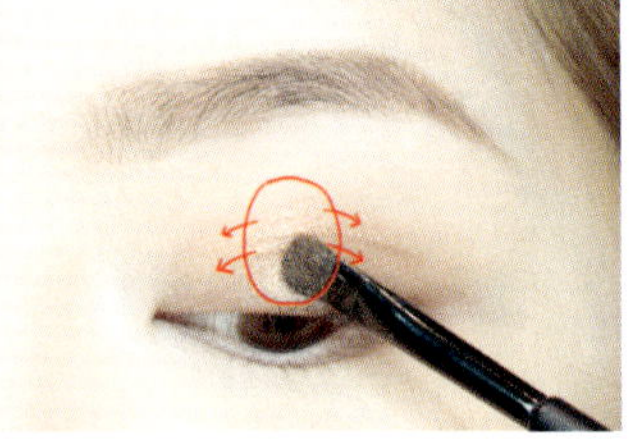

4 언더라인에도 발라요.

5 2번 아이섀도를 손가락에 충분히 묻혀 눈두덩 가운데에 바른 뒤 작은 브러시로 다시 한 번 문지르며 자연스럽게 펼쳐요. 언더라인에도 덧발라요. 눈두덩에 지방이 많은 타입의 홑꺼풀은 눈 앞머리에 2번 아이섀도를 바르거나 이 과정을 생략해도 좋아요. 눈두덩 가운데 아이섀도를 바르면 눈이 더 부어 보일 수 있어요.

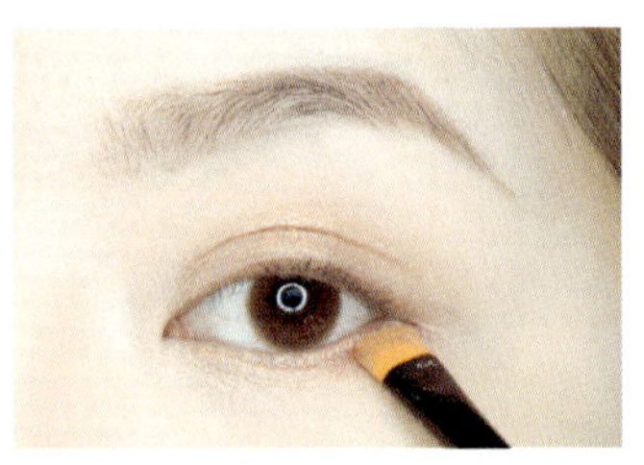 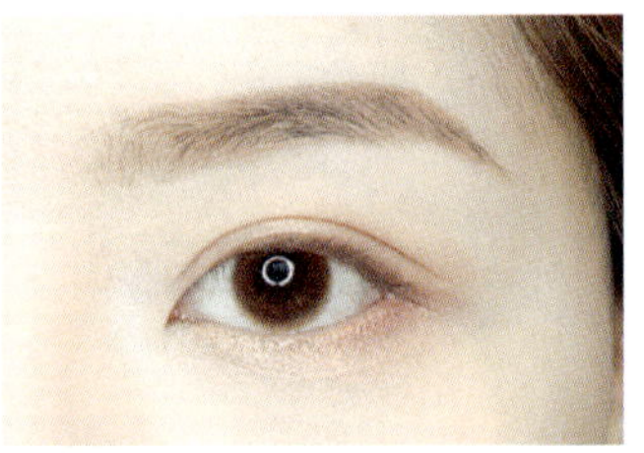

6 언더라인을 세로로 이등분해요. 3번 아이섀도를 언더라인 끝부분에 발라요. 레드 아이섀도를 연하게 바르면 눈망울이 촉촉해 보여요.

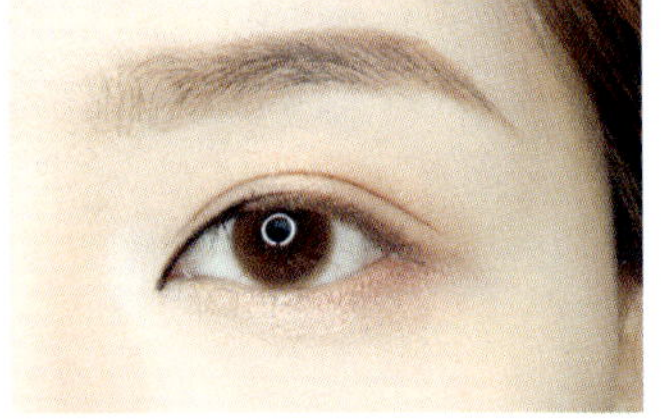 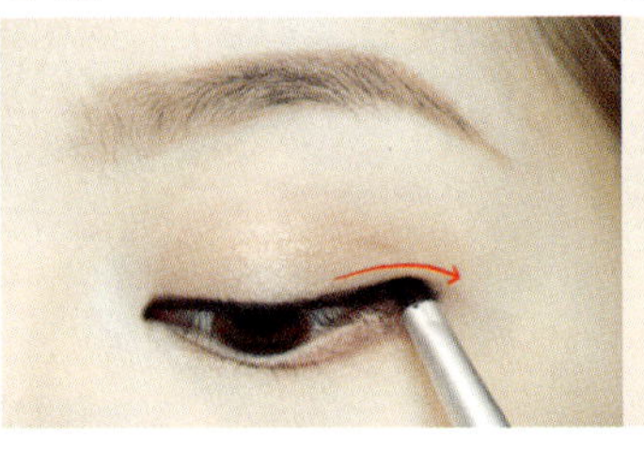

7 6번 아이라이너로 눈 앞머리를 뾰족하게 빼요.

8 라인을 따라 그리다가 눈꼬리는 아래로 길게 빼요. 홑꺼풀은 눈을 떴을 때 눈꼬리가 1~2mm 정도 보이게 그려요.

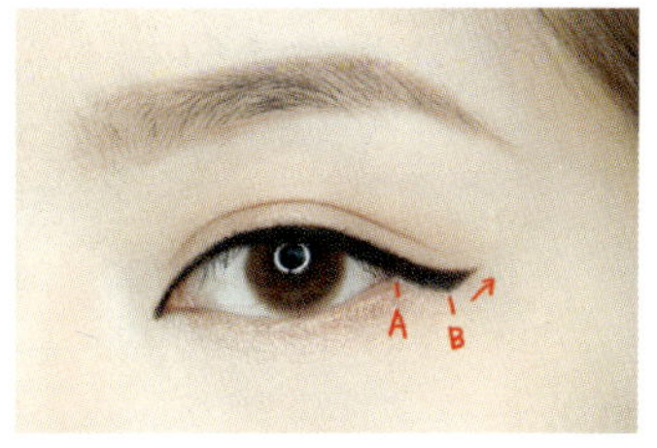 

9 눈꼬리를 A부터 B까지 약 5mm 내려 그린 뒤 B에서 위로 길게 빼 물결치는 모양을 연출해요.

10 아래 속눈썹에 11번 마스카라를 바르고 마르면 12번 마스카라 픽서를 덧 발라요.

쌍꺼풀

홑꺼풀

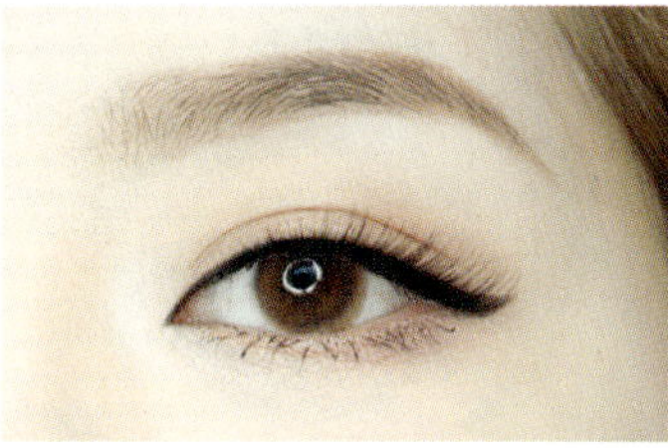 

11 모가 길고 풍성한 속눈썹을 붙여요. 눈매가 깊고 진해 보여요.

CHEEK

LIP

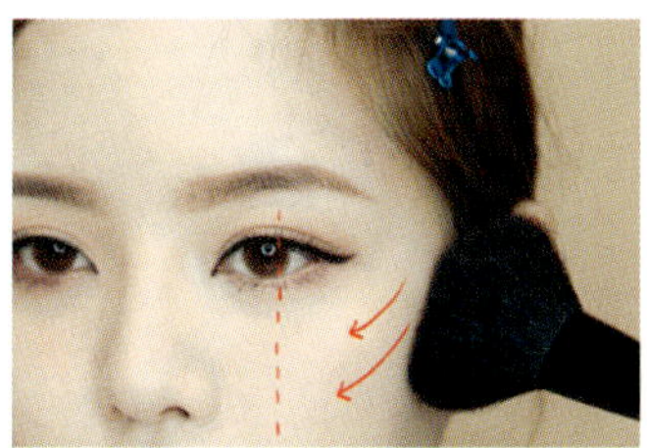  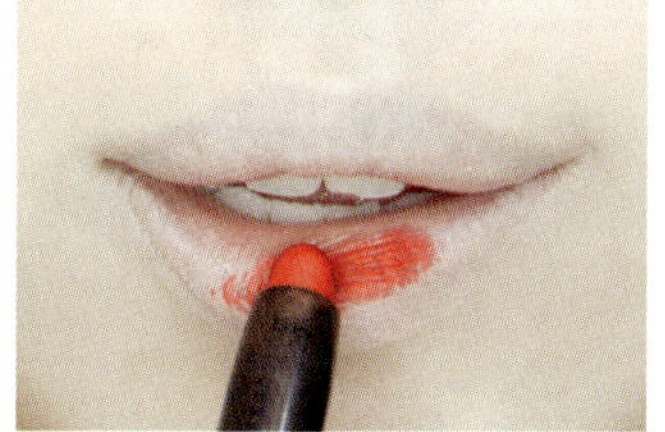

12 9번 블러셔를 옆광대부터 정면으로 봤을 때 수직으로 떨어지는 선 바깥쪽까지 바깥에서 안쪽 방향으로 발라요.

13 매트하고 선명한 4번 레드 립스틱을 입술 중앙에 발라요.

 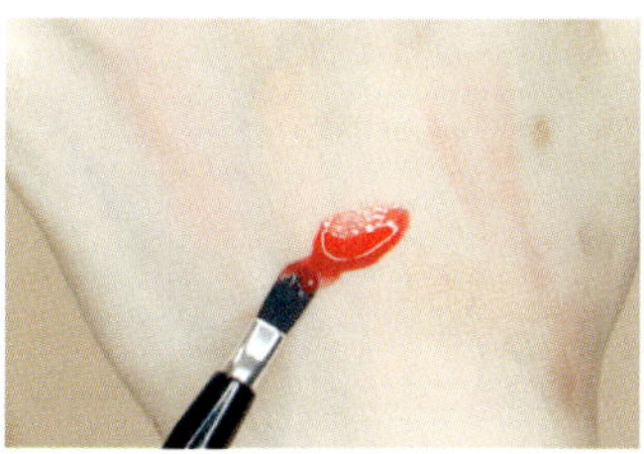 

14 섀도 팁 브러시로 경계를 풀어주면 자연스럽게 그러데이션할 수 있어요.

15 손등에 5번 립글로스를 짠 뒤 립 브러시에 묻혀요.

16 아랫입술은 전체적으로, 윗입술은 중앙만 발라 마무리해요.

면접 메이크업

면접 메이크업은 눈썹 화장이 가장 중요해요. 잘 다듬어진 눈썹은 눈매와 입매를 선명하게 보이게 해 인상을 또렷하게 살려
줘요. 시간이 지나면 속눈썹이 처질 수 있으니 투명 마스카라를 덧발라 또렷한 눈매를 유지해요. 화려하고 반짝반짝 빛나는
색조는 내려놓고 피부 톤과 비슷한 색조를 사용해 최대한 자연스럽게 메이크업하세요.

개코's 아이템

1. 은은한 펄 감의 밝은 베이지 컬러 아이섀도
2. 펄이 없는 갈색 아이섀도
3. 브라운 컬러 젤 아이라이너
4. 블랙 컬러 젤 아이라이너
5. 펄이 없는 캐러멜 컬러 중간 톤 아이섀도
6. 중간 톤 음영 섀도
7. 촉촉한 코럴 컬러 립스틱
8. 은은한 펄 감의 로즈핑크 컬러 블러셔
9. 투명 마스카라 또는 마스카라 픽서
10. 가운데가 긴 속눈썹
11. 선명한 브라운 컬러 렌즈

EYE

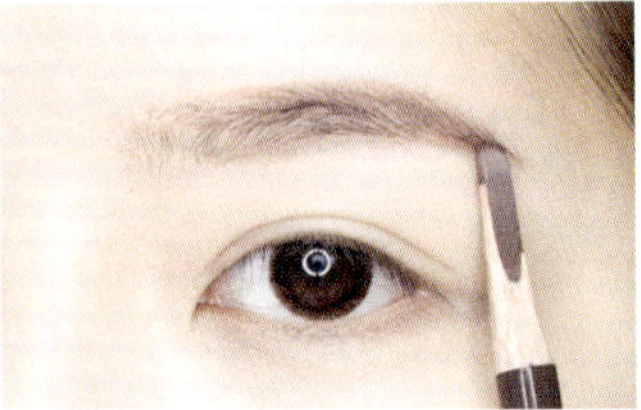

1 아이브로 펜슬로 눈썹 결대로 눈썹을 그려요.

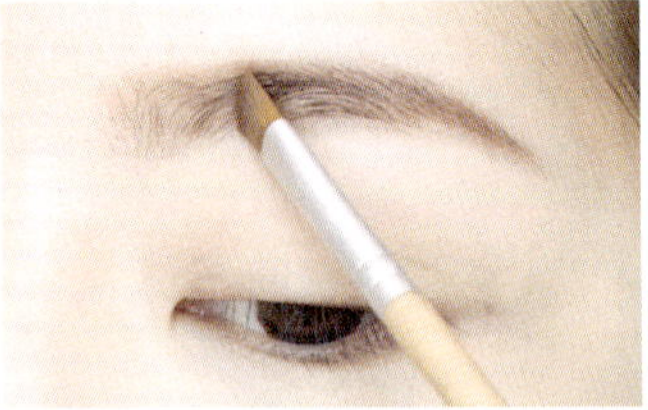

2 6번 아이섀도로 빈 공간을 채워요. 눈썹을 꼼꼼하게 바르면 인상이 또렷해 보여요.

3 스크루 브러시로 눈썹 결을 따라 자연스럽게 눈썹을 빗어요. 결을 살려줘야 자연스러워 보여요.

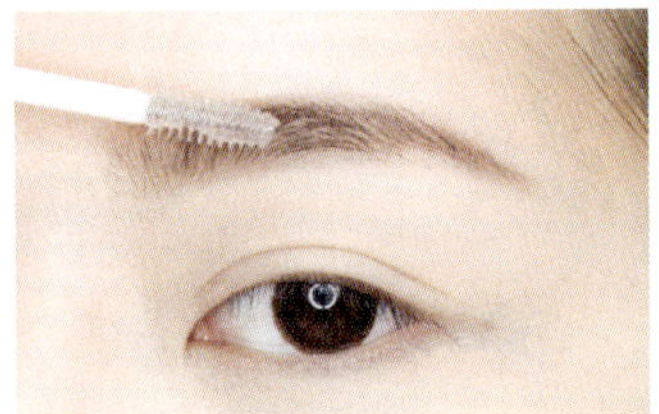

4 9번 투명 마스카라를 열어 양 조절을 해요. 너무 많은 양이 묻으면 눈썹이 뭉쳐서 지저분해 보여요. 투명 마스카라를 눈썹 결대로 빗으며 눈썹을 고정해요.

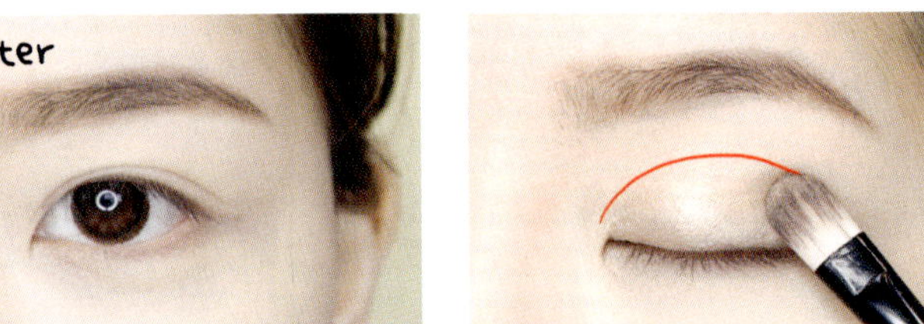

After

5 1번 아이섀도를 눈두덩에 넓게 펼쳐 발라요.

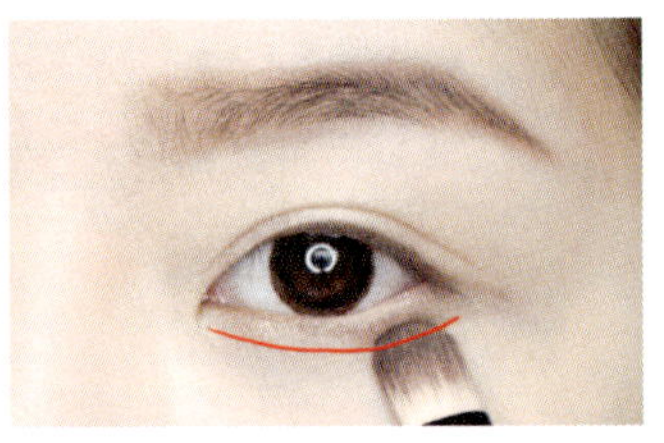

6 언더라인에도 발라요.

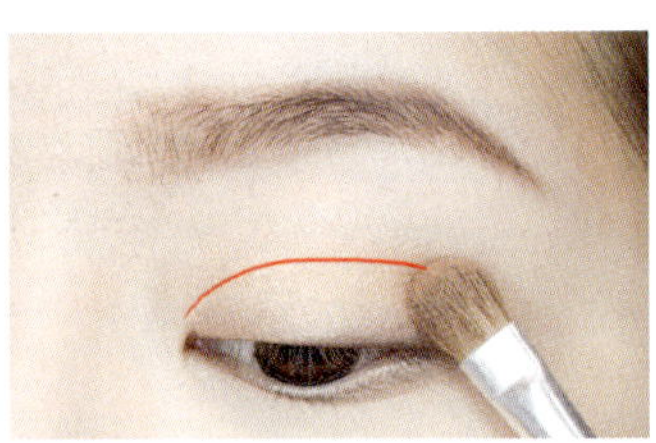

7 5번 아이섀도를 눈두덩 절반에 발라요.

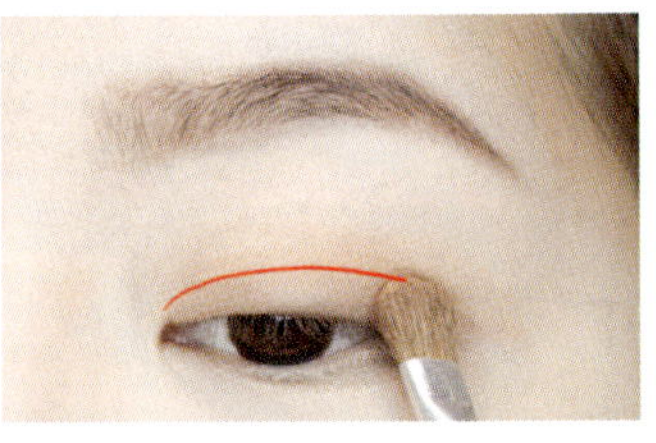

8 6번 아이섀도를 쌍꺼풀 라인 안쪽에 바른 뒤 자연스럽게 블렌딩해요. 홑꺼풀은 눈을 떴을 때 아이섀도가 4mm 정도 보이게 발라요.

쌍꺼풀   홑꺼풀

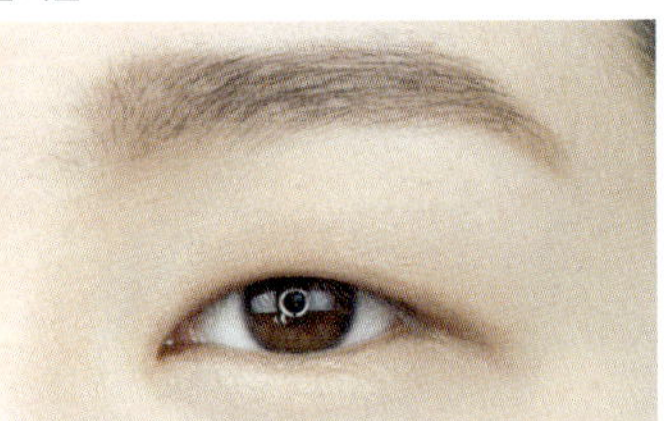

9 6번, 2번 아이섀도를 섞어 쌍꺼풀 라인 안쪽 절반에 발라요. 홑꺼풀은 눈을 떴을 때 2mm 정도 보이게 발라요. 연한 컬러를 바른 뒤 그러데이션하면 눈매가 흐릿해 보일 수 있으니 그러데이션은 피하세요.

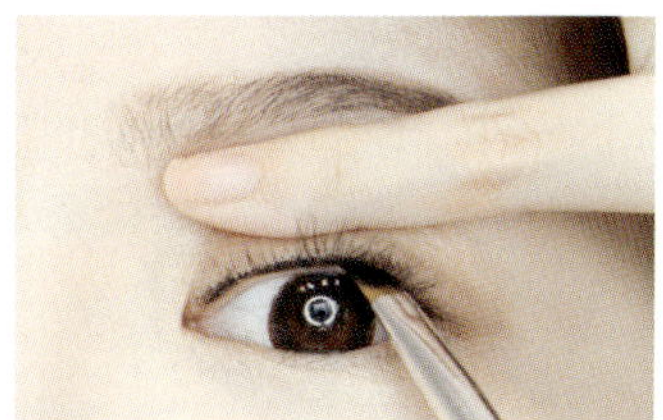

10 4번 아이라이너로 눈 위 점막을 꼼꼼하게 채워요.

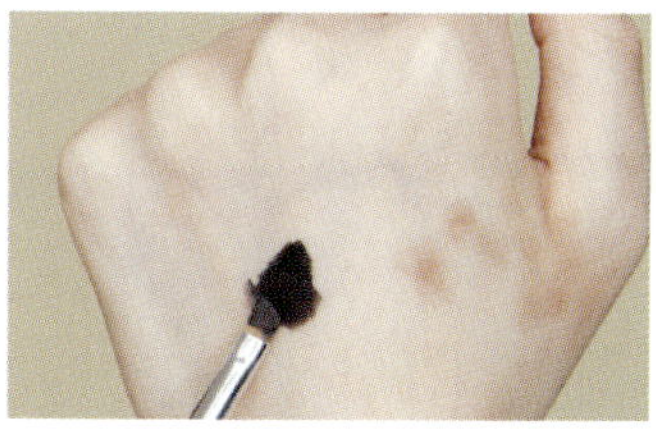

11 3번과 4번 아이라이너를 각각 브러시에 묻힌 뒤 손등에 5:5 비율로 섞어 흑갈색을 만들어요.

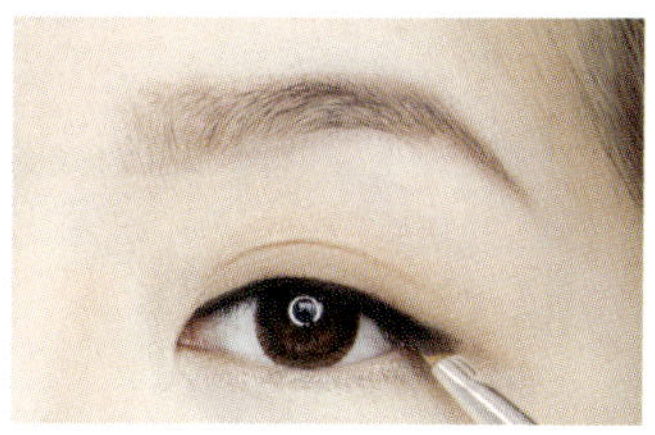

12 눈매를 따라 아이라인을 그려요. 최대한 자연스럽고 또렷한 눈매를 연출하기 위해 눈꼬리는 빼지 않아요.

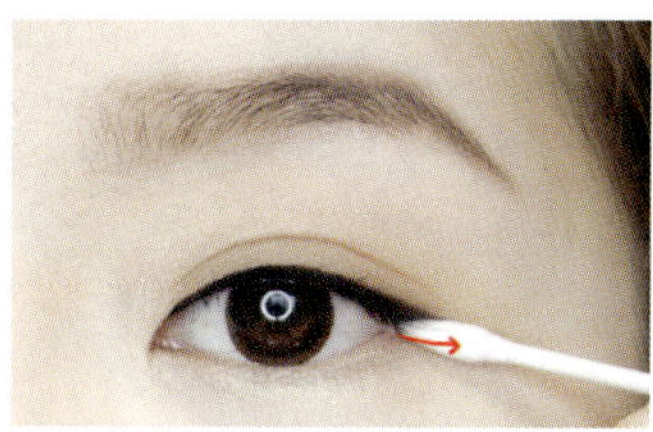

13 젤 아이라이너가 마르기 전에 면봉으로 눈꼬리를 바깥쪽으로 부드럽게 쓸어요.

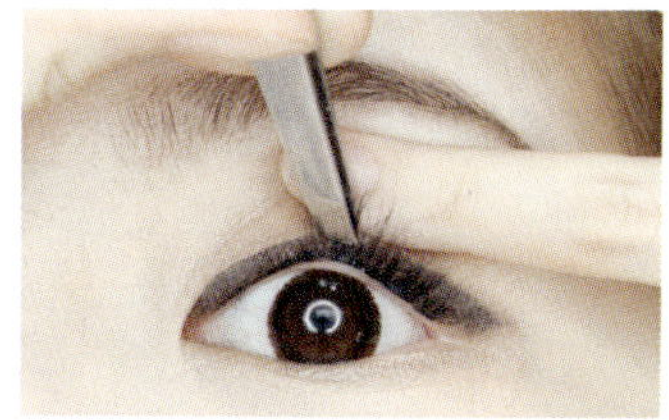

14 길이 8mm 이하의 자연스러운 속눈썹을 점막에 붙여요. 시간이 없다면 통으로 붙여도 좋아요.

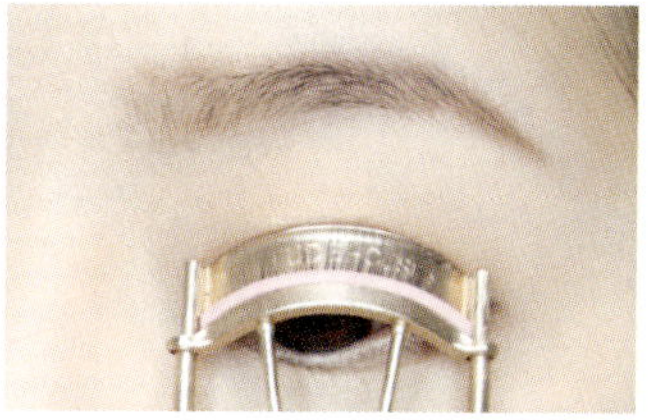

15 인조 속눈썹과 본래의 속눈썹을 함께 뷰러로 집어요.

16 9번 투명 마스카라를 열어 양을 조절한 뒤 속눈썹에 발라요.

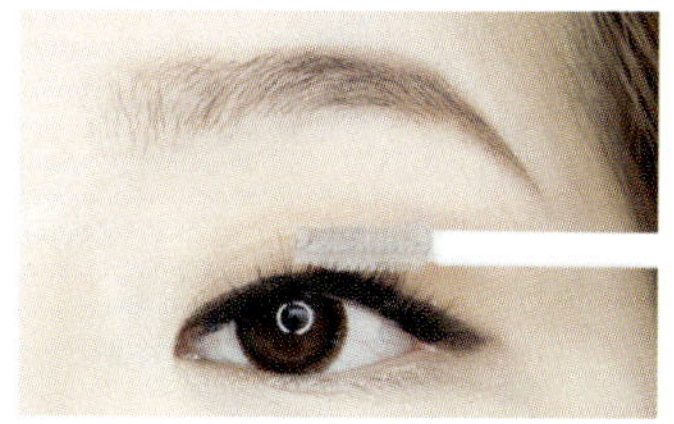

17 9번 투명 마스카라를 열어 양을 조절한 뒤 속눈썹에 발라요.

쌍꺼풀   홑꺼풀

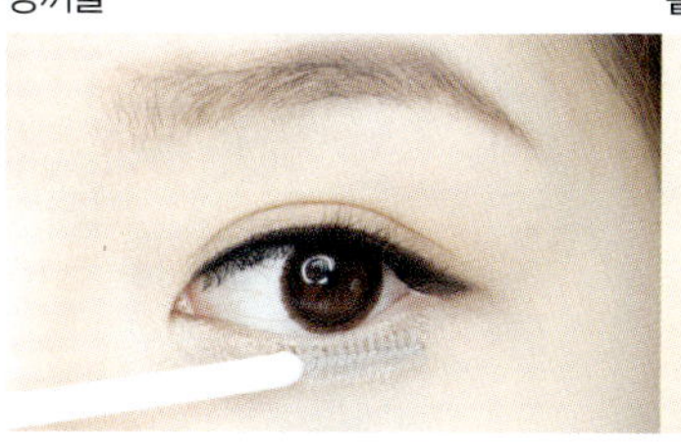

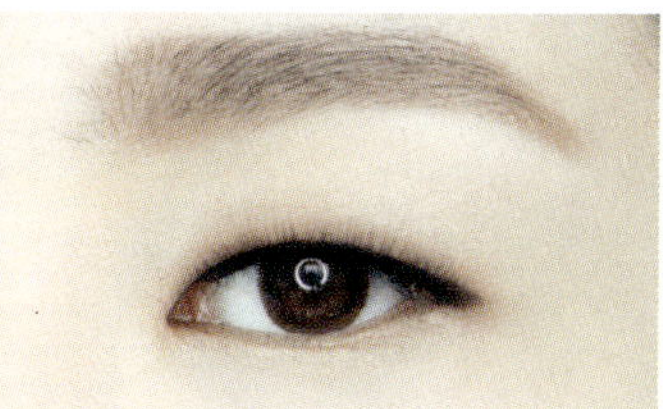

18 아래 속눈썹에도 발라요. 속눈썹이 고정돼 깔끔해 보여요.

CHEEK

 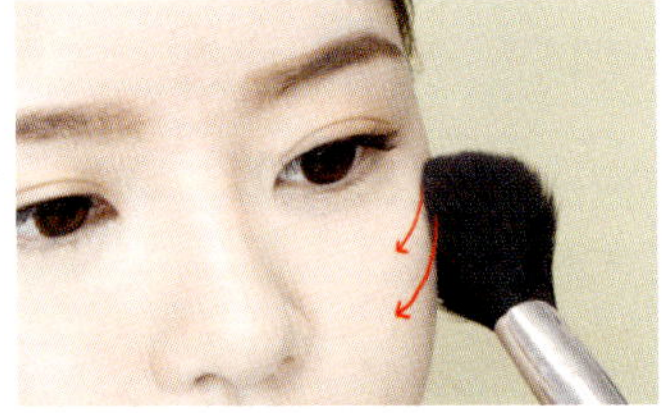 

19 혈색과 비슷한 8번 블러셔로 광대뼈 바깥에서 안쪽으로 자연스럽게 쓸어요.

20 은은한 펄 감의 하이라이터를 미소 지을 때 봉긋 올라오는 부분에 발라 요.

LIP

 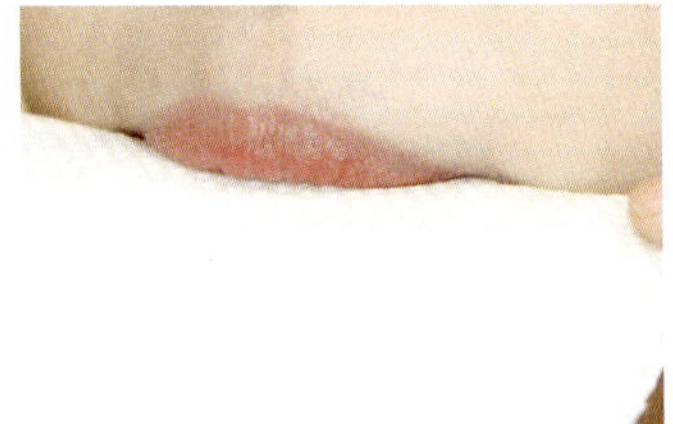 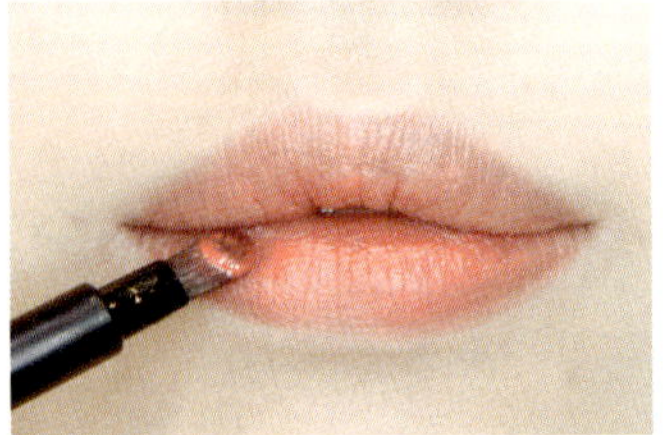

21 립 브러시에 7번 립스틱을 묻혀 입술 전체에 발라요.

22 미용티슈를 입술에 살짝 물었다 떼 요. 립스틱이 입술에 밀착되면서 입 술 색과 자연스럽게 섞여요.

23 립스틱을 입술 전체에 다시 한 번 발라요.

24 컨실러 브러시에 컨실러를 묻혀 입술 주변을 정리해요.

속눈썹 통으로 붙이기

속눈썹 밴드 아랫부분에 전용 접착제를 묻힌 뒤 10초 정도 기다려요. 접착제는 마르면서
접착력이 생기기 때문에 10초 정도 기다린 뒤 붙여야 깔끔하고 강력하게 고정돼요.

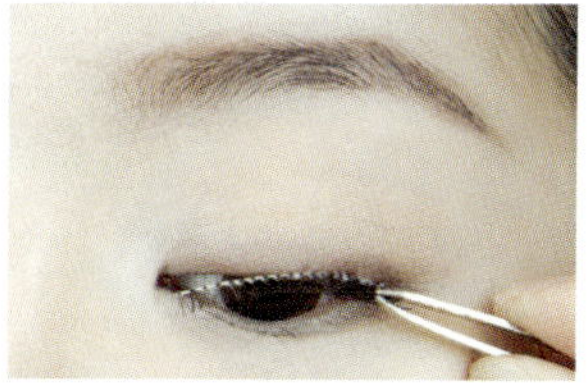

1 속눈썹 중앙과 끝부분에 뿌리 바로
위에 붙인다는 느낌으로 붙여요.

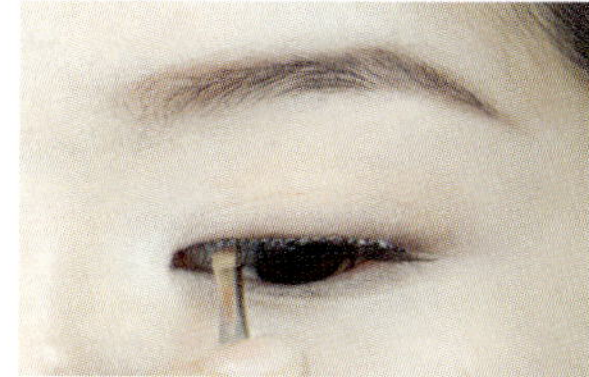

2 끝부분이 고정되었다면 앞부분에
도 붙여요.

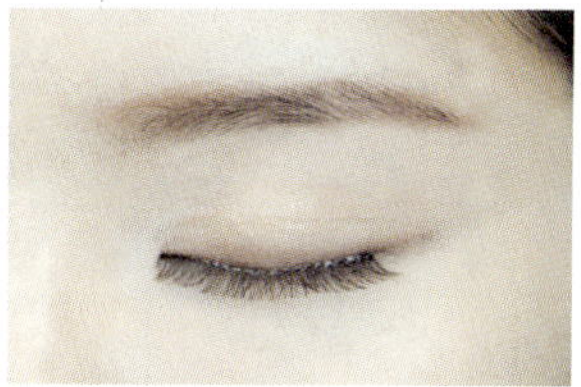

3 속눈썹 접착제가 투명하게 완벽히
마를 때까지 기다려요.

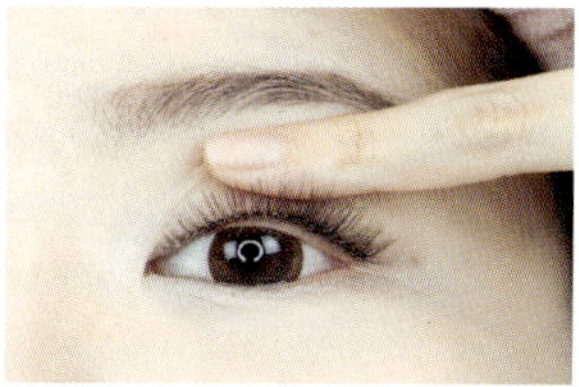

4 눈꺼풀을 뒤집어봐요. 속눈썹 뿌리
바로 위에 붙어 있는지 확인해요.

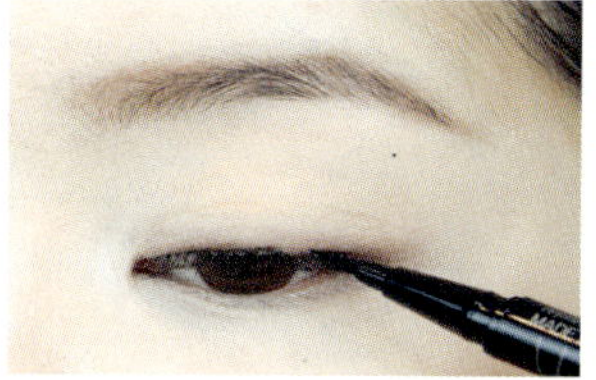

5 속눈썹 밴드나 접착제가 하얗게
떠 보이면 붓펜 아이라이너로 그
부분을 점으로 찍듯이 바르며 가
려요.

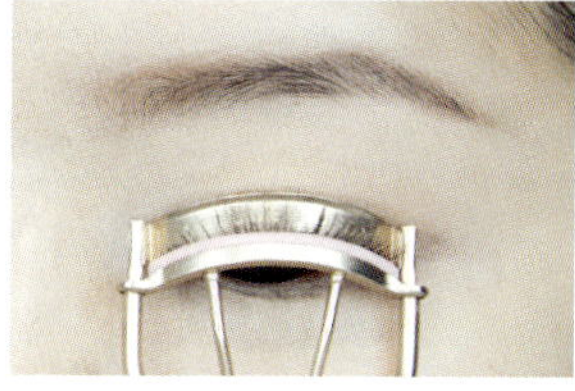

6 뷰러로 내 속눈썹과 인조 속눈썹
을 함께 잡아 집어요.

7 투명 마스카라 혹은 마스카라로
내 속눈썹과 인조 속눈썹을 함께
컬링해요. 인조 속눈썹이 따로 놀
지 않고 완벽하게 내 속눈썹과 합
쳐져 자연스러워 보여요.

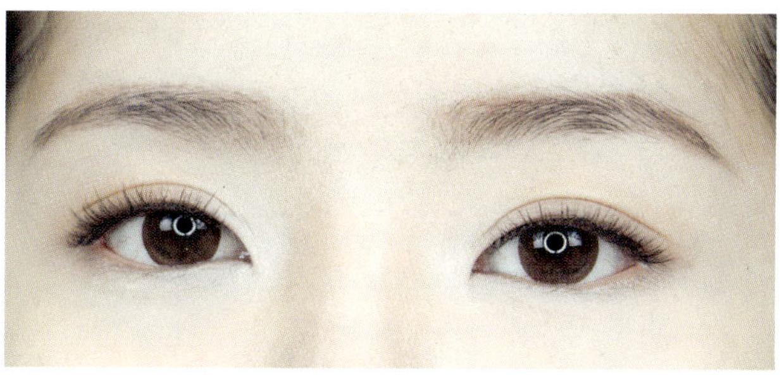

<u>'K' 항공사 승무원 메이크업</u>

하늘색 유니폼이 매력적인 'K' 항공사. 유니폼과 잘 어울리는 핑크 톤 메이크업으로 단아하고 세련된 이미지를 연출해봐요.
핑크 컬러 아이섀도를 잘못 바르면 자칫 눈두덩이 부어 보일 수 있어요. 한 톤 높은 핑크 컬러로 눈두덩 앞부분과 뒷부분에
음영을 넣으면 눈이 부어 보이지 않으면서 입체감이 생겨요. 회사, 학교, 모임 등 어디서나 어울리니 두루 활용해보세요.

개코's 아이템

1 은은한 핑크빔 블러셔
2 톤 다운된 흐린 핑크베이지 컬러 아이섀도
3 톤 다운된 흐린 핑크 컬러 아이섀도
4 펄 감이 있는 연한 핑크베이지 컬러 크림 섀도
5 은은한 펄 감의 붉은빛 브라운 컬러 아이섀도
6 톤 다운된 핑크 컬러 블러셔
7 톤 다운된 핑크 컬러 립스틱
8 은은한 광택의 핑크 컬러 립글로스 틴트
9 밝은 브라운 컬러 아이브로 마스카라
10 블랙 컬러 젤 아이라이너

EYE

1 눈썹 숱이 많고 진하다면 9번 밝은 아이브로 마스카라를 발라요. 눈썹 컬러가 연한 편이면 브라운 컬러 아이브로 펜슬을 사용해요.

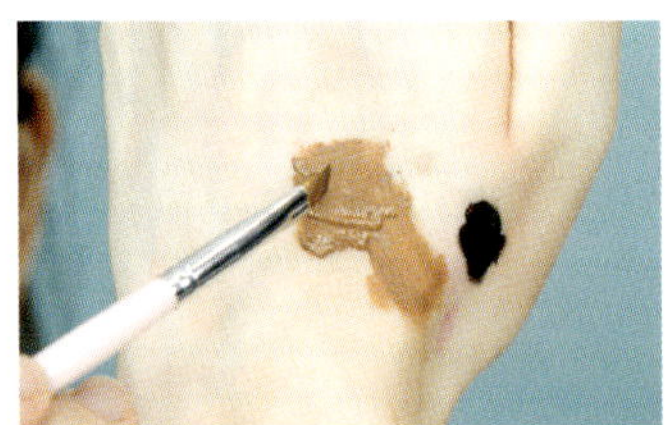

2 9번 아이브로를 손등에 덜어낸 뒤 브러시에 묻혀요.

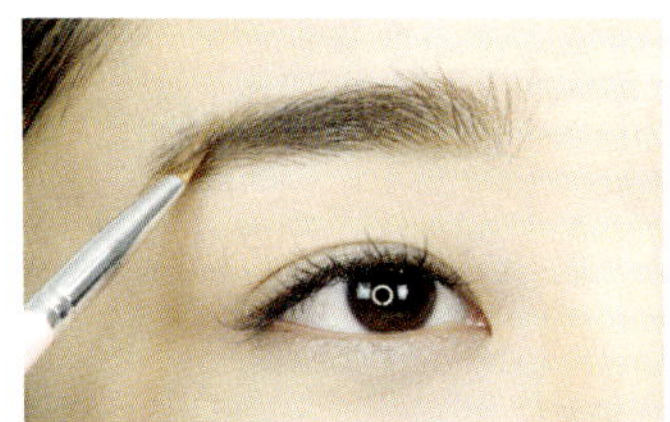

3 눈썹 뿌리를 채워요. 눈썹이 선명하고 깔끔해 보여요.

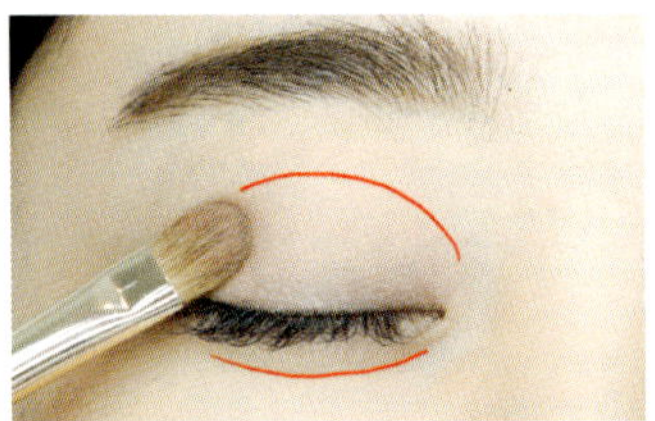

4 2번 아이섀도를 눈두덩와 언더라인에 발라요.

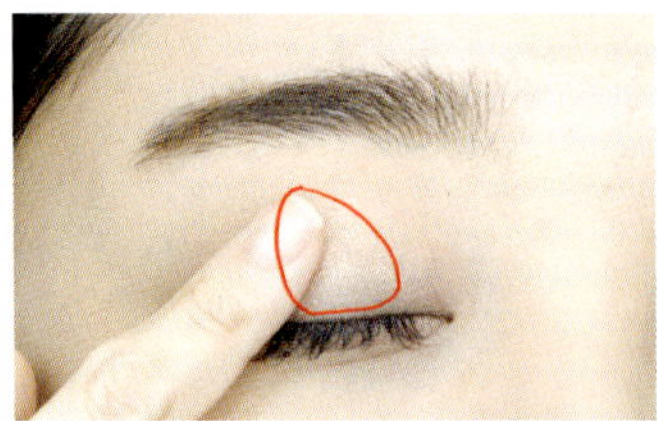

5 손가락에 4번 아이섀도를 묻혀요. 눈 앞머리에서 8mm 정도 떨어진 지점부터 눈두덩 중앙까지 발라요.

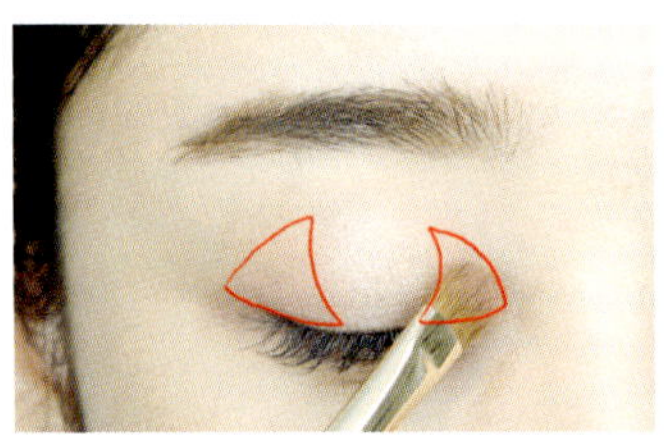

6 3번 아이섀도를 눈두덩 앞부분과 뒷부분에 발라요. 음영을 주면 눈에 입체감이 생겨요.

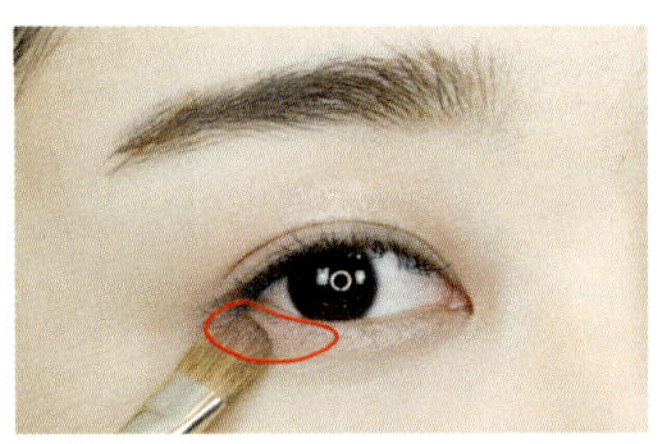

7 언더라인 뒷부분에 발라요.

쌍꺼풀   홑꺼풀

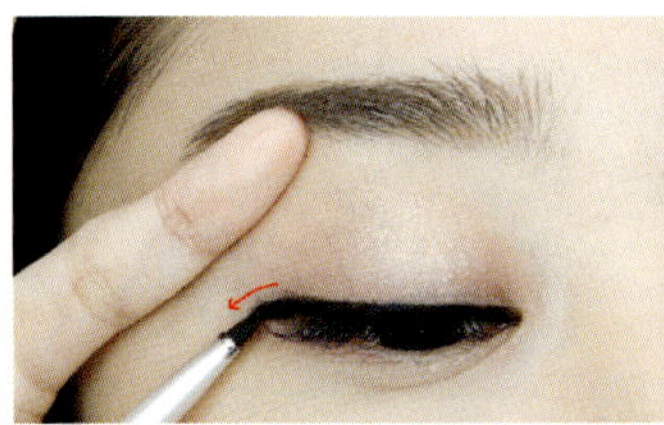

8 10번 아이라이너로 아이라인을 그리다가 눈꼬리는 아래로 빼요. 홑꺼풀은 눈을 떴을 때 0.5~1mm 보이게 그린 뒤 눈을 뜨고 정면을 본 상태에서 눈꼬리를 아래로 빼요.

쌍꺼풀   홑꺼풀

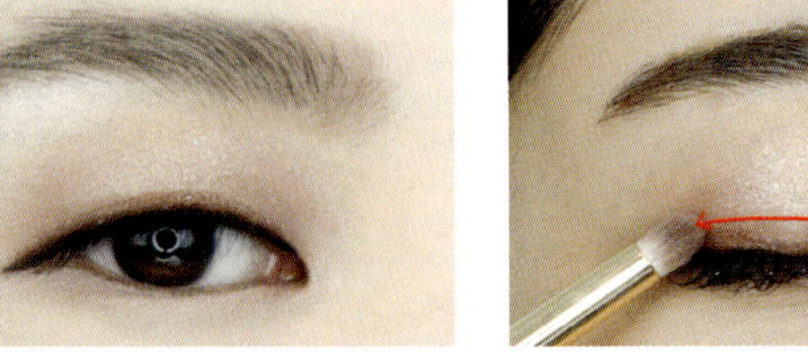

9 5번 아이섀도를 아이라인에 덧발라요. 홑꺼풀은 그려놓은 아이라인 절반을 덮으며 눈을 떴을 때 2mm 정도 보이게 발라요.

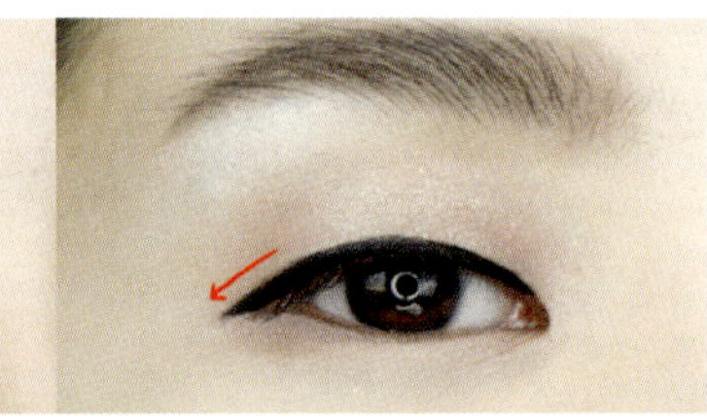

10 쌍꺼풀라인 안쪽을 좌우로 가볍게 쓸며 아이라인 경계를 풀어줘요. 홑꺼풀은 경계를 풀면 눈매가 흐릿해 보일 수 있으니 이 단계를 생략해요.

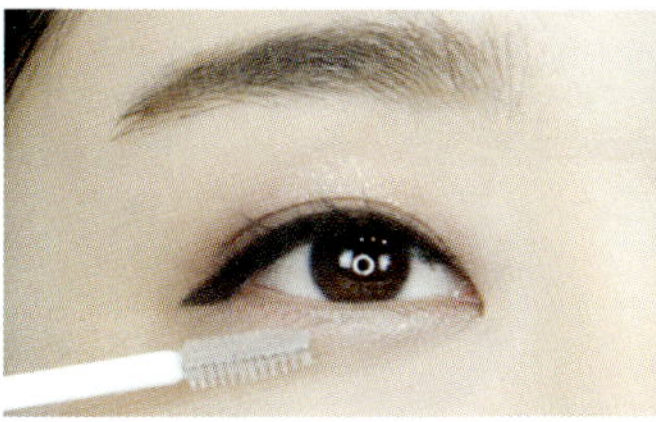

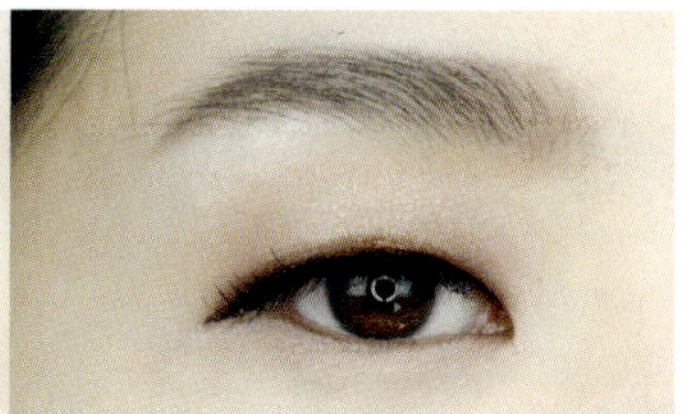

11 10번 아이라이너를 속눈썹 윗부분에 한 번 더 얇게 덧발라요. 아이섀도를 덧발라 흐릿해진 눈매를 잡아요.

12 마스카라로 속눈썹을 컬링하거나 10mm 이하의 자연스러운 속눈썹을 붙여요. 아래 속눈썹은 투명 마스카라로 고정시켜요.

CHEEK

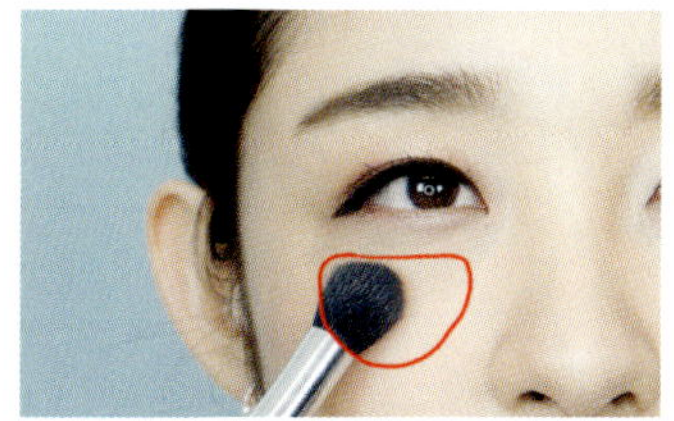

13 1번 블러셔를 미소 지을 때 튀어나오는 부분에 넓게 발라요.

14 6번 블러셔를 볼 중앙에 미소 지을 때 사랑스럽고 화사해 보여요.

LIP

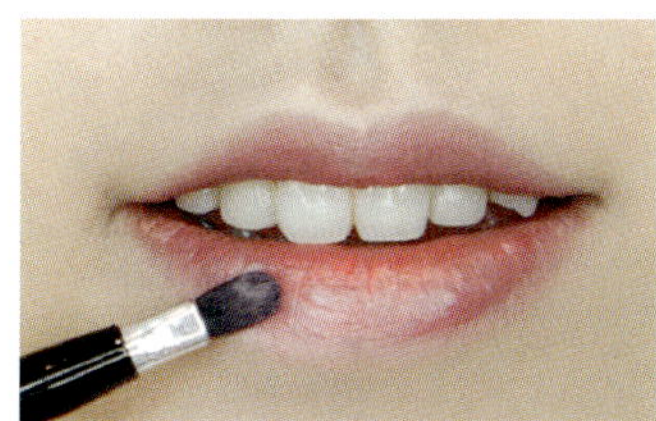
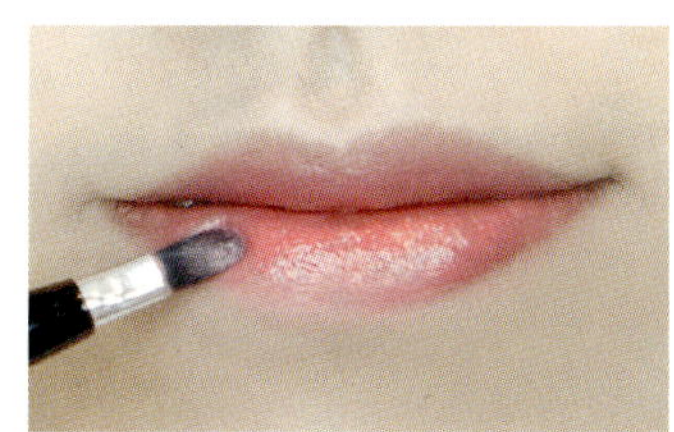

15 립 브러시에 7번 립스틱을 묻혀 입술 전체에 발라요.

16 깨끗한 립 브러시에 8번 립글로스를 묻혀 덧발라요. 입술이 볼륨감 있고 촉촉해 보여요.

HAIR LINE

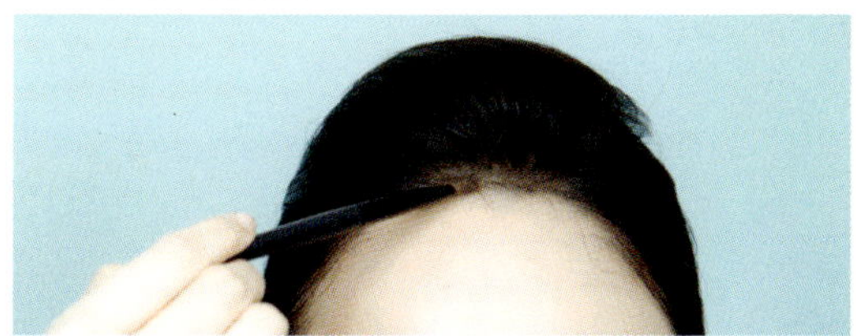

17 섀딩 브러시에 피부 톤보다 한 톤 어두운 무펄 음영 섀도를 묻혀 헤어라인을 따라 자연스럽게 발라요. 붉은 기와 펄이 없는 매트한 음영 섀도를 선택하는 게 포인트!

'**A**' 항공사 승무원 메이크업

'A' 항공사의 브라운 계열 유니폼과 잘 어울리는 메이크업은 따뜻한 코럴 톤이 도는 컬러예요. 브라운과 코럴 컬러가 어우러지면 안정적이고 편안한 분위기가 나지요. 코럴 컬러 아이섀도를 눈두덩 전체에 바르면 화려해 보일 수 있으니 중간까지만 발라 적당히 화사하게 표현해요.

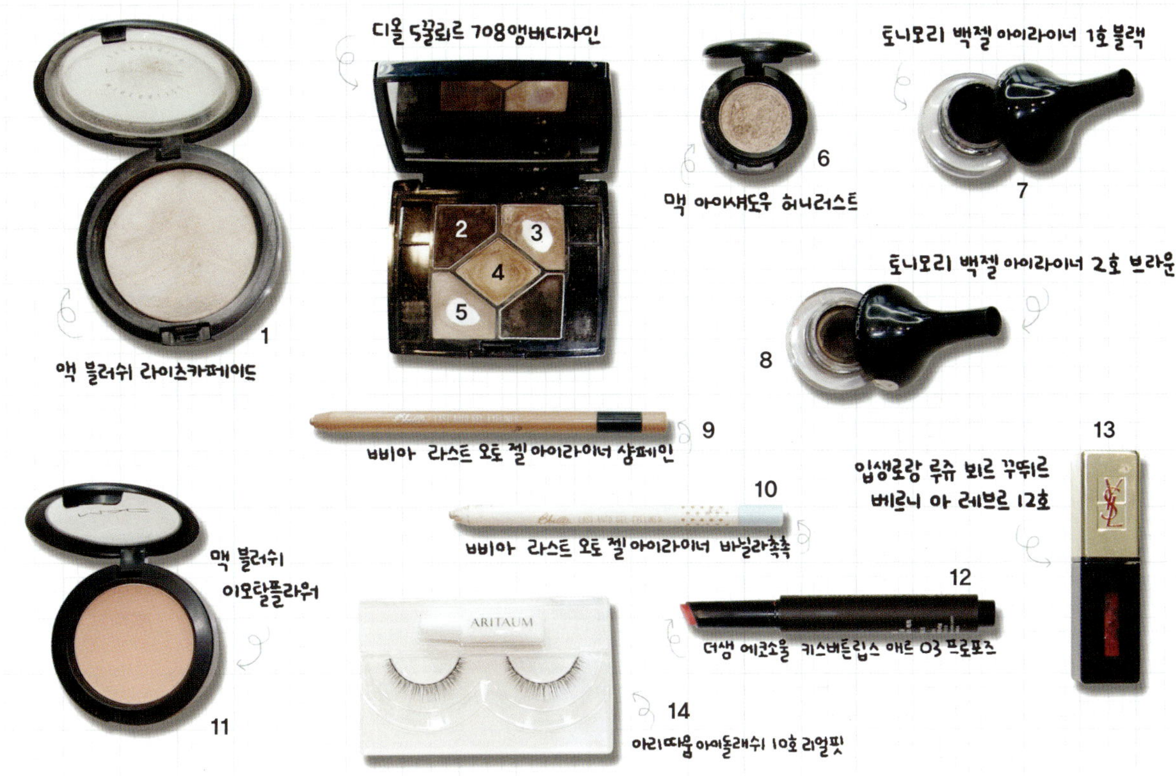

개코's 아이템

1. 은은한 펄 감의 하이라이터
2. 진한 고동색 아이섀도
3. 바세린 광의 스킨 톤 크림 섀도
4. 은은한 펄 감의 옐로골드 컬러 아이섀도
5. 은은한 펄 감의 밝은 아이보리 컬러 크림 섀도
6. 화려한 펄 감의 피치베이지 컬러 아이섀도
7. 블랙 컬러 젤 아이라이너
8. 브라운 컬러 젤 아이라이너
9. 펄 감이 있는 골드 컬러 펜슬 아이라이너
10. 밝은 아이보리 컬러 펜슬 아이라이너
11. 흰빛이 섞인 코럴 컬러 블러셔
12. 톤 다운된 매트한 웜 톤 핑크 컬러 립스틱
13. 은은한 광택의 핑크코럴 컬러 글로스 틴트
14. 모의 길이가 10cm 이하인 자연스러운 속눈썹

EYE

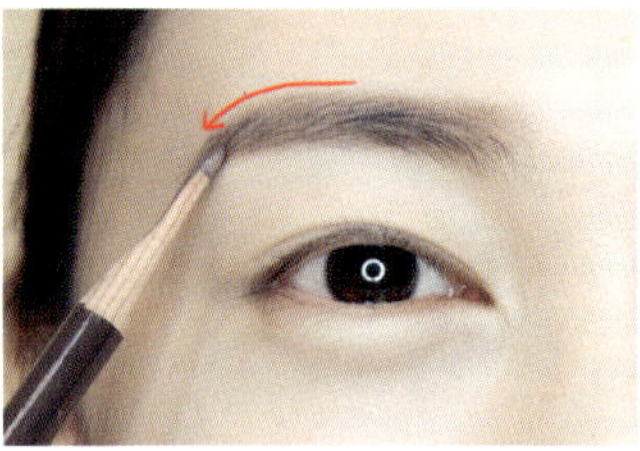

1 아이브로 펜슬로 눈썹 산을 둥글게 그려요.

2 5번 아이섀도를 눈두덩에 넓게 펼쳐 발라요.

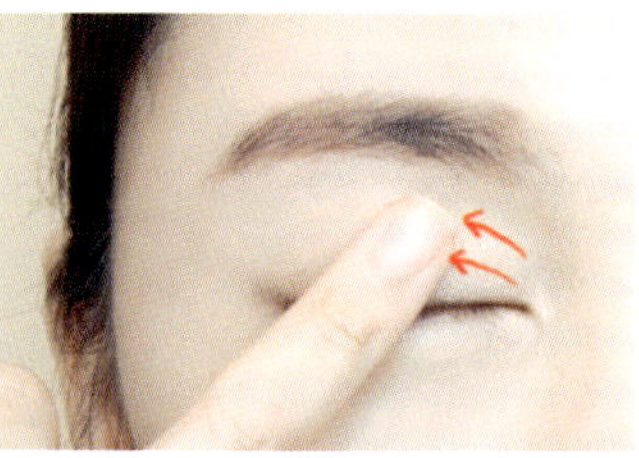

3 손가락에 3번 아이섀도를 묻혀요. 눈 앞머리부터 중앙까지 안에서 바깥쪽으로 발라요.

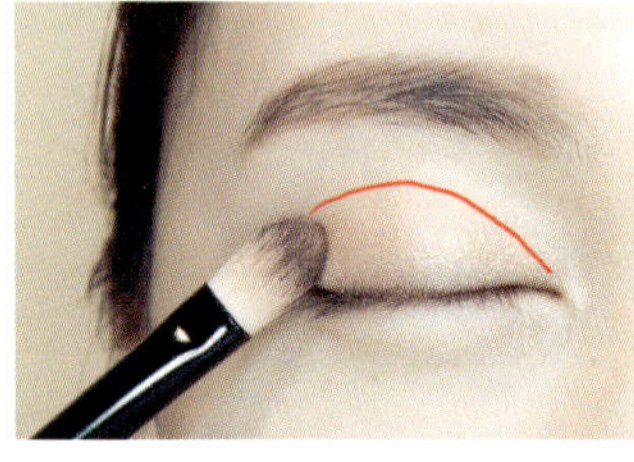

4 6번 아이섀도를 눈두덩에 덧발라요.

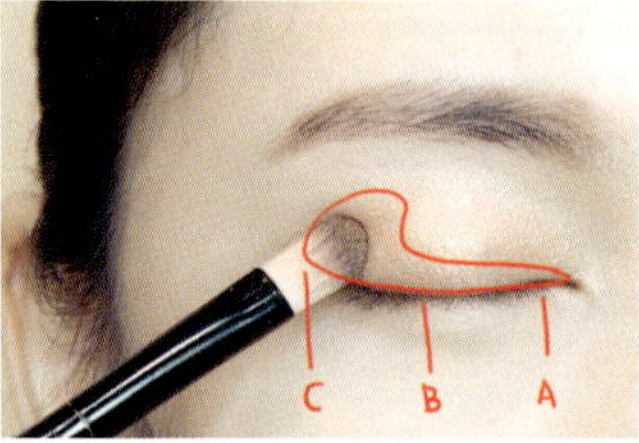

5 4번 아이섀도를 A~B는 쌍꺼풀 라인 안쪽에 B~C는 아이 홀 라인까지 올려 발라요. 홑꺼풀은 눈을 떴을 때 5mm 정도 보이게 바른 뒤 B~C는 아이 홀 라인까지 올려 발라요.

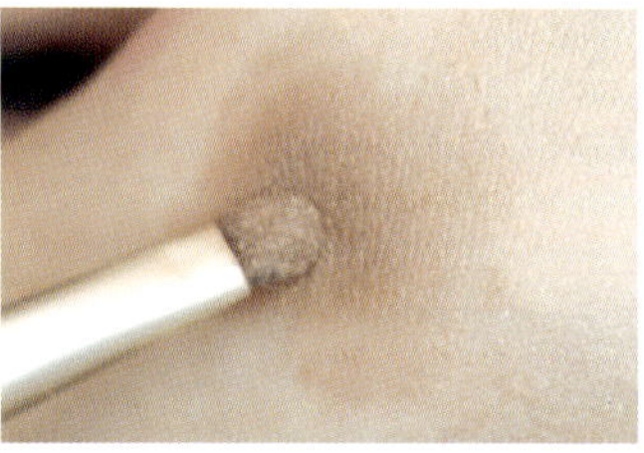

6 2번과 4번 아이섀도를 섞어요.

쌍꺼풀   홑꺼풀

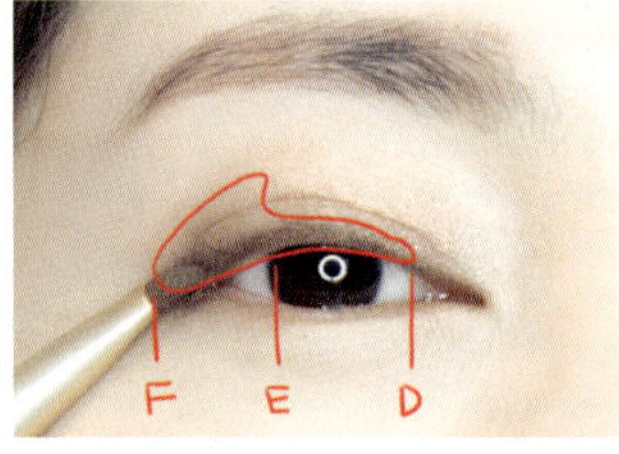

7 D~E는 쌍꺼풀의 반 정도 채우고 E~F는 아이 홀 라인에서 5mm 아래까지 올려 발라요. 홑꺼풀은 D~E에 눈을 떴을 때 2~3mm 정도 보이게 그려요. 우아하면서 입체적인 눈매를 연출할 수 있어요.

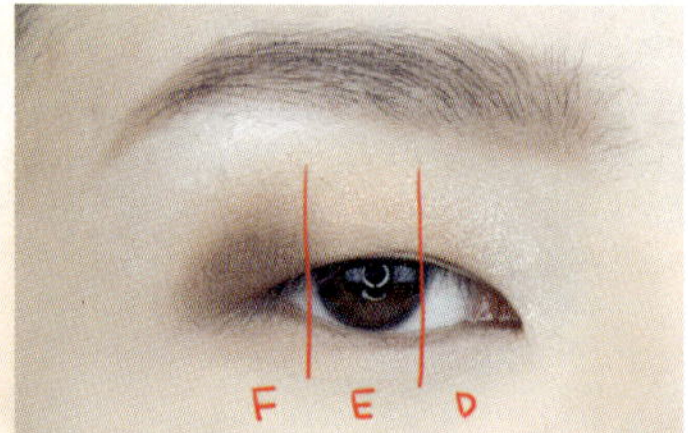

8 7번과 8번 아이라이너를 섞어요.

쌍꺼풀   홑꺼풀

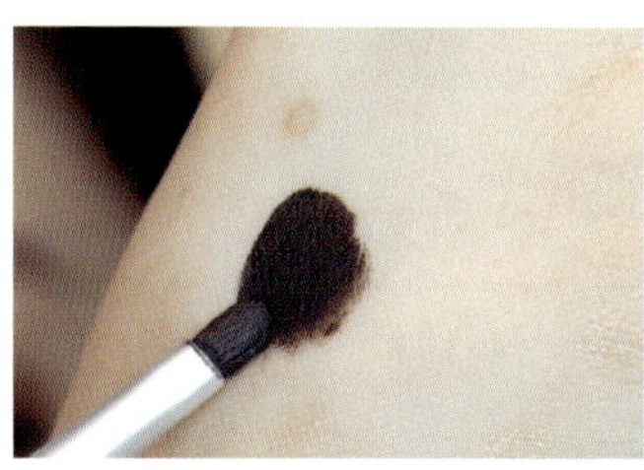

9 눈 위 점막을 채운 뒤 G~H 구간까지 수평으로 눈꼬리를 빼요. 홑꺼풀은 검정 라이너로 점막을 채운 뒤 7번과 8번 아이라이너를 섞어 눈을 떴을 때 1mm 정도 보이게 그려요.

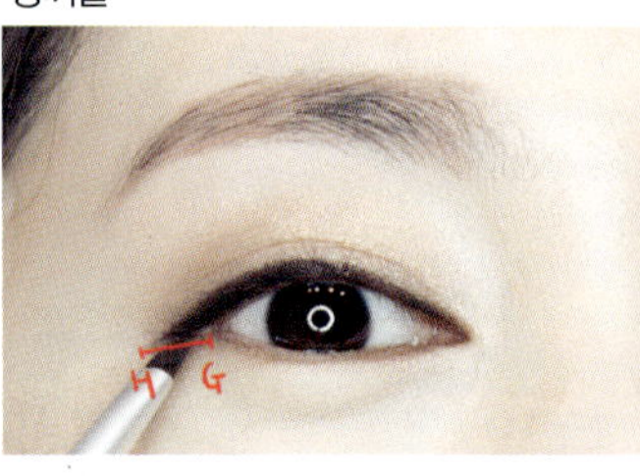

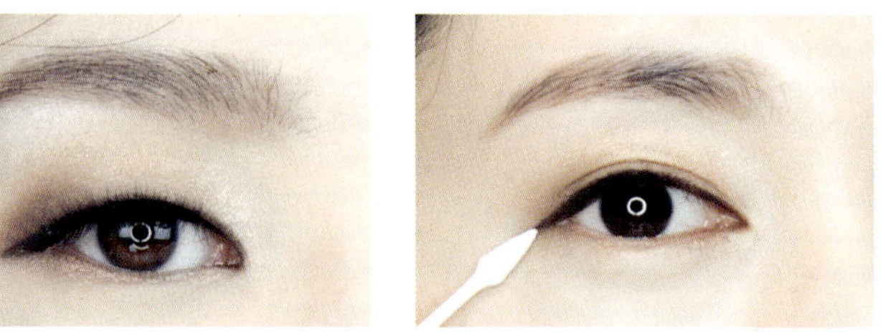

10 면봉을 이용해 눈꼬리를 바깥쪽으로 부드럽게 쓸어요.

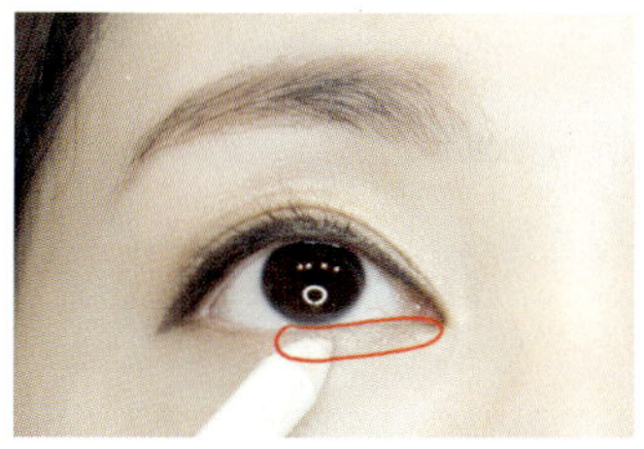

11 10번 펜슬로 언더라인 앞부분에서 2/3 길이까지 발라요.

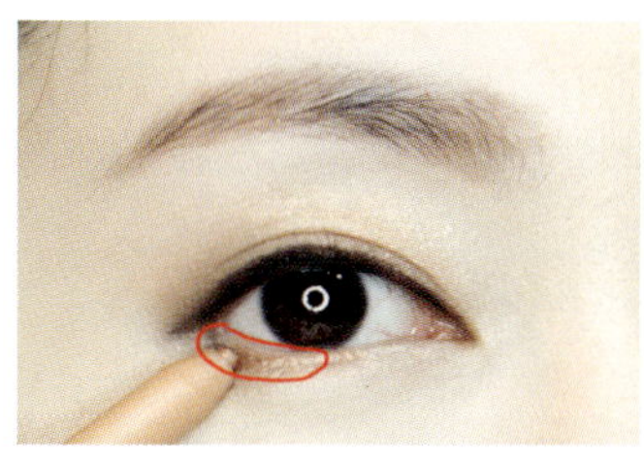

12 9번 펜슬로 언더라인 끝부분에서 2/3 길이까지만 발라요. 앞부분은 화사하게, 뒷부분은 A사 유니폼과 비슷한 컬러로 따뜻한 느낌을 연출했어요.

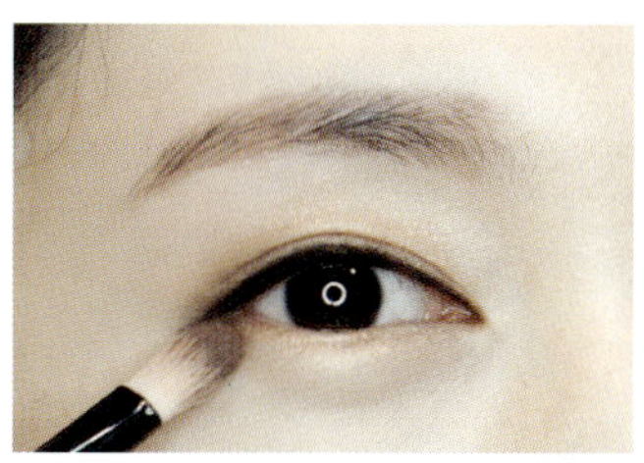

13 6번 아이섀도를 언더라인 전체에 발라요.

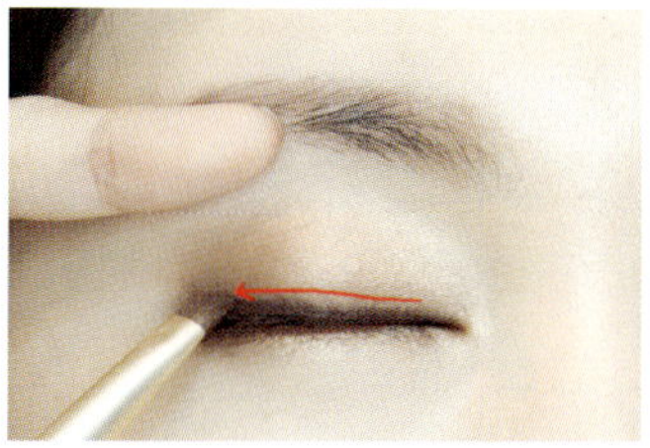

14 2번 아이섀도를 아이라인 그린 부분에 덧발라요. 홑꺼풀은 아이라인 반만 덮어 아이섀도 경계를 살려요.

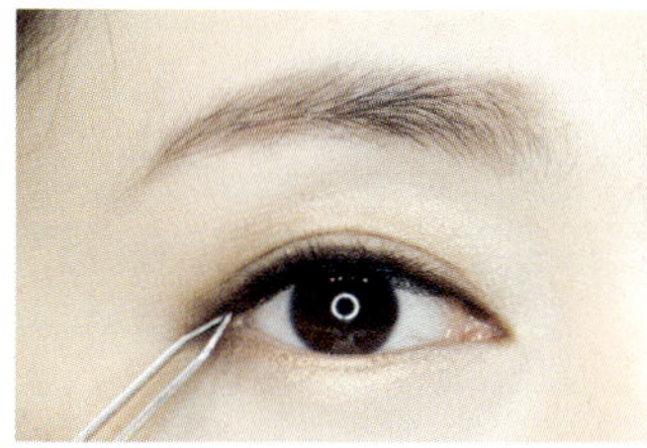

15 약 8mm 길이의 인조 속눈썹을 점막에 붙여요.

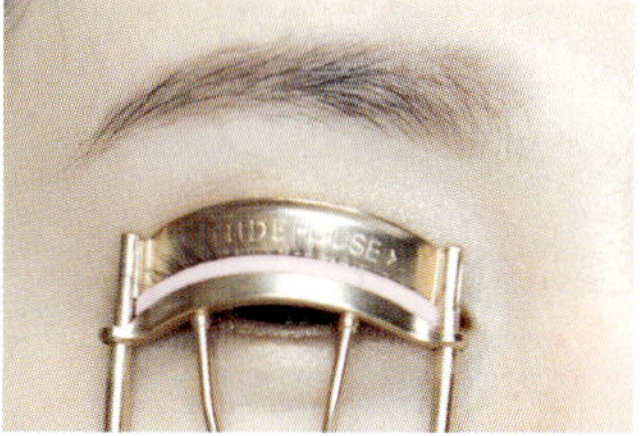

16 뷰러로 인조 속눈썹과 자신의 눈썹을 함께 집어요. 언더래시는 생략하거나 투명 마스카라만 발라 고정해요.

CHEEK

LIP

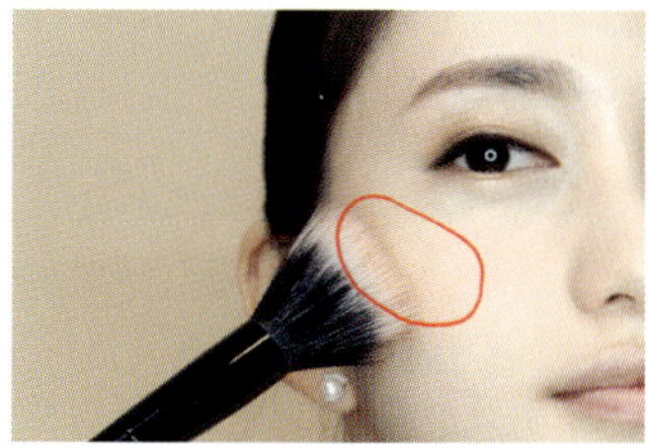

17 11번 블러셔를 얼굴 가장자리부터 광대뼈까지 발라요.

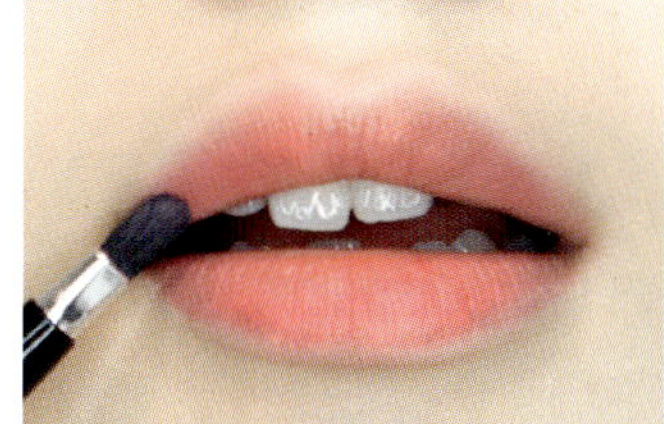

18 립 브러시에 12번 립스틱을 묻혀 입술 전체에 발라요.

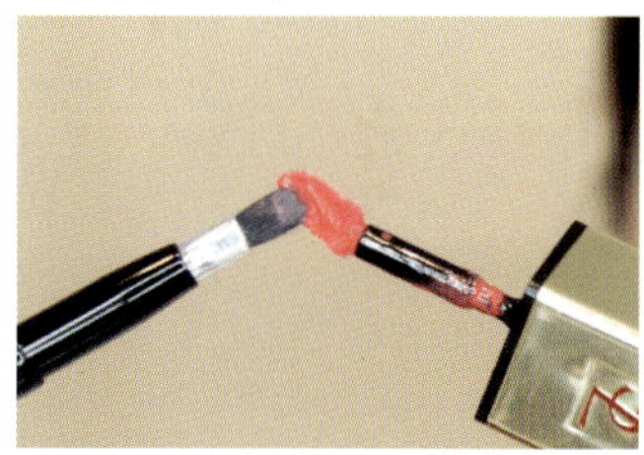

19 깨끗한 립 브러시에 13번 립글로스를 묻혀요.

20 입술 전체에 덧발라요. 립스틱 위에 립글로스를 덧바르면 윤기가 나고 발색이 오래 유지돼요.

21 미소를 지을 때 올라오는 앞 광대뼈에 1번 블러셔를 발라요.

버건디 메이크업

고혹적인 버건디 컬러가 눈길을 끌죠. 여기에 골드 컬러 펄 아이섀도의 화려함까지! 버건디 아이라이너로 점막 윗부분을 그린 뒤 블랙 컬러로 점막을 채워요. 라이트그린 컬러 아이섀도로 포인트를 주면 도도한 시크녀로 변신! 누드 톤 립스틱으로 입술을 채운 뒤 버건디 컬러 립스틱을 덧발라 전체적인 색감을 맞춰요.

개코's 아이템

1 블랙 컬러 젤 아이라이너
2 중간 톤 음영 섀도
3 은은한 펄 감의 톤 다운된 레드 컬러 블러셔
4 펄 감이 있는 밝은 컬러 베이스 아이섀도
5 펄 감이 있는 중간 톤 카키 컬러 아이섀도
6 화려한 펄 감의 버건디 컬러 포인트 아이섀도
7 펄 감이 있는 중간 톤 버건디 컬러 아이섀도
8 스킨 톤 베이지 컬러 립스틱
9 매트한 버건디 컬러 립스틱
10 버건디 컬러 펜슬 아이라이너
11 그린 컬러 렌즈
12 눈꼬리가 긴 투명 라인 속눈썹

EYE

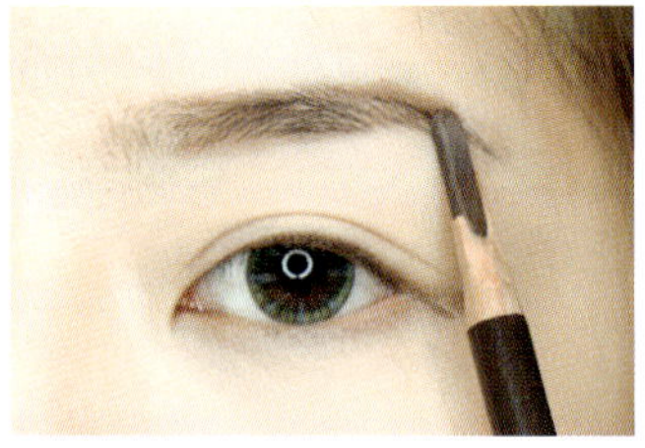

1 아이브로 펜슬로 눈썹 산을 각지게 그려요.

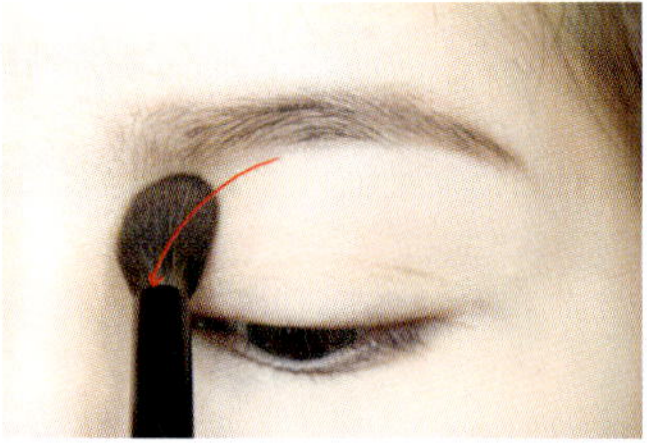

2 눈두덩을 눌렀을 때 움푹 들어가는 부분을 2번 아이섀도로 가볍게 쓸어요.

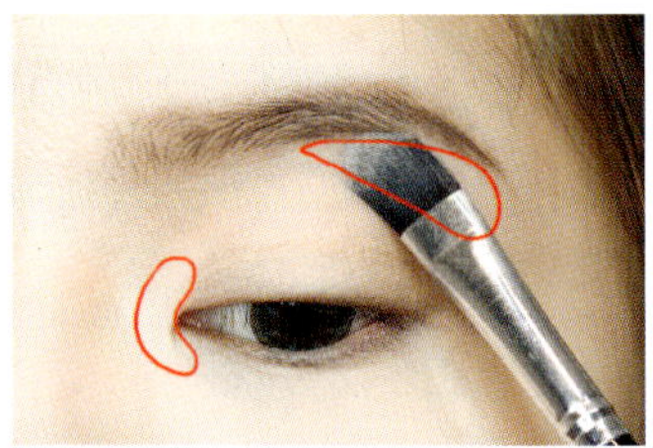

3 하이라이터를 눈 앞머리에서 손가락으로 눌러 움푹 들어가는 부분과 눈썹 뼈에 발라요.

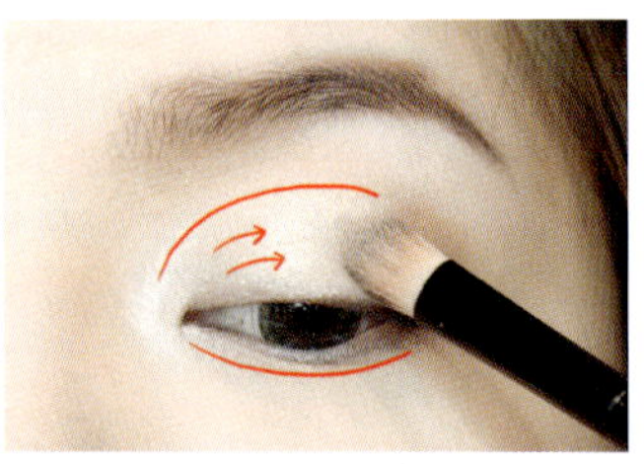

4 4번 아이섀도를 눈두덩에 발라요. 손가락 힘을 조절하며 눈두덩 앞부분은 진하게, 뒤로 갈수록 연하게 발라요. 언더라인도 발라요.

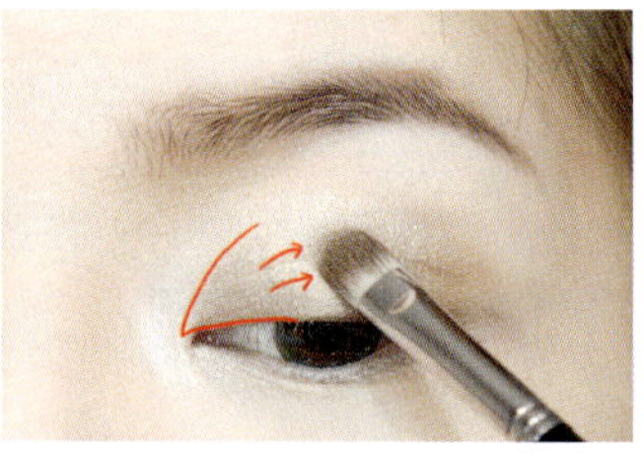

5 5번 아이섀도를 눈 앞머리에서부터 중앙으로 갈수록 힘을 빼면서 2~3회 발라요.

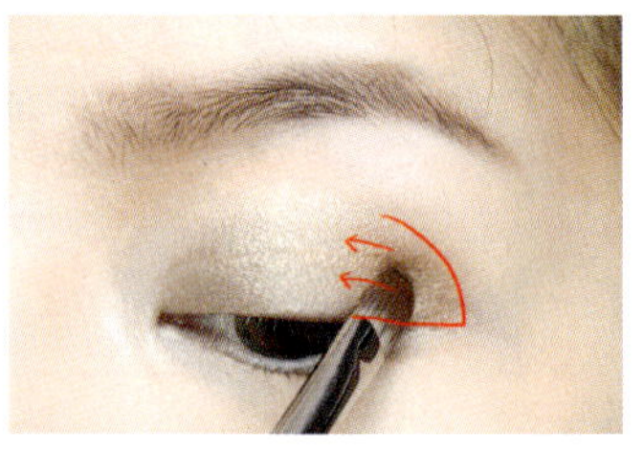

6 7번 아이섀도를 눈꼬리부터 눈 중앙으로 힘을 빼면서 2~3회 발라요.

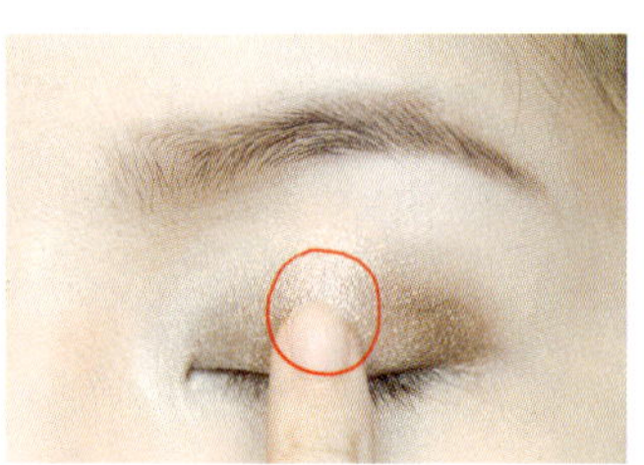

7 손가락에 6번 아이섀도를 묻혀요. 눈두덩 가운데에 발라 볼륨감을 줘요. 눈두덩에 지방이 많은 홑꺼풀은 이 과정을 생략하세요.

쌍꺼풀   홑꺼풀

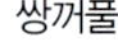
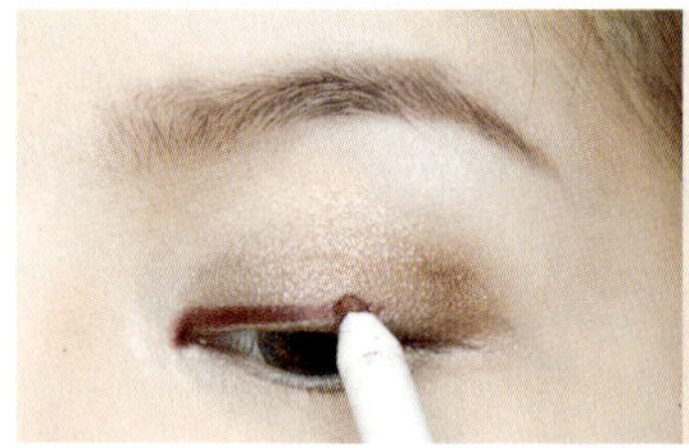
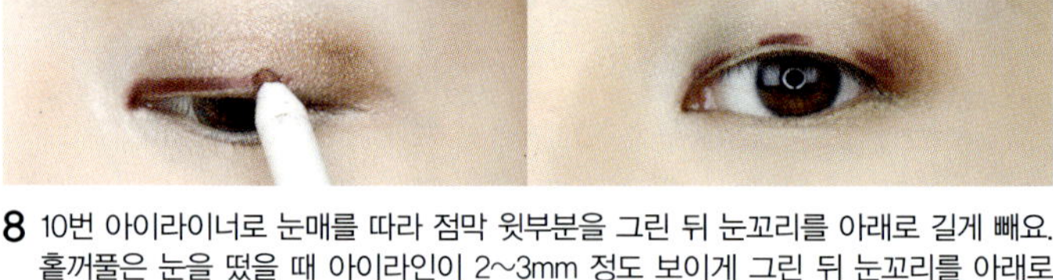

8 10번 아이라이너로 눈매를 따라 점막 윗부분을 그린 뒤 눈꼬리를 아래로 길게 빼요. 홑꺼풀은 눈을 떴을 때 아이라인이 2~3mm 정도 보이게 그린 뒤 눈꼬리를 아래로 길게 빼요.

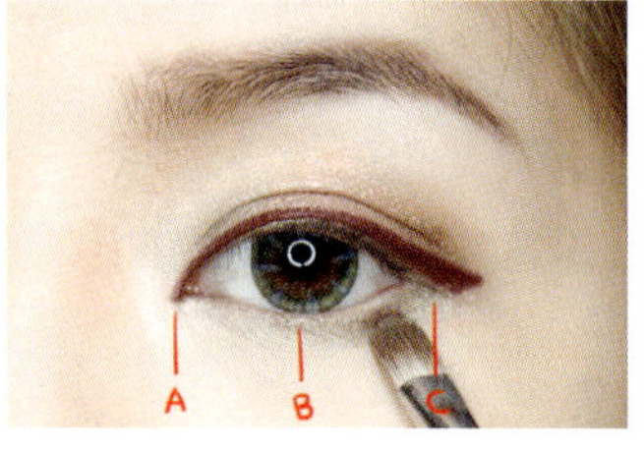

9 언더라인을 눈동자를 중심으로 3등분 해요. 4번 아이섀도를 A~B 구간에 바른 뒤 B~C 구간에 5번 아이섀도를 발라요.

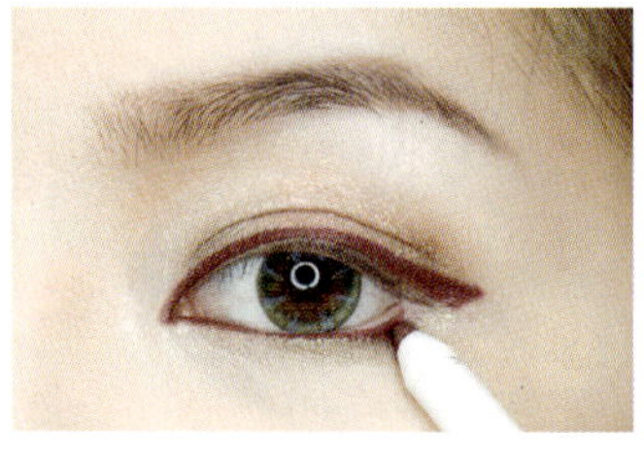

10 10번 아이라이너로 눈 밑 점막을 채워요.

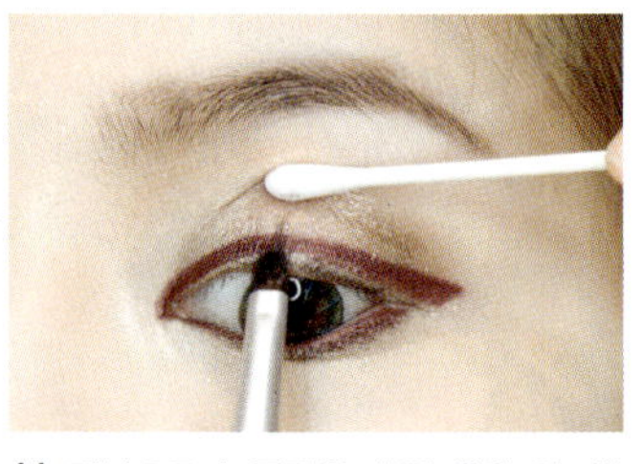

11 면봉으로 눈두덩을 살짝 올린 뒤 1번 아이라이너로 점막을 채워요.

12 1번 아이라이너로 아이라인을 따라 속눈썹 윗부분을 채워요. 눈꼬리는 위로 빼 그려놓은 라인과 연결해요.

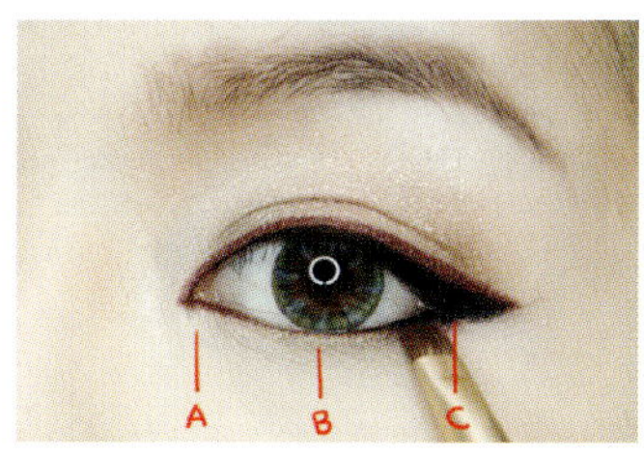

13 B~C 구간에 1번 아이라이너를 발라요. 7번 아이섀도를 덧발라 경계선을 없애요.

14 마스카라로 아래 속눈썹을 발라요.

쌍꺼풀　　　　　　　　　홑꺼풀

15 끝으로 갈수록 길고 풍성한 인조 속눈썹을 붙여요. 눈꼬리가 깊고 길어 보여요.

CHEEK

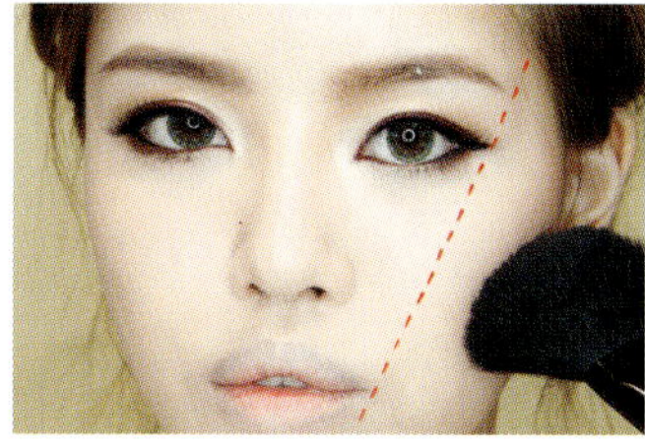

16 3번 블러셔로 입꼬리와 눈썹 끝을 연결하는 가이드라인을 그려요.

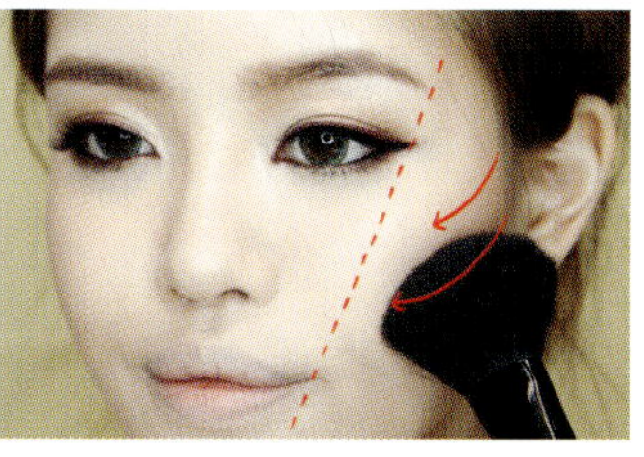

17 3번 블러셔를 얼굴 바깥쪽에서 안쪽으로 발라요.

LIP

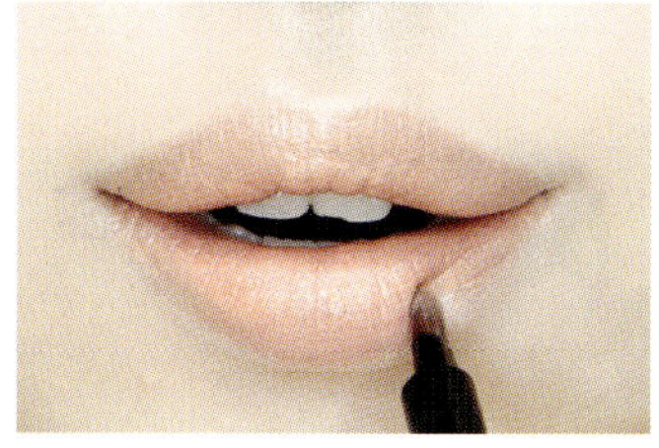

18 립 브러시에 8번 립스틱을 묻혀 입술 전체에 발라요.

19 입술 중앙에 9번 립스틱을 발라요.

20 깨끗한 립 브러시로 경계선을 가볍게 문질러요. 경계선이 흐려지고 번지면서 자연스러워 보여요.

클럽 메이크업

눈도 반짝, 입술도 반짝이는 블링블링 메이크업으로 클럽 퀸에 도전해봐요. 아이라인을 두껍게 그려 그러데이션한 뒤 블루 컬러 계열의 펄 섀도를 발라 포인트를 줘요. 눈 화장을 강조한 대신 입술은 내추럴 누드 컬러로 톤 다운시켜요. 얼굴이 전체적으로 반짝이면 번들거림이 과해 기름져 보일 수 있으니 펄이 없는 블러셔로 깔끔하게 마무리해요.

개코's 아이템

1 은은한 펄 감의 톤 다운된 레드 컬러 블러셔

2 파란색 펄 감의 블랙 컬러 아이섀도

3 보라색 펄 감의 블랙 컬러 아이섀도

4 초록색 펄 감의 블랙 컬러 아이섀도

5 화려한 펄 감의 피치베이지 컬러 아이섀도

6 중간 톤 음영 섀도

7 피치베이지 컬러 립스틱

8 은은한 펄 감의 투명한 립글로스

9 그레이 컬러 렌즈

10 눈꼬리가 길고 모가 풍성한 속눈썹

11 블랙 컬러 젤 아이라이너

EYE

1 아이브로 펜슬로 눈썹 산을 뾰족하게 그려요.

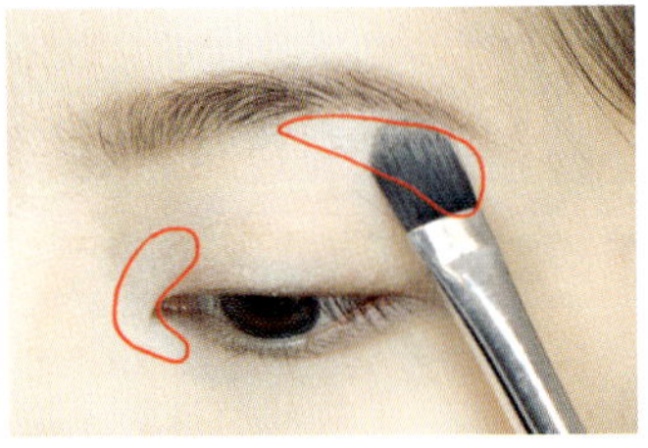

2 하이라이터를 눈 앞머리와 눈썹 뼈에 2~3회 발라요. 눈 앞머리가 시원하게 트여 보여요.

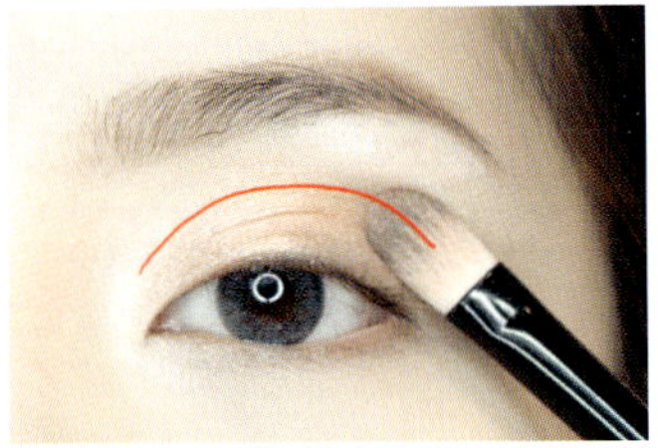

3 5번 아이섀도를 눈두덩에 3~4회 넓게 펼쳐 발라요.

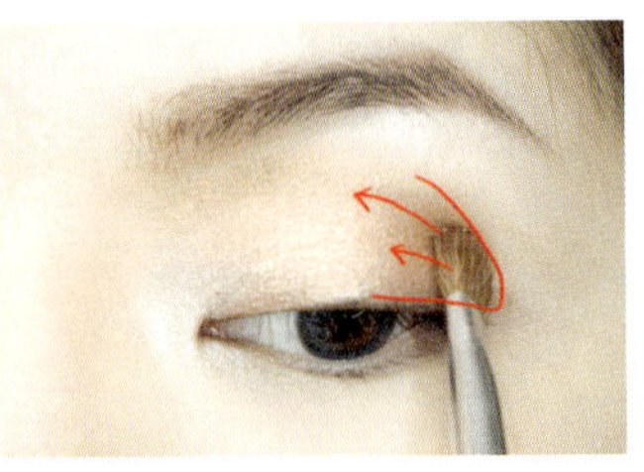

4 6번 아이섀도를 표시한 부분에 뒤에서 앞으로 쓸어주듯 발라요.

쌍꺼풀   홑꺼풀

5 7번 젤 아이라이너를 쌍꺼풀 라인 안쪽에 발라요. 홑꺼풀은 눈을 떴을 때 2~3mm 정도 보이게 발라요.

쌍꺼풀   홑꺼풀

6 젤 아이라이너가 마르기 전에 아이라이너 브러시로 경계선을 문지르며 자연스럽게 그러데이션해요.

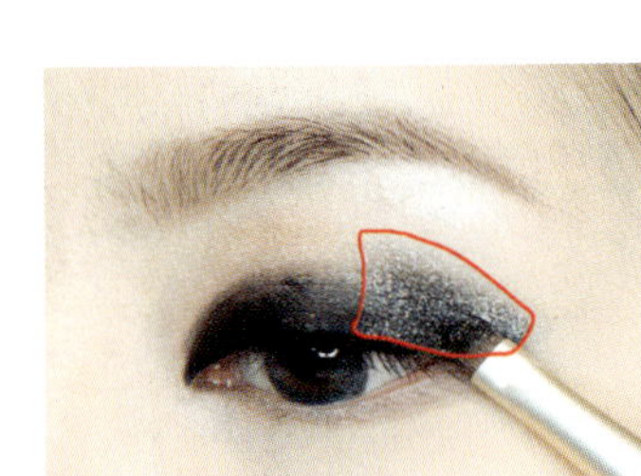

7 눈두덩 끝부분에 3번 아이섀도를 누르듯이 발라요. 펄 아이섀도를 바를 때 미스트를 적신 브러시를 사용하면 가루 날림이 줄고 펄이 화려해 보여요.

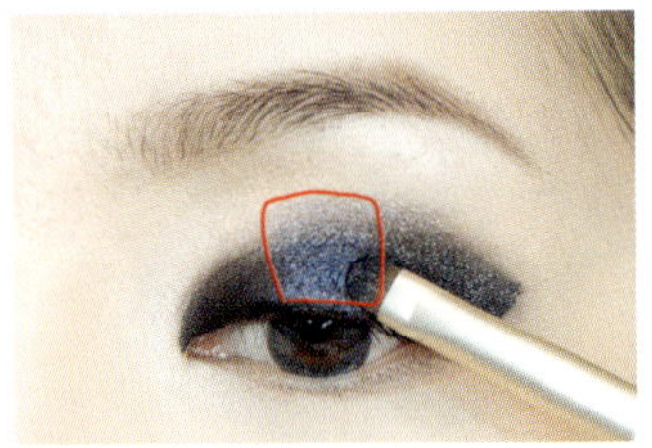

8 깨끗한 브러시에 미스트를 1~2회 뿌려요. 2번 아이섀도를 묻혀 눈두덩 중간 부분에 발라요.

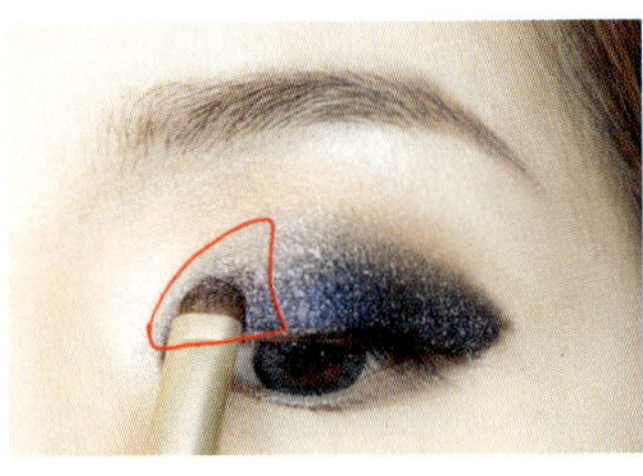

9 깨끗한 브러시에 미스트를 1~2회 뿌려요. 4번 아이섀도를 묻혀 눈두덩 앞부분에 발라요.

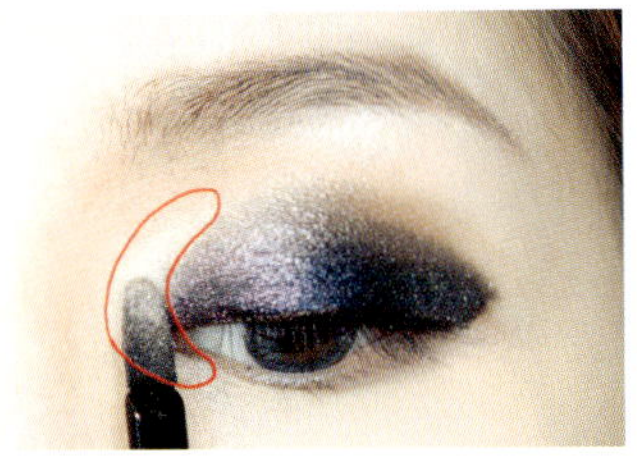

10 표시한 부분에 펄감이 있는 화이트 컬러 아이섀도 혹은 하이라이터를 발라요.

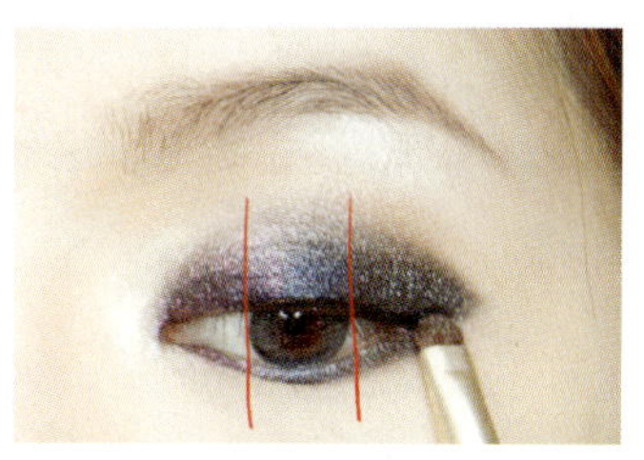

11 눈두덩 컬러에 맞춰 언더라인을 나눈
뒤 언더라인에 맞춰 발라요.

12 모가 길고 풍성한 속눈썹을 붙여요. 화려한 눈매로 변신했어요.

CHEEK

13 1번 블러셔를 얼굴 바깥에서 안쪽으
로 부드럽게 발라요.

LIP

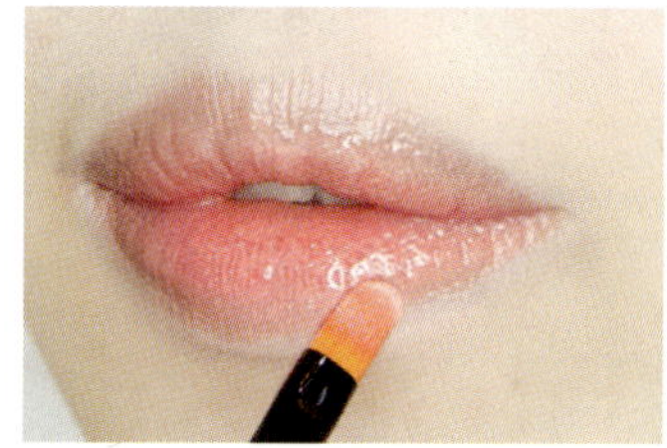

14 7번 립스틱을 입술 전체에 바른 뒤
8번 립 글로스를 덧발라요.

개코's tip

아이라인 얇게 그려 클럽 메이크업 하기

1 눈두덩에 음영 섀도를 발라 눈매를 깊게 연출해요.
2 쌍꺼풀 라인 안쪽에 젤 아이라이너를 그려요. 홑꺼풀은
눈을 떴을 때 3mm 정도 보이게 그린 뒤 젤 아이라이너가
마르기 전에 섀도를 바르고 속눈썹을 붙여 마무리!

셀프 웨딩 신부 메이크업

둘만의 추억과 설렘을 담은 셀프 웨딩 촬영. 신부 메이크업은 핑크 컬러를 사용해 화사함을 강조하는 게 포인트! 아이라인과 언더라인에 핑크 코럴 섀도를 바른 후 블러셔를 발라 사랑스럽고 수줍은 이미지를 연출해요. 사진은 실제 얼굴보다 흐릿하게 나오기 때문이에요. 전체적으로 평소보다 두 배 정도 진하게 메이크업해야 사진을 찍으면 자연스러워 보여요. 수정 메이크업을 하기 힘든 야외 촬영 때는 크림 블러셔를 바른 뒤 가루 블러셔를 덧발라 지속력을 높이세요.

개코's 아이템

1 핑크 빔 블러셔

2 펄 감이 있는 연한 핑크베이지 컬러 크림 섀도

3 화려한 펄 감의 핑크베이지 컬러 아이섀도

4 연한 코럴 컬러 아이섀도

5 은은한 펄 감의 진한 카멜 컬러 아이섀도

6 은은한 펄 감의 옐로골드 컬러 아이섀도

7 핑크 컬러 크림 블러셔

8 펄 감이 있는 어두운 버건디 컬러 아이섀도

9 중간 톤 음영 섀도

10 블랙 컬러 젤 아이라이너

11 브라운 컬러 젤 아이라이너

12 핫핑크 립틴트

13 톤 다운된 촉촉한 핑크 컬러 립스틱

14 밝은 브라운 컬러 렌즈

15 자연스럽고 모가 풍성한 속눈썹

EYE

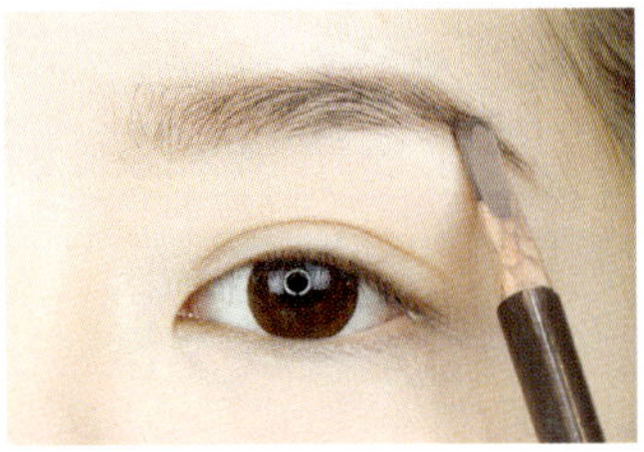

1 아이브로 펜슬로 눈썹 모양을 잡아준 뒤 눈썹 결을 따라 힘을 빼고 그려요.

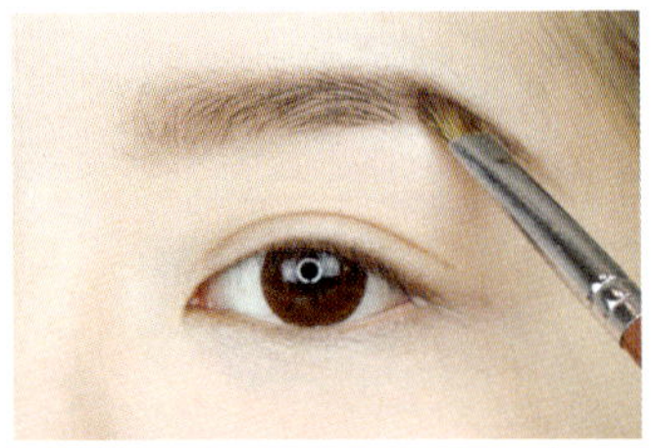

2 아이브로 브러시에 9번 아이섀도를 묻혀 눈썹을 채워요.

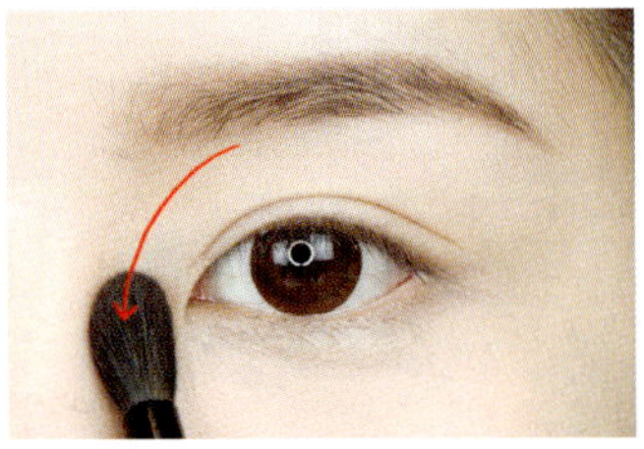

3 9번 아이섀도를 눈썹 앞머리부터 콧대를 따라 쓸어요. 사진을 찍었을 때 이목구비가 더 뚜렷해 보여요.

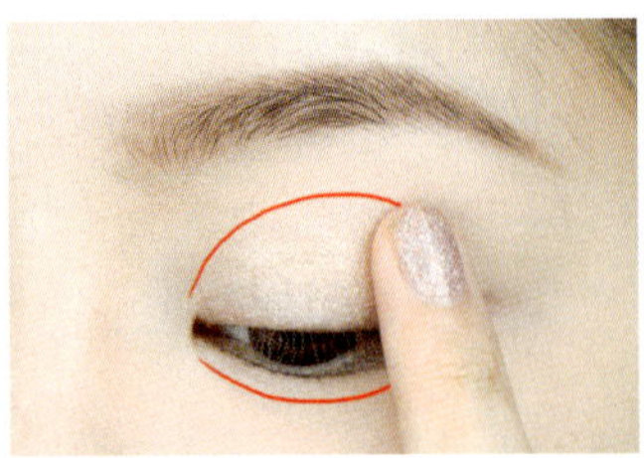

4 손가락에 2번 크림 섀도를 묻혀 아이홀에 바른 뒤 언더라인에도 발라요.

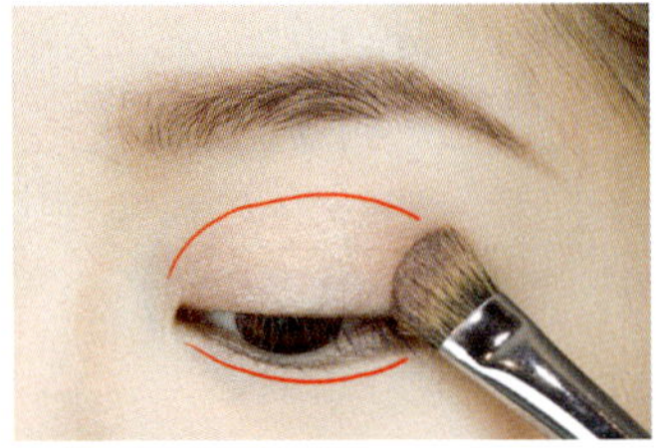

5 4번 아이섀도를 눈두덩에 바른 뒤 언더라인에 발라요.

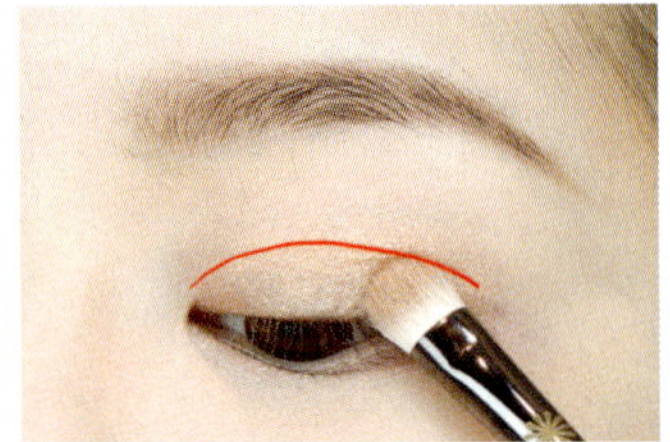

6 6번 아이섀도를 묻혀 쌍꺼풀 라인 안쪽에 발라요. 홑꺼풀은 눈을 떴을 때 5mm 정도 보이게 바른 뒤 경계만 살짝 그러데이션해요.

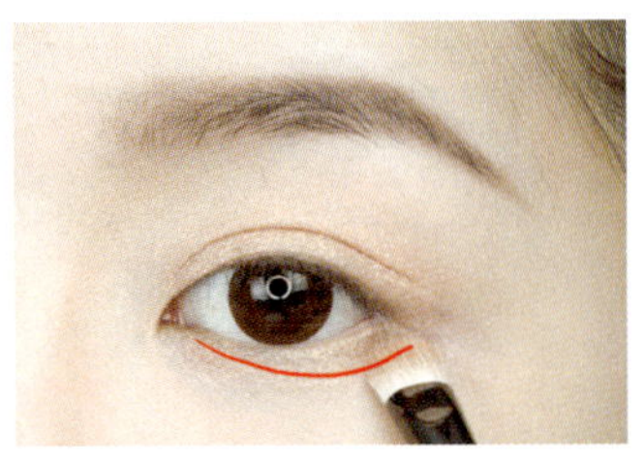

7 언더라인에도 발라 화사함을 더해요.

쌍꺼풀   홑꺼풀

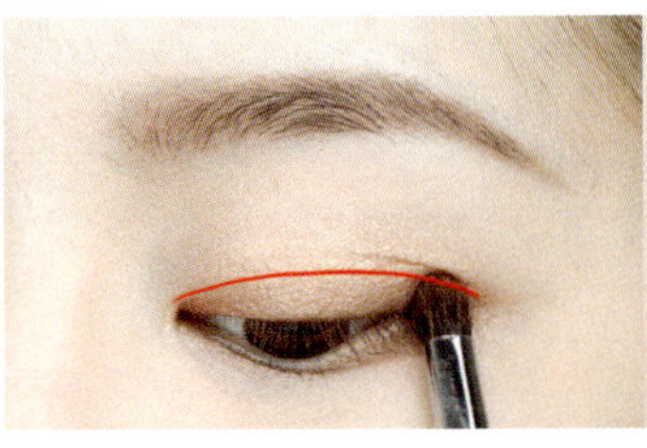
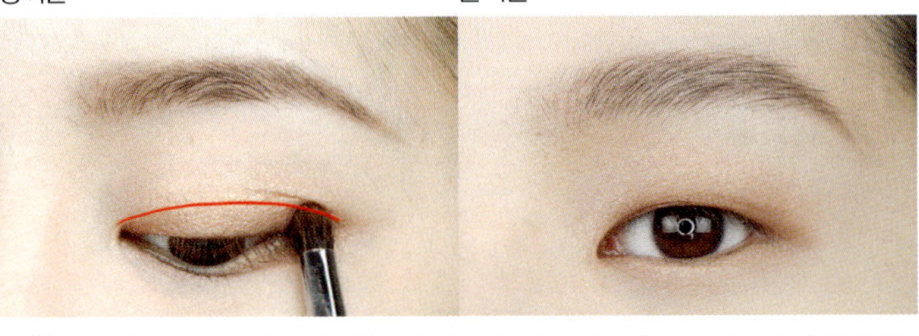

8 쌍꺼풀 라인 2/3에 5번 아이섀도를 발라요. 홑꺼풀은 눈을 떴을 때 아이섀도가 2~3mm 정도 보이게 바른 뒤 경계는 풀지 않아요.

쌍꺼풀   홑꺼풀

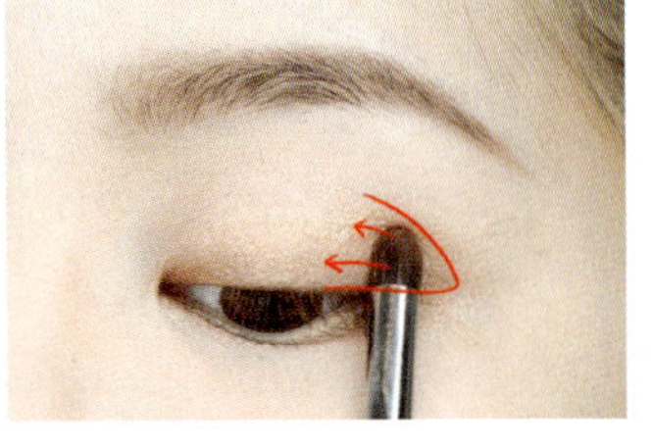

9 브러시에 남아 있는 양으로 표시된 부분을 쓸어요. 눈이 입체적이고 깊이 있어 보여요.

10 10번, 11번 젤 아이라이너를 3:1 비율로 채워요. 점막을 채운 뒤 눈썹을 채워 아이라인을 그려요. 홑꺼풀은 눈을 떴을 때 아이라인이 1mm 정도 보이게 그려요.

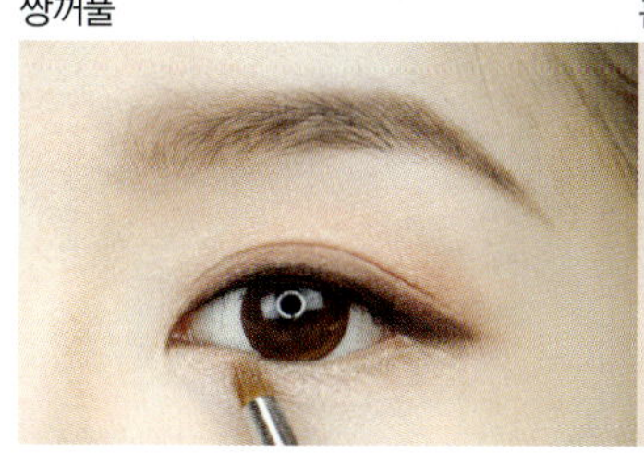
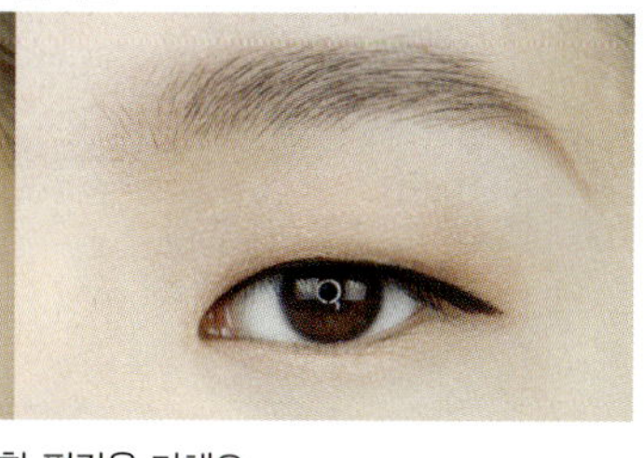

11 눈꼬리를 수평으로 5mm 정도 뺀 뒤 8번 아이섀도로 그려놓은 아이라인 절반에 덧그려요.

12 3번 아이섀도를 언더라인에 발라 화사한 펄감을 더해요.

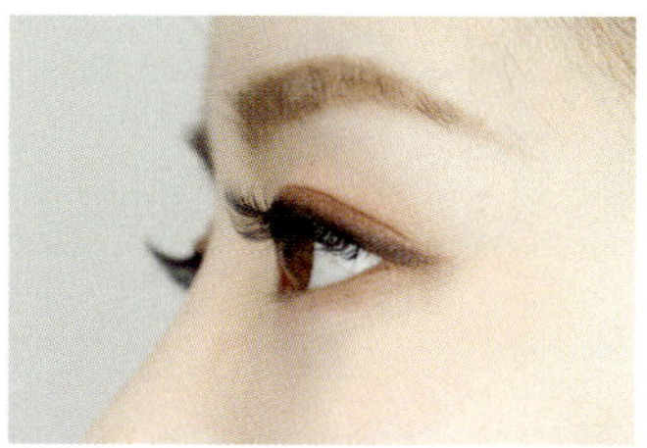

13 속눈썹을 붙인 뒤 풀이 마르기 전에 손가락이나 뷰러 윗부분으로 인조 속눈썹을 들어 위로 고정해요.

14 속눈썹이 눈두덩을 덮을 정도로 높게 컬링해요. 속눈썹을 평소보다 바짝 올려야 정면에서도 속눈썹이 잘 보이고 눈이 커 보여요.

15 마스카라를 인조 속눈썹과 내 속눈썹에 함께 바른 뒤 언더라인에도 발라요. 눈이 위아래로 커 보여요.

CHEEK

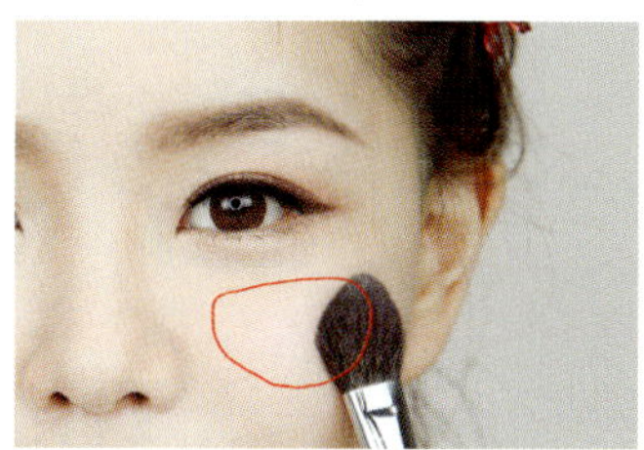

16 손가락에 7번 크림 블러셔를 평소보다 두 배 정도로 진하게 찍어 발라요.

17 브러시에 1번 블러셔를 묻혀 웃을 때 튀어나오는 앞광대 부분에 발라요.

LIP

18 립 브러시에 13번 립스틱을 묻혀 입술 전체에 발라요.

19 12번 립 틴트를 입술 중앙에 발라요. 틴트가 입술에 착색되어 지속력이 높아지고 글로시한 광택감도 살릴 수 있어요.

20 립 브러시로 경계를 풀어요.

셀프 웨딩 신랑 메이크업

긴장감, 조명 때문에 피부색이 창백해 보일 수 있으니 신랑에게도 자연스러운 피부 화장이 필요해요. 피부 톤과 같거나 한 톤 어두운 파운데이션을 바른 뒤 루스 파우더로 얼굴을 가볍게 쓸어 유분기를 정리해요. 미간과 눈썹 밑 부분 잔털을 깨끗하게 밀면 깔끔하고 젠틀한 이미지로 변신 완료!

개코's 아이템

1 브라운 컬러 아이브로펜슬
2 투명 마스카라 또는 마스카라 픽서
3 톤 다운된 촉촉한 코럴 컬러 립스틱
4 은은한 펄 감의 하이라이터
5 붉은 기가 없는 중간 톤 셰딩
6 중간 톤 음영 셰도
7 유분기를 잡는 파우더
8 컨실러
9 파운데이션

EYE

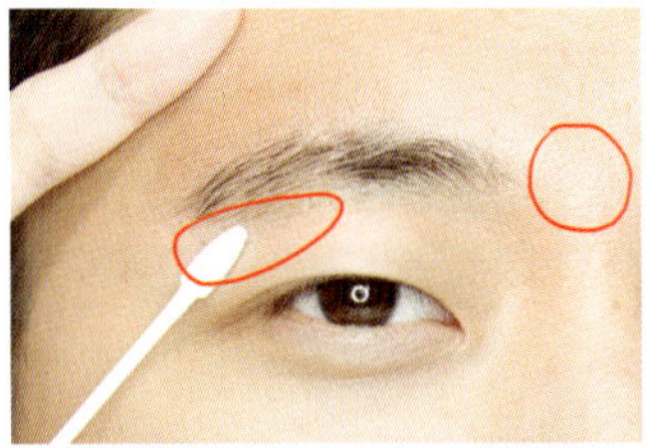

1 눈썹을 정리할 부분에 바세린 혹은 수분크림을 발라요. 피부에 상처가 나지 않고 매끄럽게 밀려요.

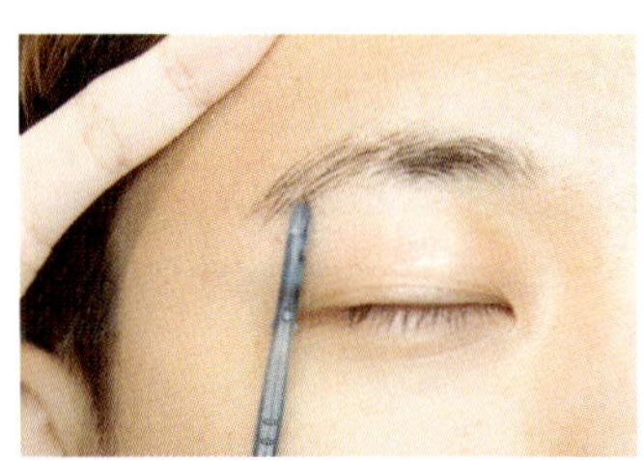

2 눈썹칼로 표시된 부분을 밀어요. 눈썹 윗부분에 난 잔털은 밀지 않는 게 좋아요. 눈썹 뼈가 돌출돼 부자연스러워 보여요.

3 컨실러 브러시에 8번 컨실러를 묻혀 다크서클이나 입 주변 색소 침착을 가려요.

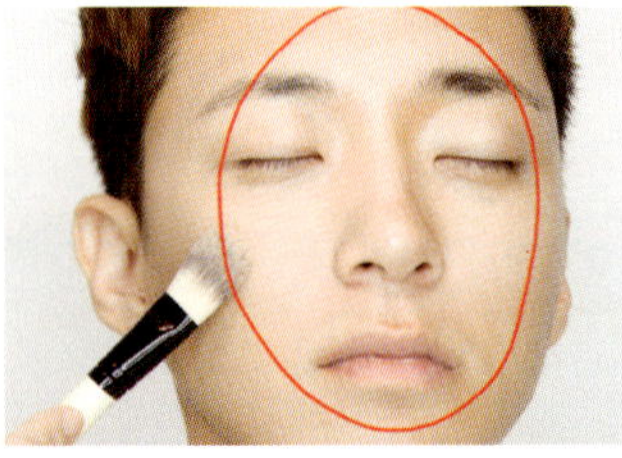

4 피부 톤과 같거나 한 톤 어두운 9번 파운데이션을 얼굴 중앙에 얇게 펼쳐 발라요. 사진에는 얼룩덜룩한 부분이 더 강조되니 컬러 선택에 특히 신경 쓰세요.

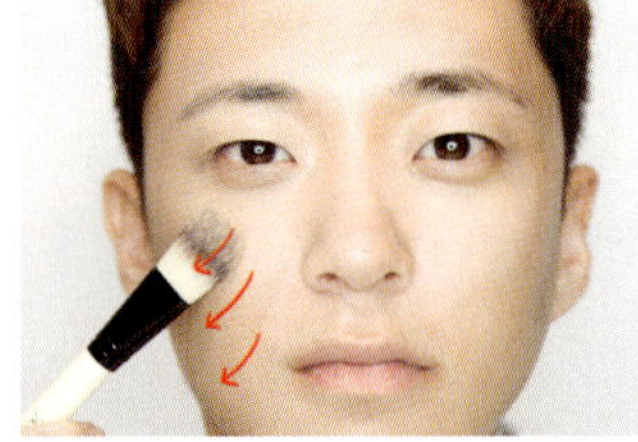

5 브러시에 남아 있는 파운데이션으로 경계 부분을 쓸어 피부 톤을 정리해요.

6 8번 컨실러 브러시로 잡티 위를 콕 찍어요.

7 브러시에 루스 파우더를 묻혀 얼굴을 가볍게 쓸어요. 유분기를 정리해 화장 지속력을 높여요.

8 퍼프로 눈가를 꾹꾹 눌러 유분기를 확실하게 잡아요.

9 언더라인도 퍼프로 꾹꾹 눌러요. 안경을 쓴다면 콧대와 눈 앞머리 사이도 퍼프로 꾹꾹 눌러 파운데이션이 밀리지 않도록 고정해요.

10 스크루 브러시로 눈썹 결대로 쓸며 눈썹을 정리해요.

11 1번 아이브로 펜슬로 눈썹 결을 따라 빈 공간을 채워요. 눈썹 방향대로 그려야 자연스러워 보여요.

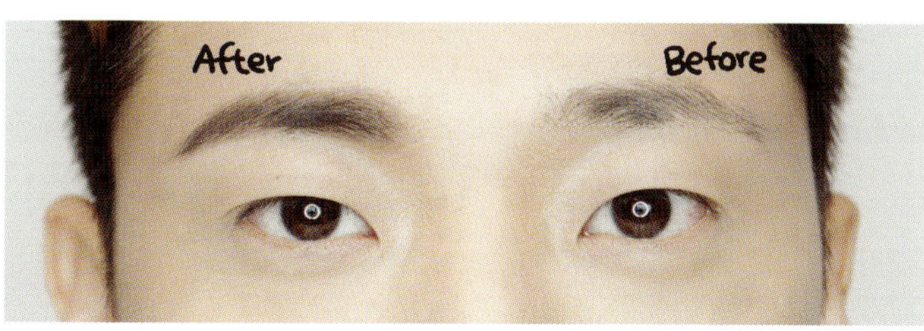

12 6번 아이섀도로 가볍게 눈썹을 채워요.

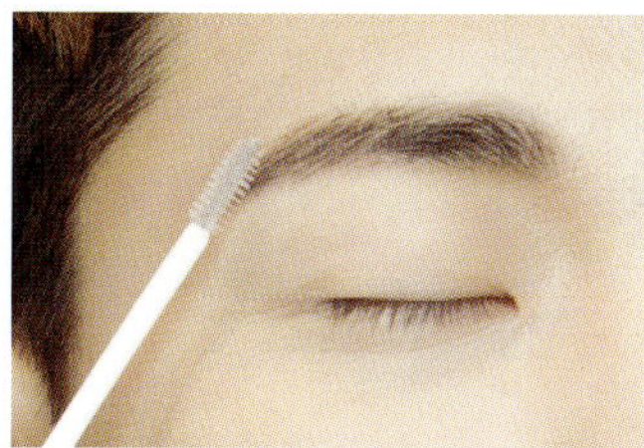

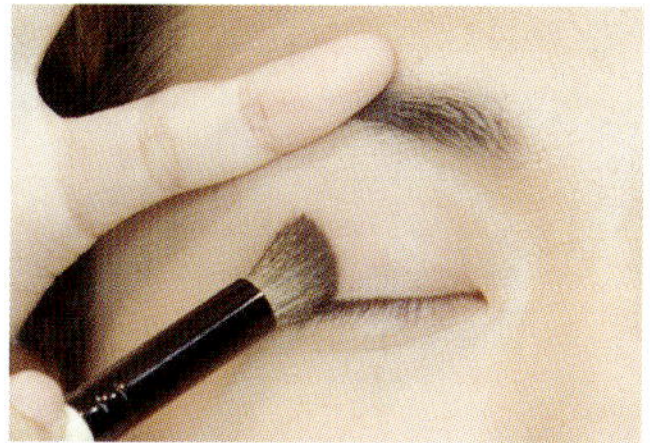

13 6번 아이섀도로 눈썹 앞머리부터 콧대를 따라 쓸며 음영을 넣어요.

14 2번 투명 마스카라로 눈썹 결을 따라 빗으며 눈썹을 고정해요.

15 브러시에 6번 아이섀도를 묻혀 눈두덩을 한 번만 쓸어 음영을 줘요. 덧바르면 눈이 퀭해 보일 수 있어요.

LIP

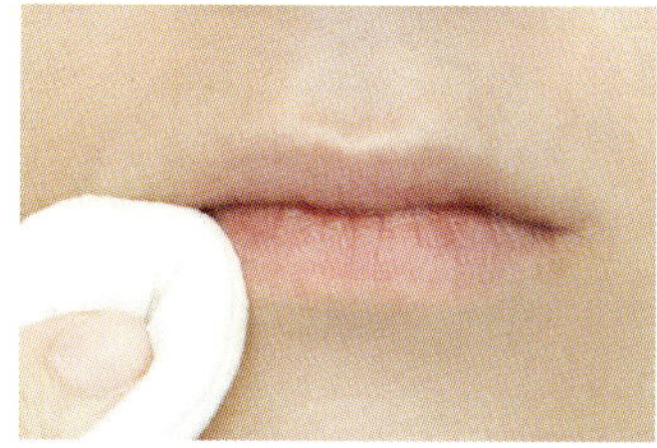

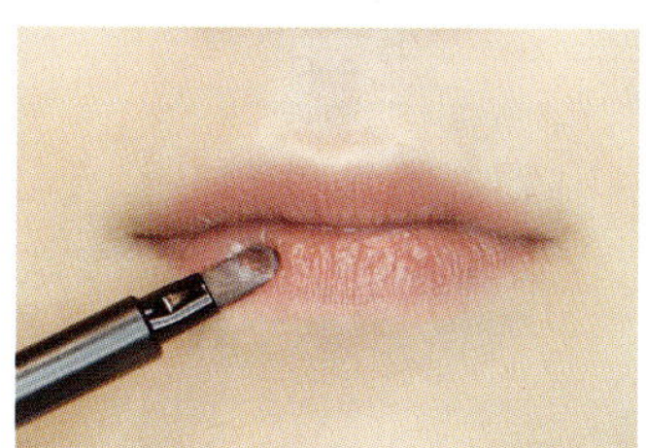

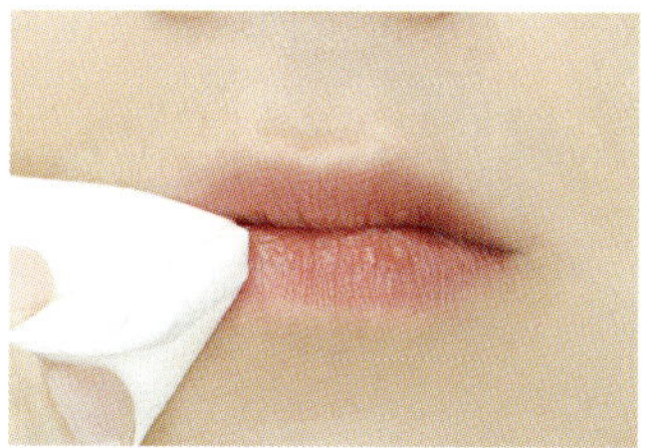

16 파운데이션이 뭉치거나 들뜨지 않게 7번 파우더로 입술 주변을 눌러요.

17 립 브러시에 혈색과 비슷한 3번 립스틱을 바른 뒤 5분 정도 방치해요.

18 티슈로 닦아내면 자연스럽게 혈색 있는 입술을 연출할 수 있어요.

HIGHLIGHT

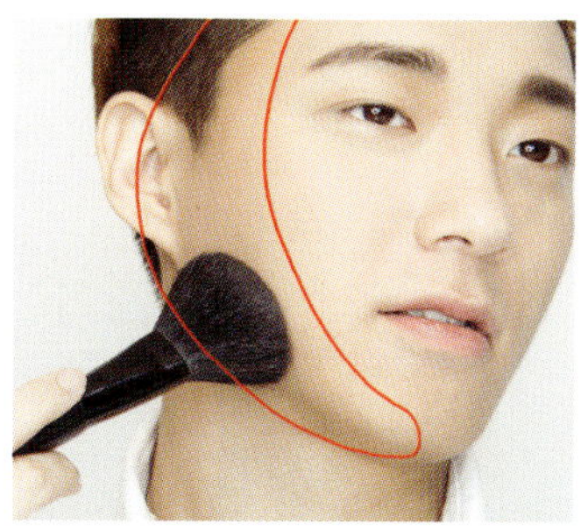

19 눈썹 윗부분과 콧대에 펄이 없는 4번 하이라이터를 발라 입체감을 줘요. 펄이 있는 제품을 사용하면 사진 찍었을 때 바른 곳만 빛나 부자연스러워 보여요.

20 5번 섀딩으로 턱선을 따라 섀딩해요.

3.
홑꺼풀 커버 메이크업

쌍꺼풀이 없어서 눈 화장을 제대로 할 수 없다는 투정은 이제 그만! 아이라인만 완벽하게 그려도 또렷하고 큰 눈으로 변신할 수 있어요. 홑꺼풀 유형별로 단점을 보완하고 장점을 부각시키는 메이크업 튜토리얼을 소개할게요. 크고 진한 쌍꺼풀녀도 부러워할 만한, 보면 볼수록 매력적인 홑꺼풀의 치명적인 눈매에 빠져볼까요?

커버 메이크업 3···180P
커버 메이크업 4···184P

눈과 눈썹 사이가 먼 홑꺼풀

홑꺼풀에 포인트를 주는 메이크업 방법은 보통 두 가지예요. 아이라인을 두껍게 그리거나 눈꼬리를 길게 빼는 것. 눈과 눈썹 사이가 먼 홑꺼풀은 이 두 가지 방법을 모두 이용했어요. 눈두덩에 음영을 넣어 눈매를 깊고 입체적으로 표현한 뒤 은은하고 차분한 아이섀도를 발라요. 언더라인 전체를 어두운 컬러로 덮으면 눈이 답답해 보이니 앞부분만 발라 시원하게 트인 눈매를 연출하세요.

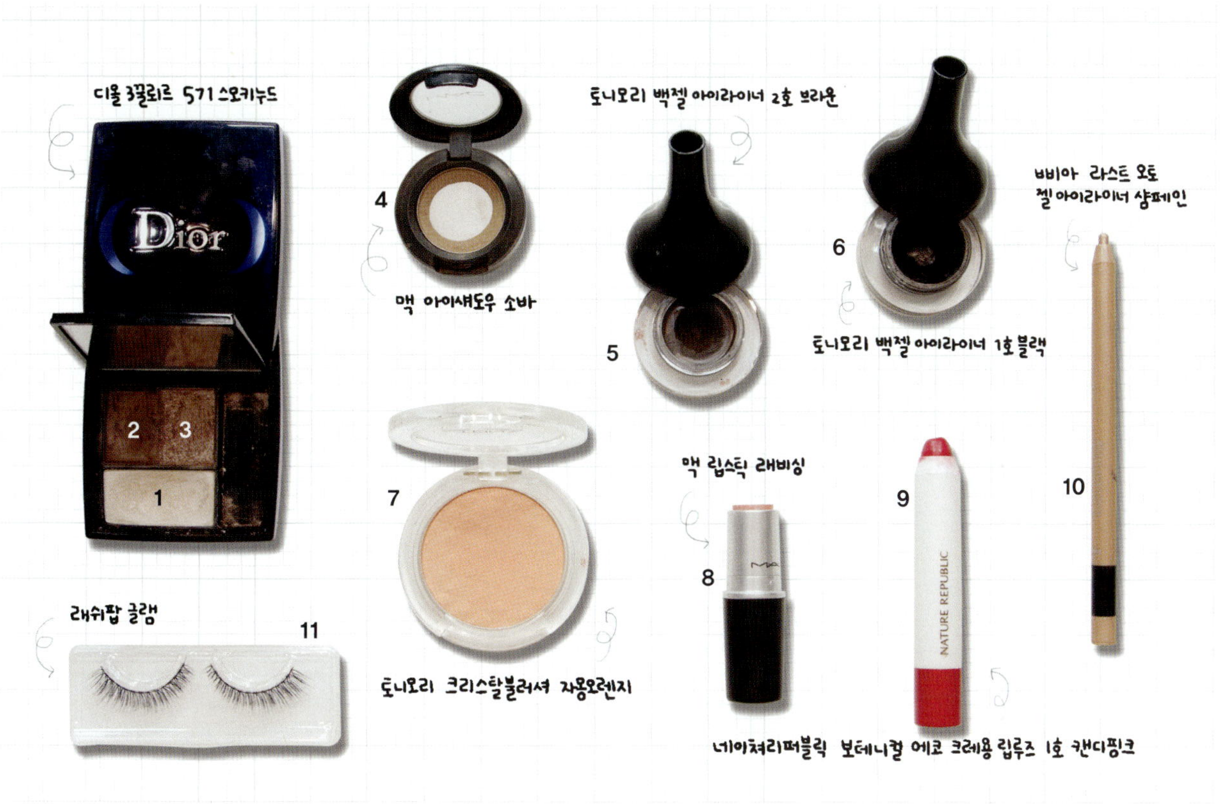

디올 3꿀뢰르 571 스모키누드

맥 아이섀도우 소바

토니모리 백젤 아이라이너 2호 브라운

비비아 라스트 오토
젤 아이라이너 샹페인

토니모리 백젤 아이라이너 1호 블랙

맥 립스틱 래비싱

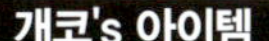

토니모리 크리스탈블러셔 자몽오렌지

래쉬팝 글램

네이쳐리퍼블릭 보테니컬 에코 크레용 립루즈 1호 캔디핑크

개코's 아이템

1 은은한 펄 감의 밝은 아이보리 컬러 베이스 섀도
2 어두운 브라운 컬러 아이섀도
3 펄 감이 있는 중간 톤 브라운 컬러 아이섀도
4 중간 톤 음영 섀도
5 브라운 컬러 젤 아이라이너
6 블랙 컬러 젤 아이라이너
7 흰빛이 섞인 오렌지코럴 컬러 블러셔
8 코럴 컬러 립스틱
9 살짝 푸른 기가 도는 핫핑크 립스틱
10 펄 감이 있는 골드 컬러 펜슬 아이라이너
11 눈꼬리가 길고 모가 풍성한 속눈썹

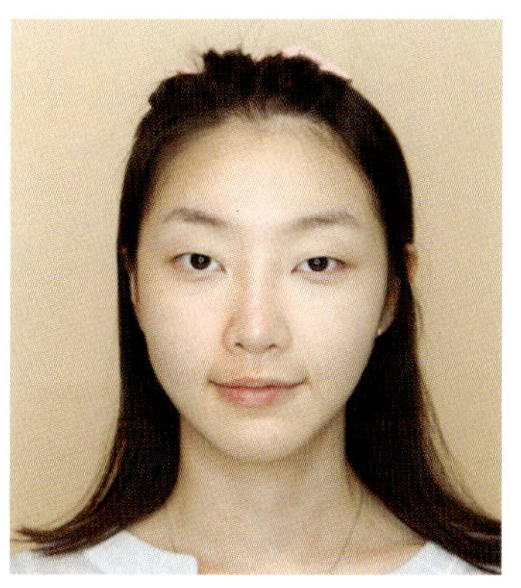

EYE

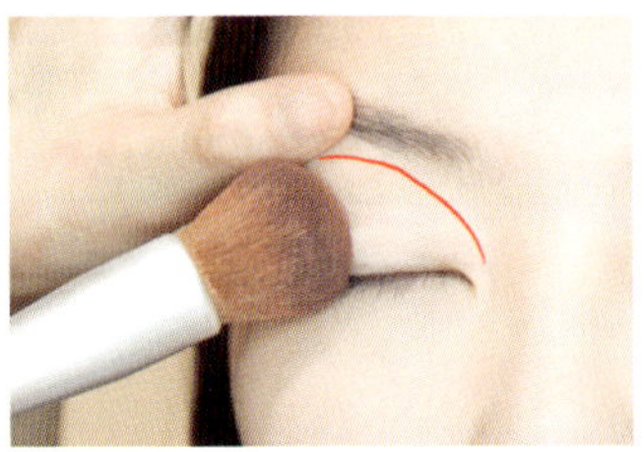

1 파우더 브러시에 노세범 파우더를 묻혀요. 눈두덩에 넓게 발라 유분기를 잡은 뒤 1번 아이섀도를 덧발라요.

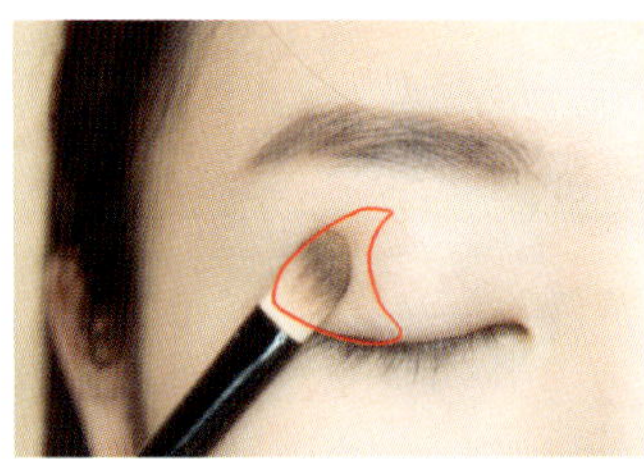

2 4번 아이섀도를 눈두덩 끝부분에만 발라요.

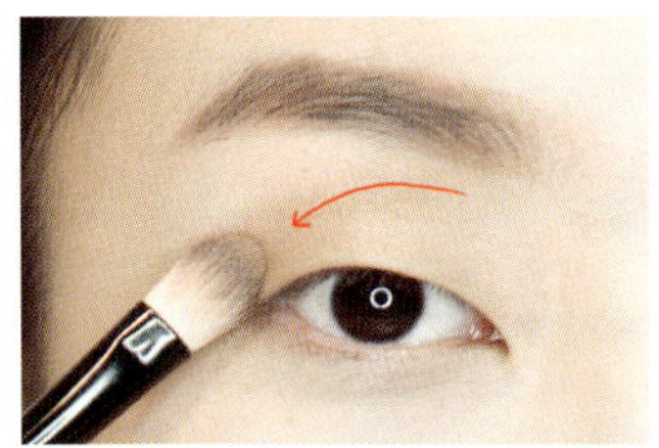

3 같은 브러시로 눈썹 앞머리와 아이 홀을 연결해요.

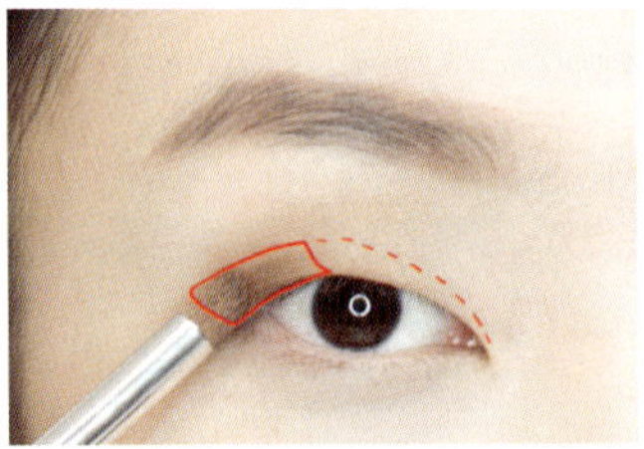

4 3번 아이섀도를 눈을 떴을 때 4~5cm 정도 보이게 끝부분에만 발라요.

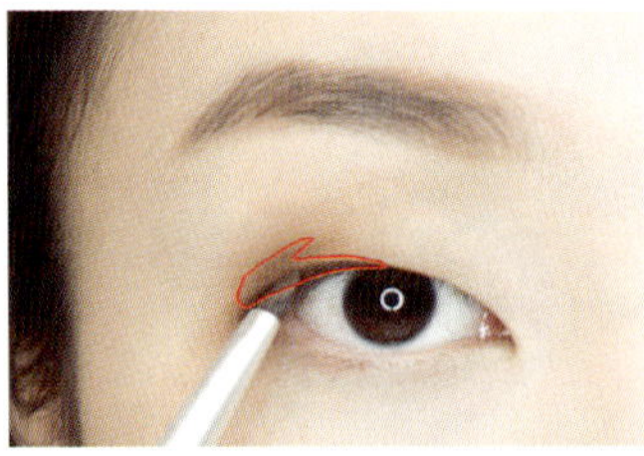

5 표시한 부분에 2번 아이섀도를 발라요.

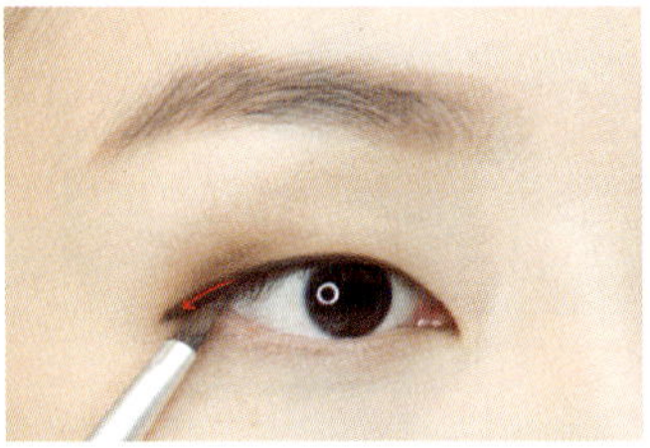

6 5번, 6번 아이라이너를 아이라이너 브러시에 묻혀 손등에서 섞은 뒤 가이드 라인을 따라 그려요.

7 6번 아이라이너를 눈 위 점막과 속눈썹 윗부분에 발라요. 눈이 크고 또렷해 보여요.

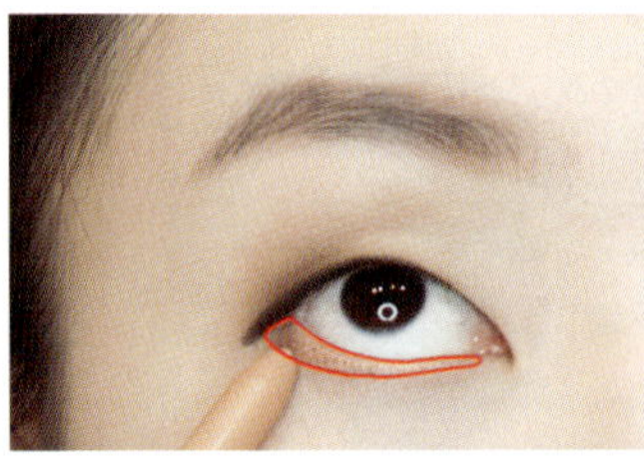

8 10번 아이브로 펜슬을 언더라인에 꼼꼼하게 발라요.

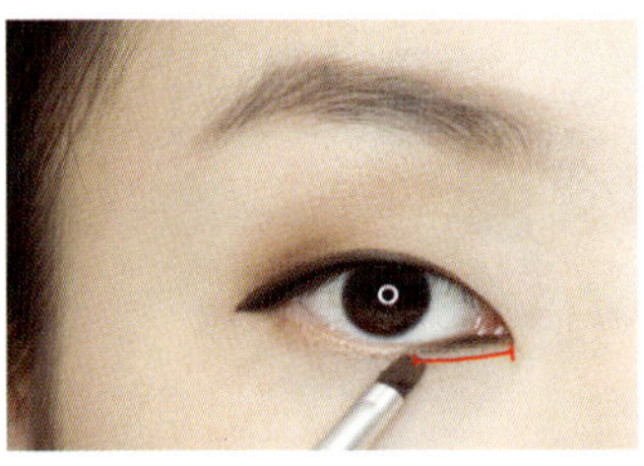

9 5번 아이라이너를 눈 밑 점막 앞부분에 발라 트인 눈매를 연출해요.

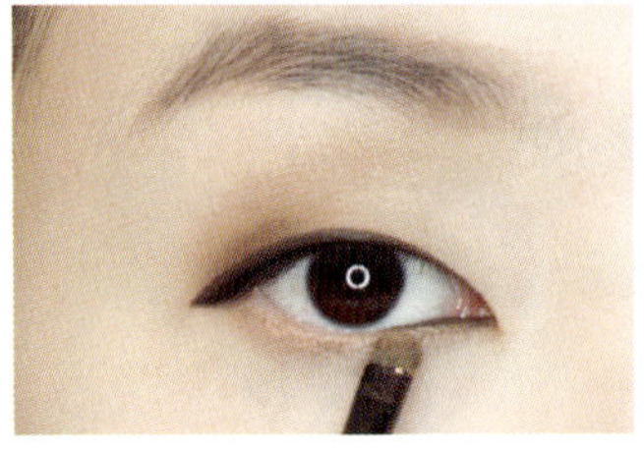

10 2번 아이섀도를 언더라인 앞부분에 덧발라요.

11 모의 길이가 8mm 정도 되는 자연스러운 인조 속눈썹을 붙여요.

CHEEK

12 7번 블러셔를 볼 중앙부터 관자놀이까
지 둥글게 2회 정도 굴려요.

LIP

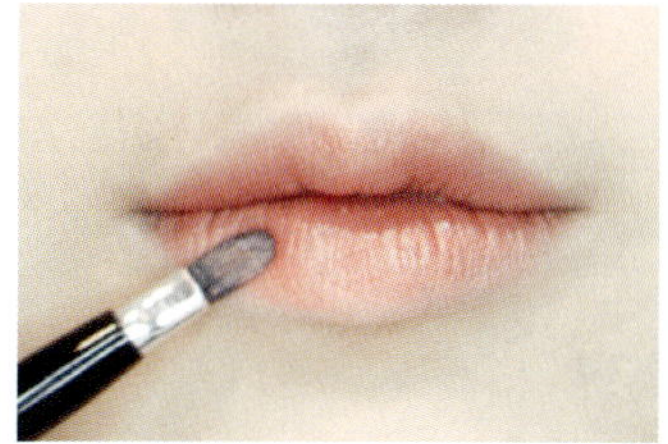

13 립 브러시에 8번 립스틱을 묻혀 입술
전체에 발라요.

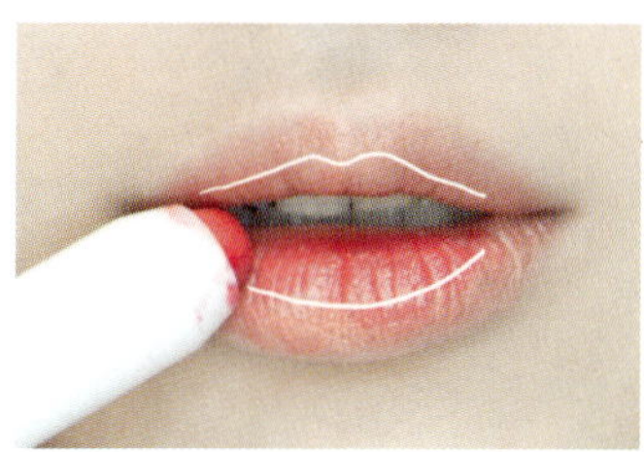

14 9번 립스틱을 입술 안쪽에 발라요.

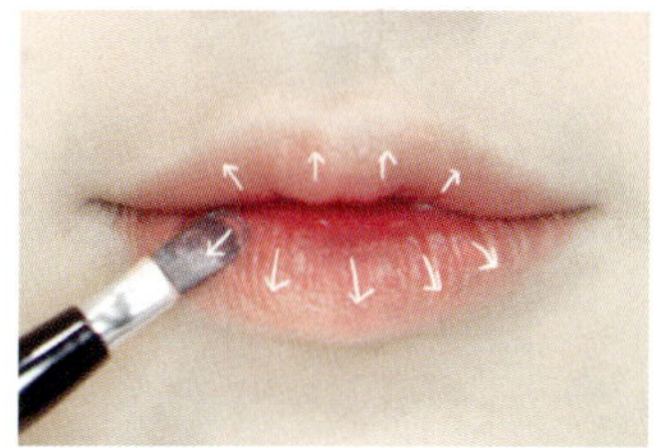

15 깨끗한 립 브러시로 안에서 바깥쪽으
로 펴 발라요. 두 가지 컬러가 자연스
럽게 어우러져요.

홑꺼풀 음영 섀도 브러시 선택 방법

홑꺼풀은 눈 위에 라인(쌍꺼풀)이 없기 때문에 눈
과 눈썹 사이가 멀어 보일 수 있어요. 음영 섀도
를 아이 홀에 바르면 눈과 눈썹 사이가 가깝고
눈매는 더 깊어 보이죠. 홑꺼풀에게 음영 섀도는
필수! 음영 섀도 브러시는 검지손가락 굵기의 둥
근 브러시가 좋아요. 모는 길고 힘이 없는 천연모
를 추천해요.

눈두덩에 힘이 없고
점막이 드러나는 홑꺼풀

눈꼬리가 아래로 살짝 내려가 선한 인상을 주는 홑꺼풀. 가끔 눈이 풀리거나 멍해 보인다는 오해를 받기도 하죠. 또렷하고 선명한 눈매 연출을 위해 아이라인과 인조 속눈썹은 필수! 짝눈이라면 아이라이너나 아이섀도를 두껍게 발라 눈 크기를 맞추려 하지 말고, 화사하고 시원해 보이는 화이트 컬러의 섀도로 눈매를 밝히세요.

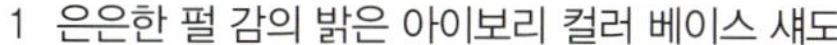

<table>
</table>

개코's 아이템	1 은은한 펄 감의 밝은 아이보리 컬러 베이스 섀도

개코's 아이템

1 은은한 펄 감의 밝은 아이보리 컬러 베이스 섀도
2 펄 감이 있는 중간 톤 브라운 컬러 아이섀도
3 어두운 브라운 컬러 아이섀도
4 살짝 푸른 기가 도는 브라운 컬러 음영 섀도
5 펄 감이 있는 화이트 컬러 크림 섀도
6 펄 감이 있는 연한 핑크베이지 컬러 크림 섀도
7 블랙 컬러 젤 아이라이너
8 브라운 컬러 젤 아이라이너
9 살짝 푸른 기가 도는 핫핑크 립스틱
10 로즈베이지 컬러 립스틱
11 웜 톤 핑크 컬러 블러셔
12 모의 길이가 10cm 이하인 자연스러운 속눈썹

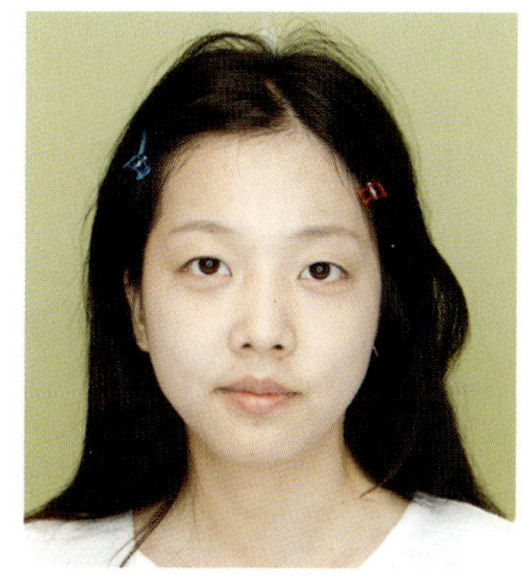

EYE

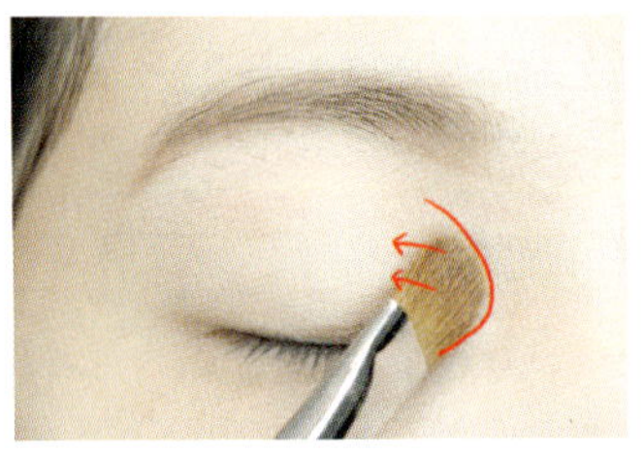

1 하이라이터를 표시한 부분에 안에서 바깥쪽으로 힘을 빼며 2~3회 쓸어요. 눈이 시원하고 트여 보여요.

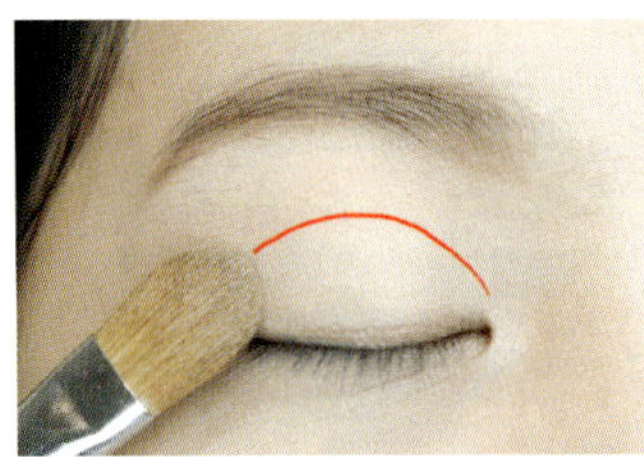

2 아이 홀에 1번 아이섀도를 발라요.

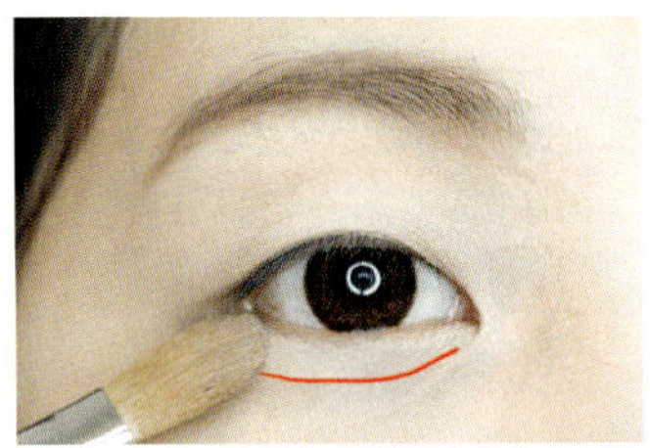

3 언더라인에도 발라요. 베이스 섀도를 바르면 눈 화장이 번지지 않아요.

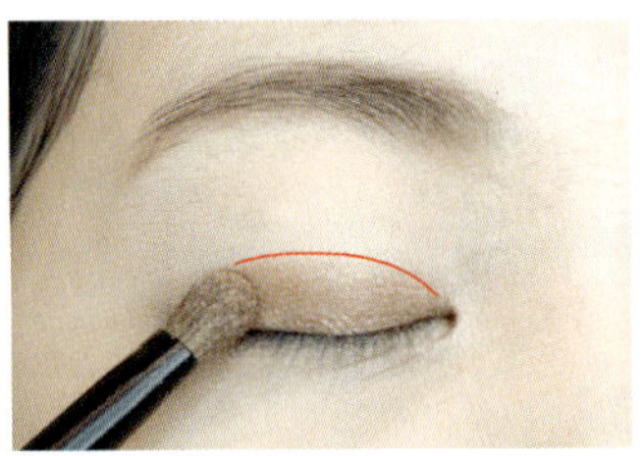

4 3번 아이섀도를 눈두덩 절반에 살짝 힘을 주어 발라요.

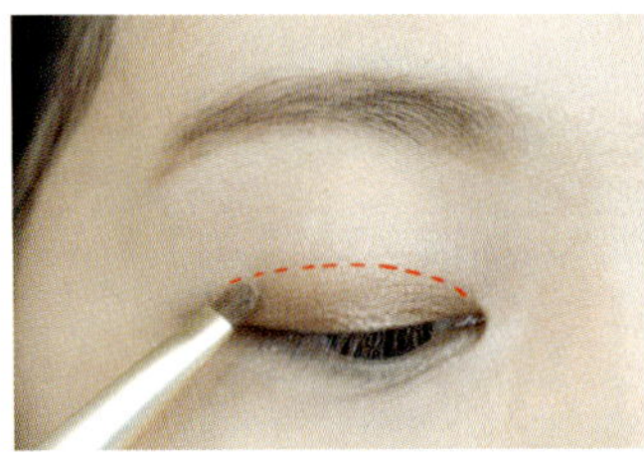

5 깨끗한 포인트 섀도로 경계 부분을 2~3회 쓸어요. 그러데이션하는 게 아니라 경계만 살짝 풀어주는 정도로 가볍게!

6 브러시에 미스트나 물을 살짝 뿌린 뒤 2번 아이섀도를 묻혀요. 브러시에 물이 묻으면 모에 힘이 생겨 선명하게 발색할 수 있어요.

7 5번 과정에서 발라놓은 아이섀도 영역 절반에 2번 아이섀도를 발라요. 그러데이션은 절대 하지 마세요. 눈이 부어 보일 수 있어요.

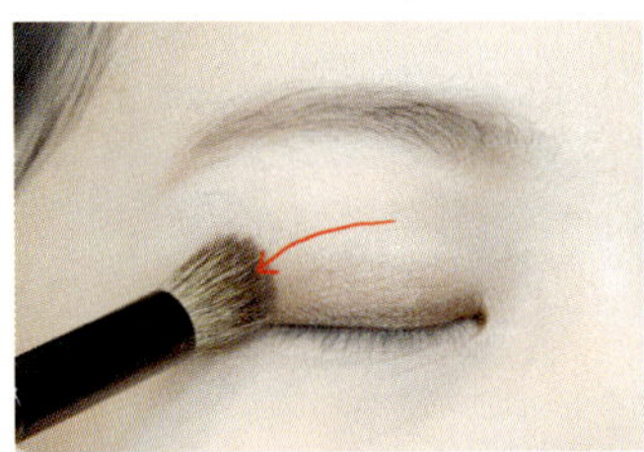

8 4번 음영 섀도를 아이 홀에 가볍게 쓸어요. 눈두덩에 음영을 주어 입체감 있어 보여요.

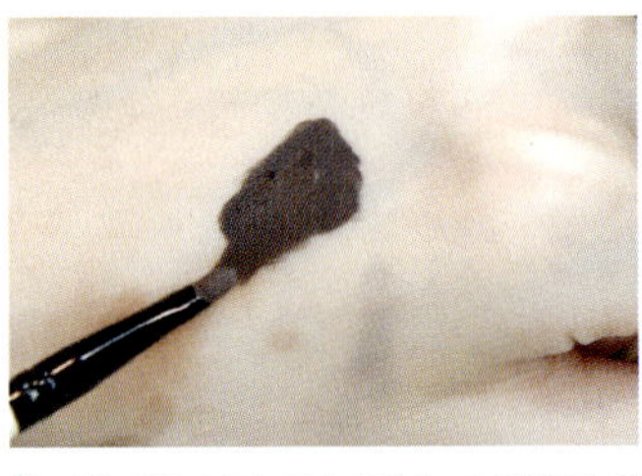

9 7번, 8번 아이라이너를 3 : 7 비율로 섞어요. 브라운 컬러만 바르면 눈매가 흐릿해 보일 수 있으니 블랙 컬러 아이라이너를 조금 섞었어요.

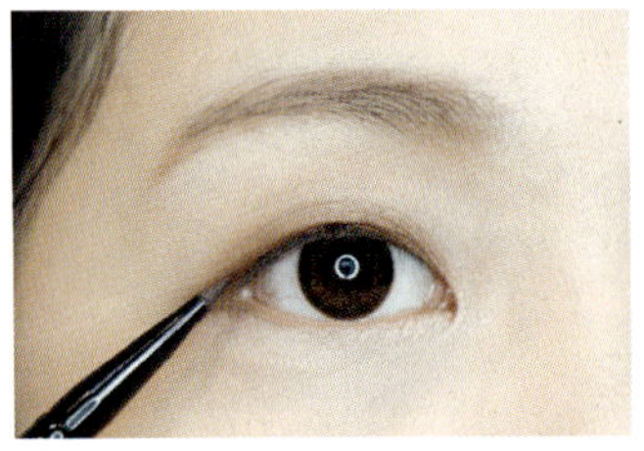

10 거울을 정면으로 보고 아이라인 그릴 곳에 점을 찍어요.

11 뷰러로 속눈썹을 컬링해요.

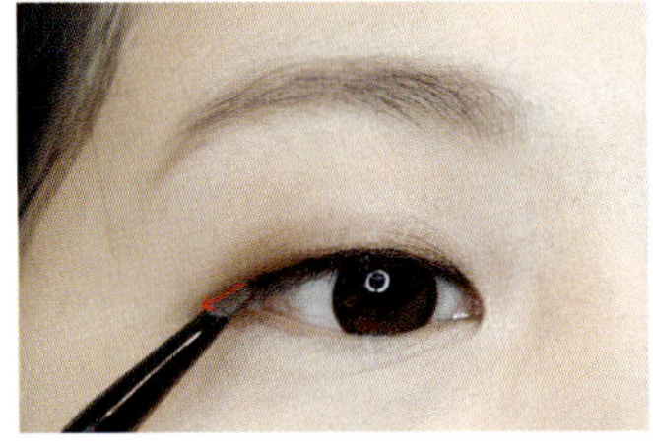

12 찍어놓은 점을 연결해요. 거울을 보며 아이라인이 너무 두껍거나 얇지 않게 그리세요.

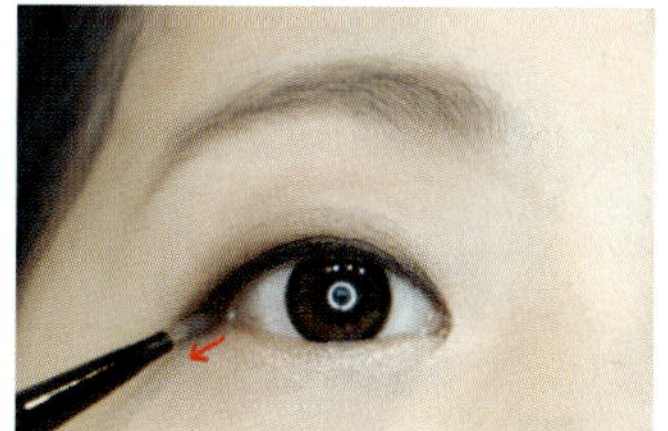

13 눈꼬리를 아래로 빼요.

14 7번 블랙 젤 아이라이너로 점막을 채워요.

15 2번 아이섀도로 눈꼬리 쪽 아이라이너 경계를 풀어요. 경계를 다 풀면 눈매가 흐릿해 보일 수 있으니 눈꼬리만 풀어줘요.

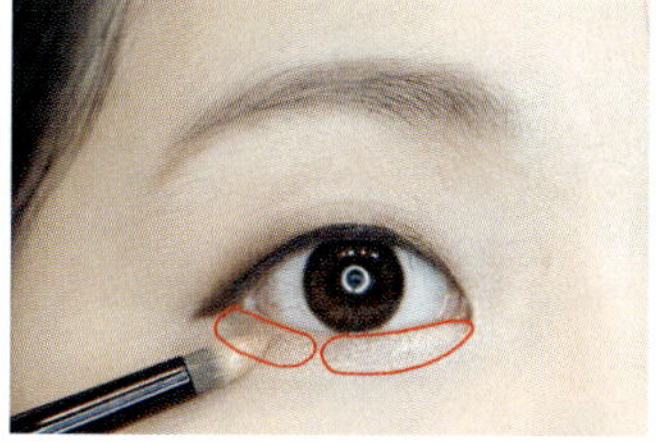

16 언더라인을 나눠 앞부분에 5번 섀도를 바른 뒤 눈꼬리 부분에 6번 섀도를 발라요.

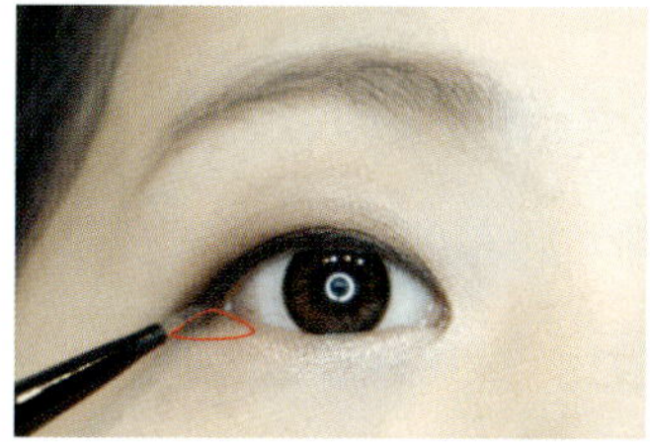

17 2번 아이섀도를 삼각존에 발라요. 눈매가 부드럽고 귀여워 보여요.

18 눈의 가로 길이에 맞춰 인조 속눈썹을 잘라요.

19 눈 앞머리에서 5~7mm 정도 떨어진 부분에 속눈썹을 붙여요.

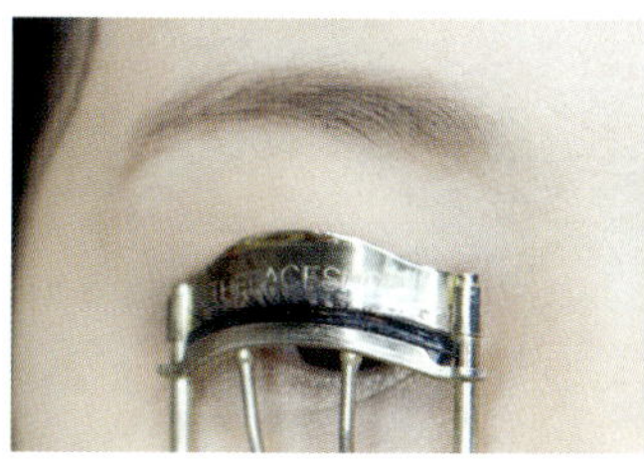

20 뷰러로 인조 속눈썹과 내 속눈썹을 함께 집어 컬링해요.

21 눈을 뜨고 정면을 봤을 때 눈두덩 위로 속눈썹이 올라와 보이게 픽서 혹은 투명 마스카라를 발라요.

CHEEK

LIP

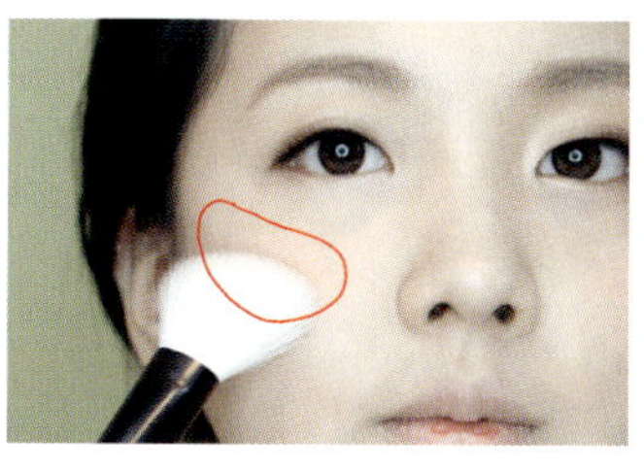

22 11번 블러셔를 광대뼈에 안에서 바깥쪽으로 쓸면서 발라요.

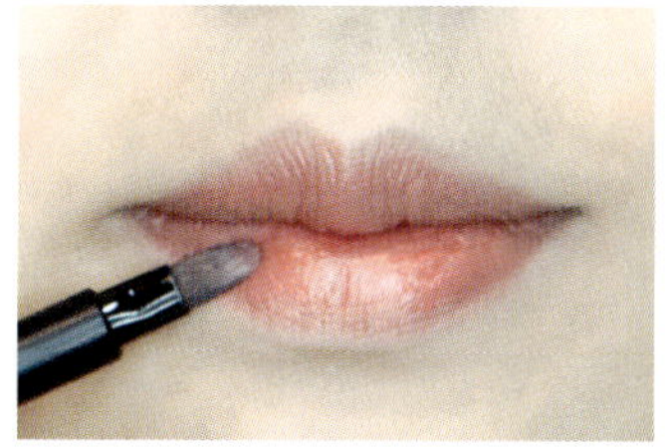

23 립 브러시에 10번 립스틱을 묻혀 입술 전체에 발라요.

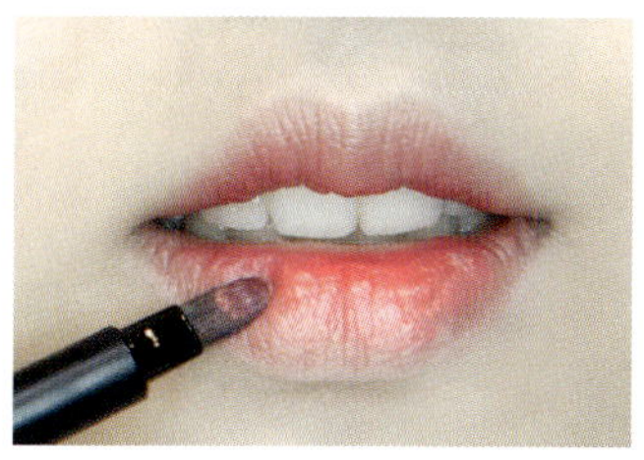

24 깨끗한 립 브러시에 9번 립스틱을 묻힌 뒤 입술 안쪽에 부드럽게 펼쳐요.

눈두덩에 지방이 많고
눈매가 각진 홑꺼풀

눈두덩에 지방이 있는 홑꺼풀은 아이섀도 컬러 선택이 포인트! 펄 감이 없고 톤 다운된 컬러를 눈두덩에 바르면 눈매가 깊이 있고 섹시해 보여요. 눈을 떴을 때 눈두덩이 말려 들어가기 때문에 아이라인은 반드시 눈을 뜨고 정면을 보면서 그려야 해요. 일자눈썹을 하면 눈두덩이 더 답답해 보일 수 있어요. 자신의 얼굴 형과 눈 모양에 맞게 그리는 게 좋아요.

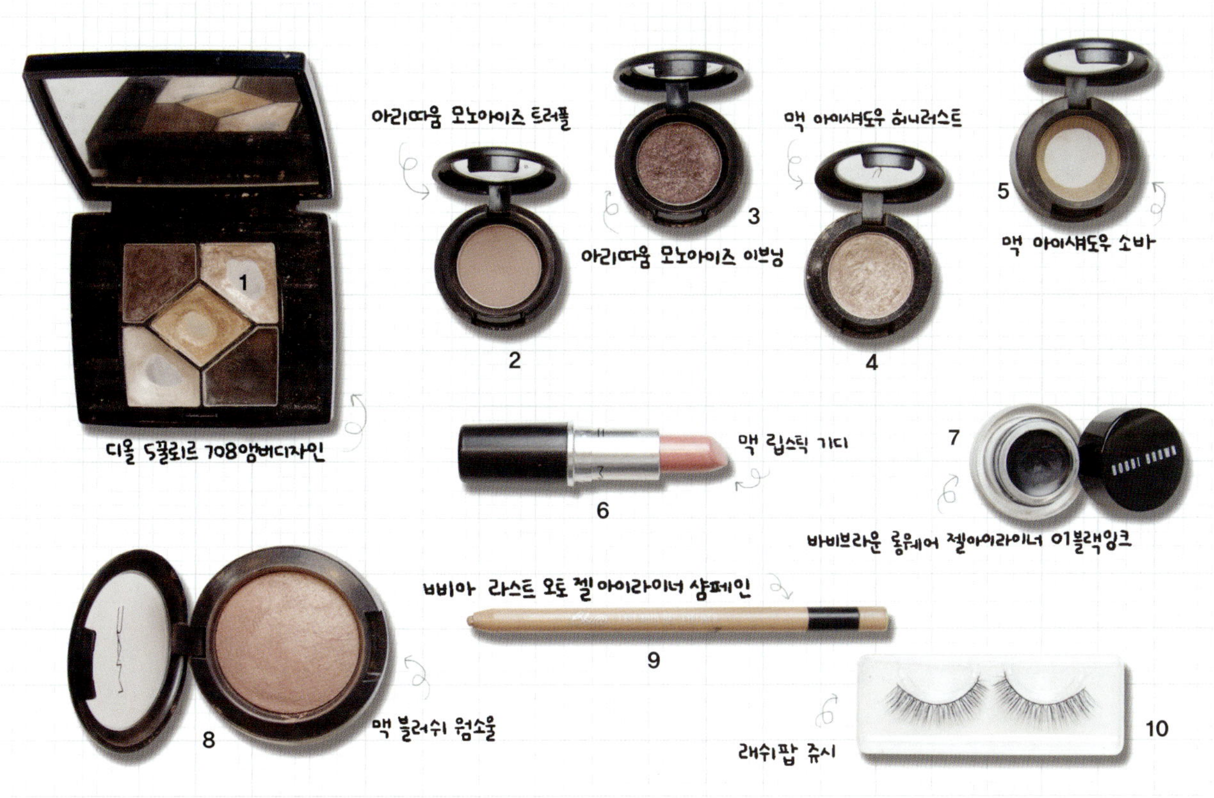

아리따움 모노아이즈 트러플
3
맥 아이섀도우 허니러스트
5
아리따움 모노아이즈 이브닝
맥 아이섀도우 소바
1
2
4
디올 5꿀뢰르 708앰버디자인
맥 립스틱 기디
7
6
바비브라운 롱웨어 젤아이라이너 이블랙잉크
비비아 라스트 오토 젤 아이라이너 샴페인
9
맥 블러쉬 웜소울
8
래쉬팝 쥬시
10

개코's 아이템

1 바세린 광의 스킨 톤 크림 섀도
2 톤 다운된 흐린 퍼플 컬러 아이섀도
3 펄 감이 있는 퍼플 컬러 아이섀도
4 화려한 펄 감의 피치베이지 컬러 아이섀도
5 중간 톤 음영 섀도
6 톤 다운된 촉촉한 핑크 컬러 립스틱
7 블랙 컬러 젤 아이라이너
8 은은한 펄 감의 톤 다운된 레드 컬러 블러셔
9 펄 감이 있는 골드 컬러 아이브로 펜슬 라이너
10 가운데가 긴 속눈썹

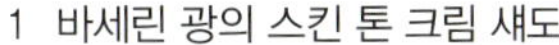

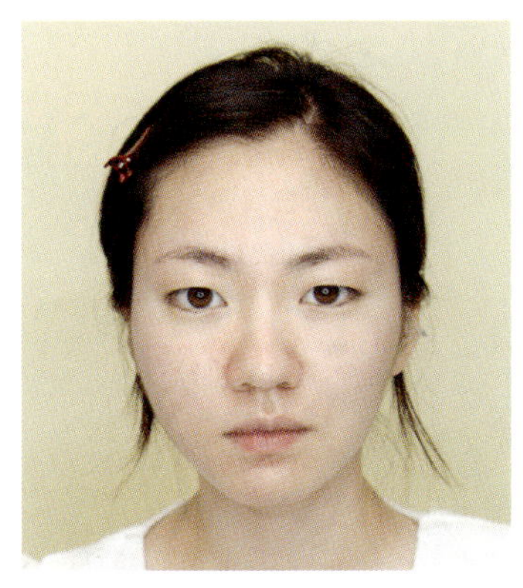

EYE

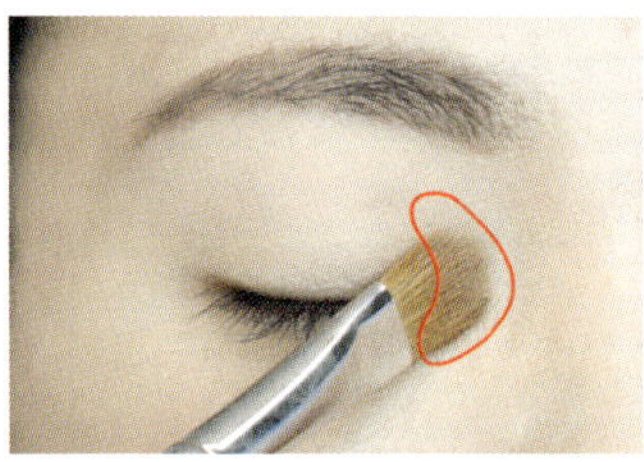

1 눈 앞머리에 하이라이터를 발라요. 눈
매가 시원하고 코가 높아 보여요.

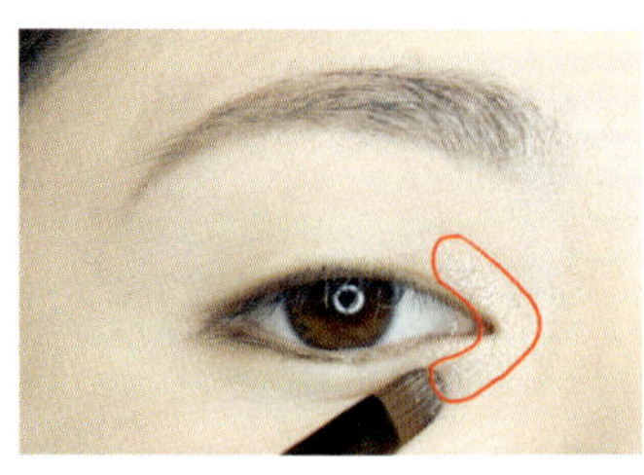

2 1번 아이섀도를 눈 앞머리에 덧발라요.

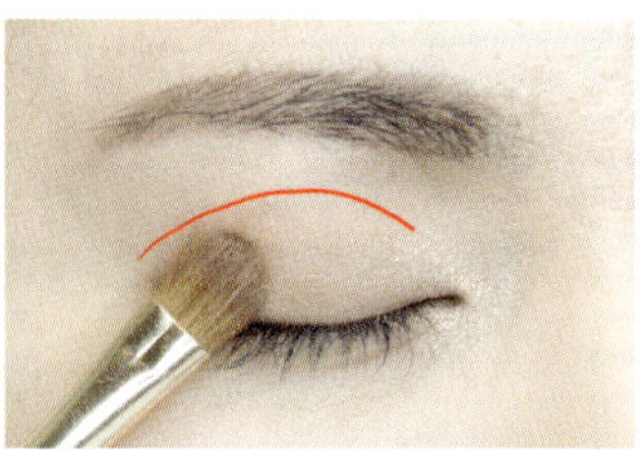

3 2번 아이섀도를 아이 홀에 좌우로 4~
5회 발라요.

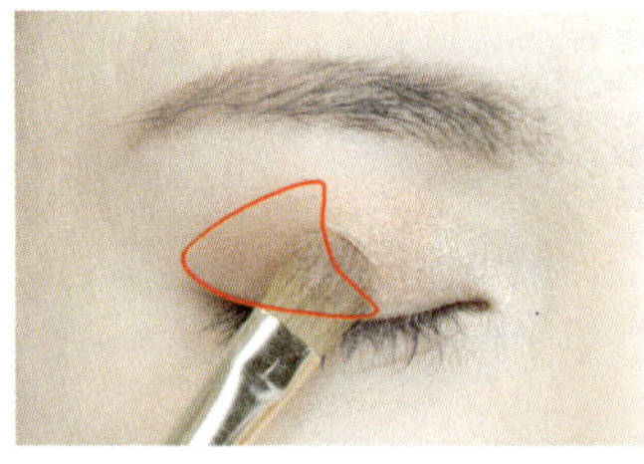

4 4번, 5번 아이섀도를 브러시에 묻혀 손
등에서 섞은 뒤 표시한 부분에 발라요.

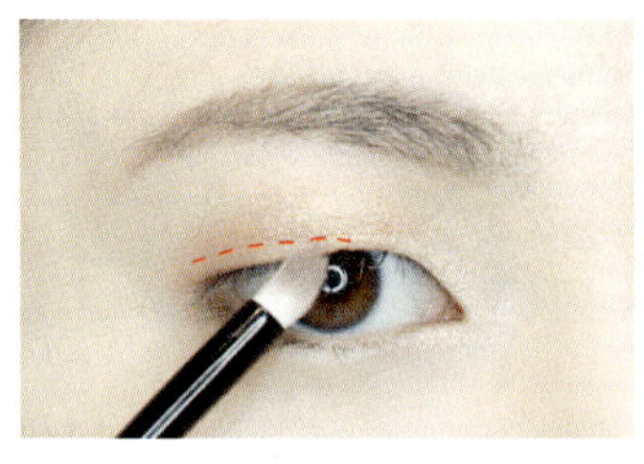

5 거울을 정면으로 보고 아이섀도 바를
부분에 3번 아이섀도로 가이드라인을
그려요.

6 가이드라인 안쪽에 3번 아이섀도를 진
하게 발라요.

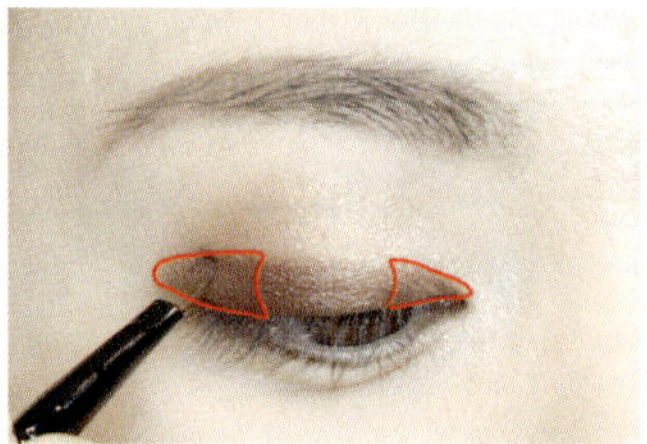

7 3번 아이섀도를 눈 앞머리와 눈꼬리에
발라요. 그러데이션 되어 있으면 눈매
가 지저분하고 부어 보일 수 있어요.

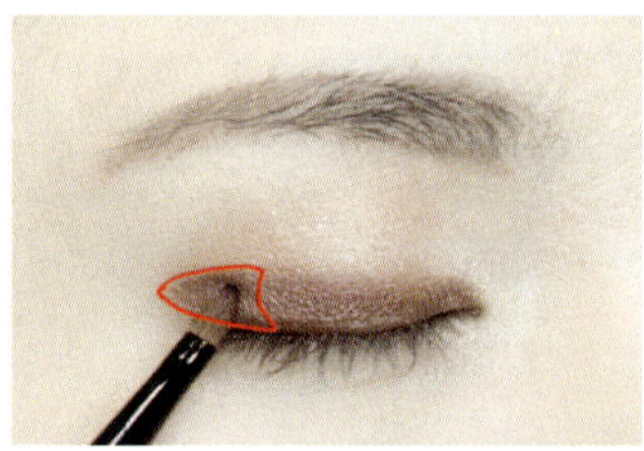

8 브러시에 미스트 혹은 물을 뿌린 뒤
3번 섀도를 묻혀 눈꼬리에 한 번 더 발
라요.

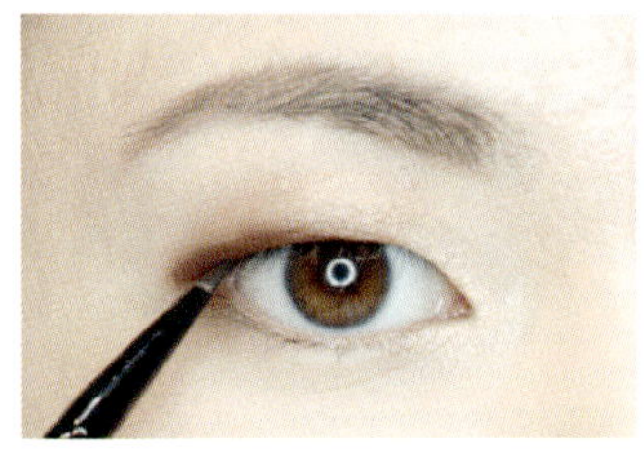

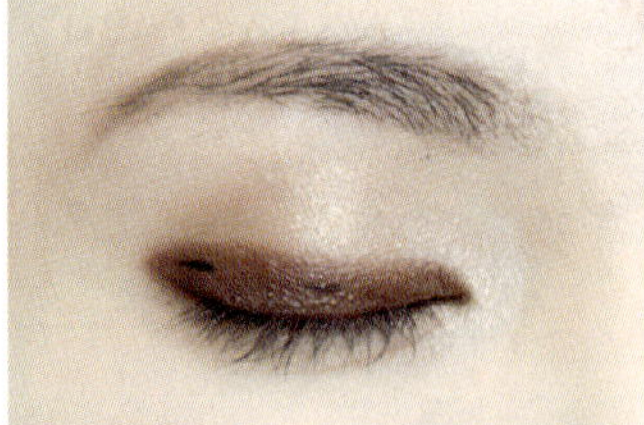

9 거울을 정면으로 보고 아이라인 그릴 곳에 7번 젤 아이라이너로 점을 찍어요.

10 그려놓은 점을 연결한 후 안을 채워요. 눈이 부어 깊고 또렷해 보여요.

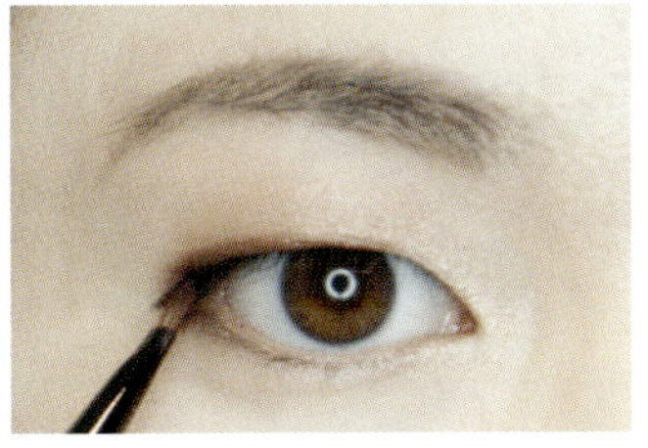

11 눈을 뜬 상태에서 눈꼬리를 3~5mm 정도 아래로 빼요.

12 브러시에 미스트 혹은 물을 뿌린 뒤 3번 아이섀도를 묻혀 아이라인에 덧 발라요. 블랙 컬 아이라인은 눈화장 이 과하고 부자연스러우니 아이라인 위에 덧발라 색을 넣어요.

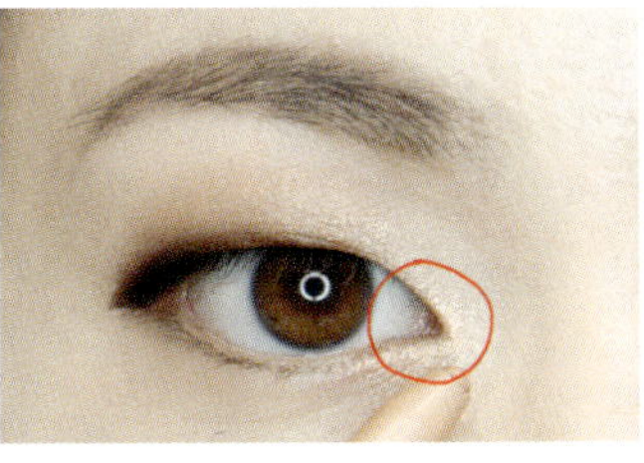

13 9번 아이브로 펜슬로 눈 앞머리를 그 려요.

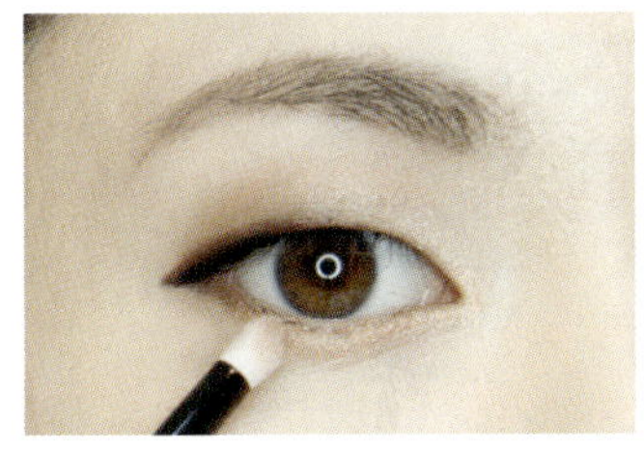

14 4번 아이섀도를 언더라인에 발라요. 눈꼬리는 3~4회 덧발라 진하게 발색 해요.

CHEEK

LIP

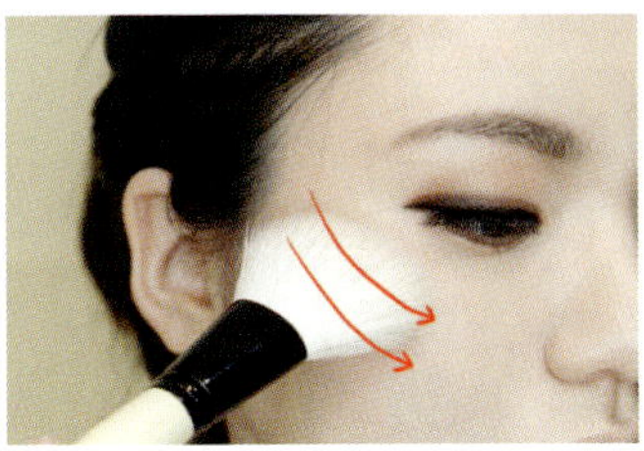

15 끝이 긴 인조 속눈썹을 붙인 뒤 뷰러 로 내 속눈썹과 함께 집어 컬링해요.

16 8번 블러셔를 옆광대를 타고 사선으 로 힘을 빼며 발라요.

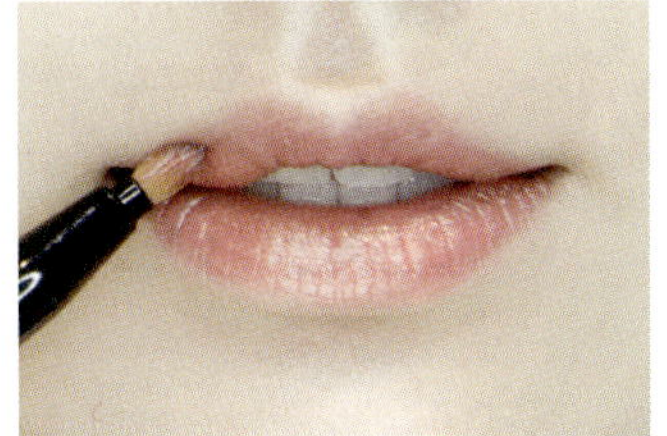

17 립 브러시에 6번 립스틱을 묻혀 입술 전체에 발라요.

눈두덩에 살이 있고
눈과 눈썹 사이가 먼 홑꺼풀

아기같이 작고 눈두덩이 통통한 홑꺼풀은 동안 이미지의 결정판 이죠. 하지만 졸려 보이거나 인상이 흐릿해 보이는 고민이 있을 거예요. 눈을 크고 또렷하게 표현해 선명한 이미지를 만드는 게 핵심! 눈썹 뼈와 눈 앞머리에 하이라이터를 바른 뒤 눈 앞머리에 아이라인을 채워요. 아이라인을 아무리 두껍고 진하게 그려도 똑같아 보이는 홑꺼풀녀들에게 강력추천해요.

이니스프리 미네랄 싱글 크림섀도
02 별빛비친핑크

1

2

맥 아이섀도우 탬팅

맥 아이섀도우 클림

3

4

삐비아 섀이드 앤 섀도우 07

삐비아 섀이드 앤 섀도우 08

5

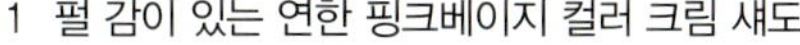

7

맥 립스틱 임패션드

프로에잇청담 스테이온 젤아이라이너 01블랙

6

8

맥 립스틱 가디

9

아리따움 슈가볼 쿠션 블러셔 01 포지핑크

베네피트 블러쉬 단델리온

10

11

아이미 속눈썹 37

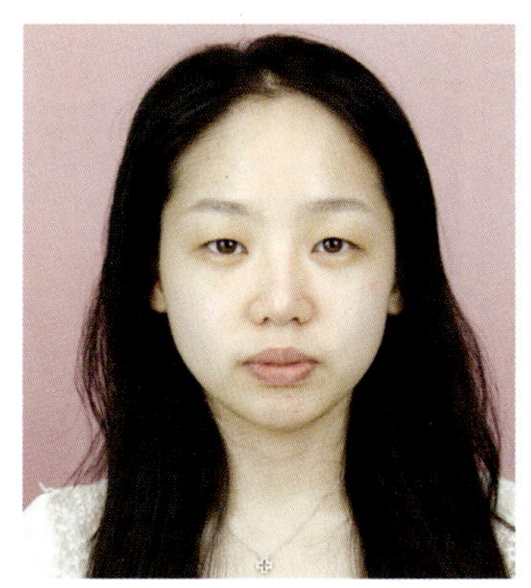

개코's 아이템

1 펄 감이 있는 연한 핑크베이지 컬러 크림 섀도
2 은은한 펄 감의 브라운 컬러 아이섀도
3 화려한 펄 감의 핑크베이지 컬러 아이섀도
4 흐린 카라멜 컬러 아이섀도
5 톤 다운된 흐린 핑크 컬러 아이섀도
6 블랙 컬러 젤 아이라이너
7 핫핑크 립스틱
8 톤 다운된 촉촉한 핑크 컬러 립스틱
9 핑크 컬러 크림 블러셔
10 웜 핑크 컬러 블러셔
11 숱이 많고 모의 길이가 8mm인 인조 속눈썹

185

EYE

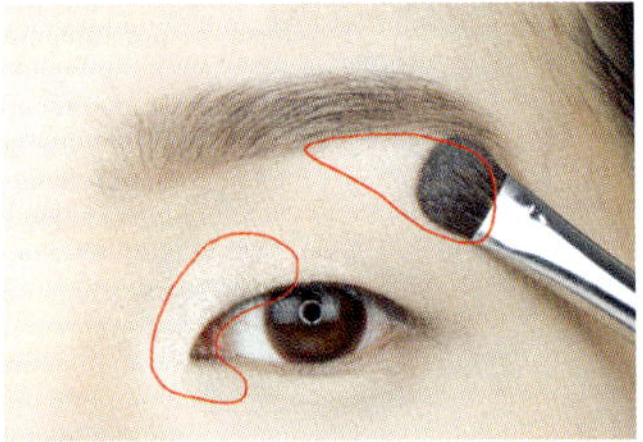

1 눈썹 뼈와 눈 앞머리에 하이라이터를 발라요.

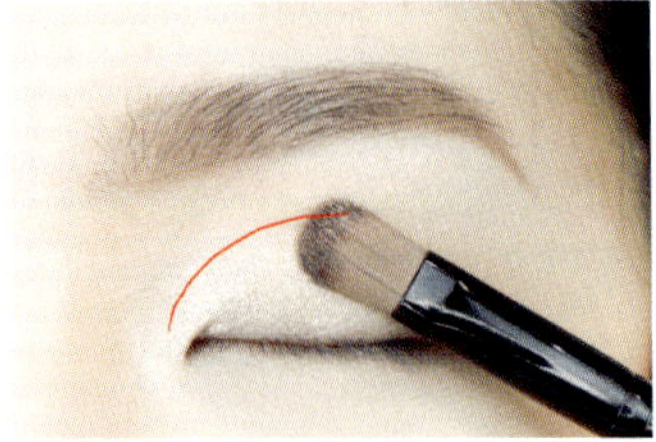

2 1번 크림 섀도를 눈두덩에 발라요.

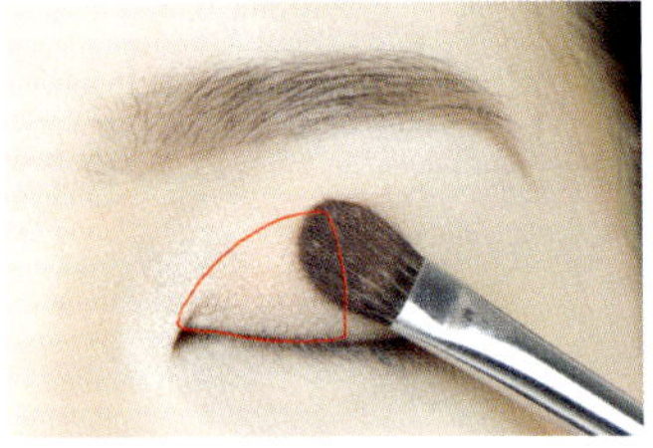

3 5번 아이섀도를 눈두덩 절반에 발라요.

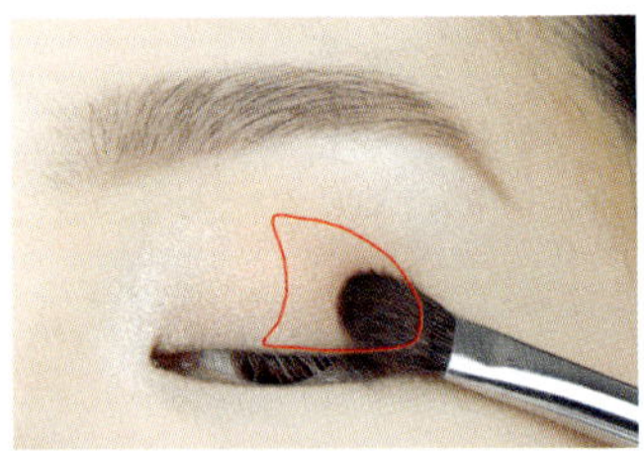

4 4번 아이섀도를 눈두덩 끝에서 중간 부분까지 발라요. 남은 양으로 아이 홀을 가볍게 한 번 쓸어요.

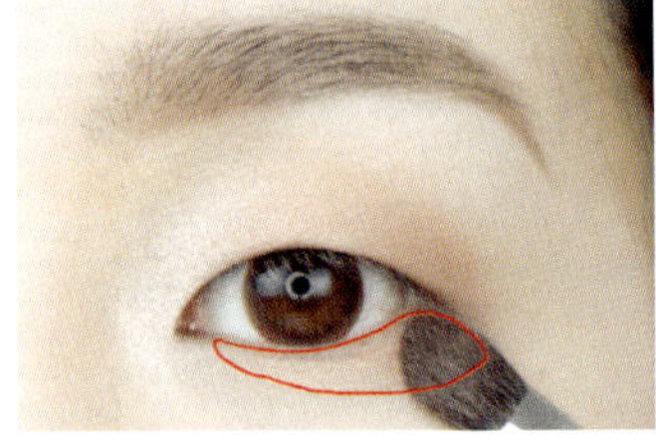

5 언더라인에도 발라요.

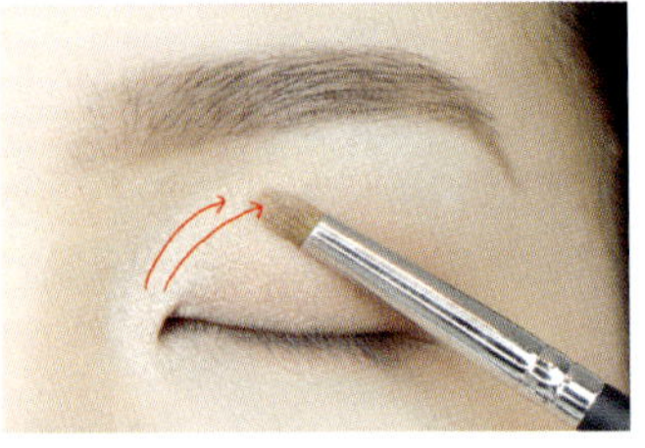

6 3번 아이섀도를 눈두덩 앞 부분을 눌렀을 때 움푹 들어가는 부분에 발라요.

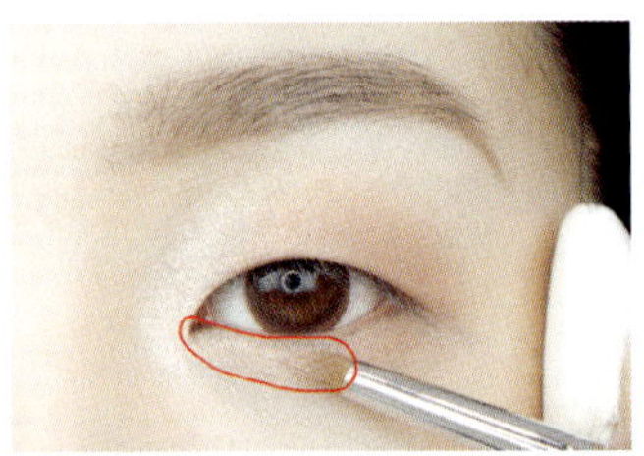

7 표시한 부분에도 발라요.

8 5번 아이섀도로 눈을 떴을 때 약 3mm 정도 보이게 가이드라인을 그려요.

9 눈을 감아 빈 공간을 채워요.

10 6번 젤 아이라이너로 눈을 떴을 때 1~2mm 정도 보이게 점을 찍어요.

11 점을 연결하며 아이라인을 그린 뒤 눈 앞머리를 채워요. 눈꼬리는 약 4mm 정도 밑으로 빼요.

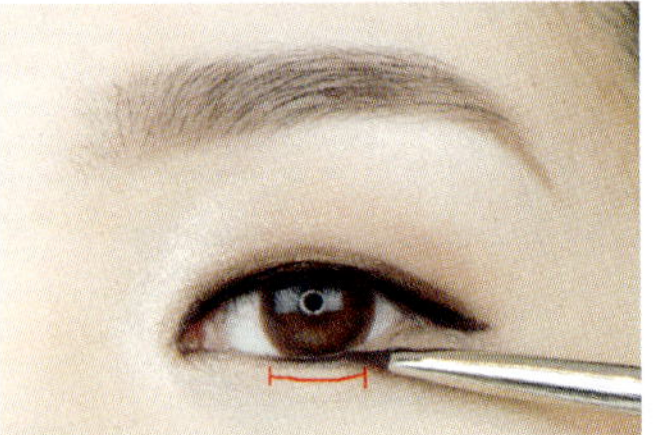

12 남은 양으로 언더라인 중앙 점막만 채워요.

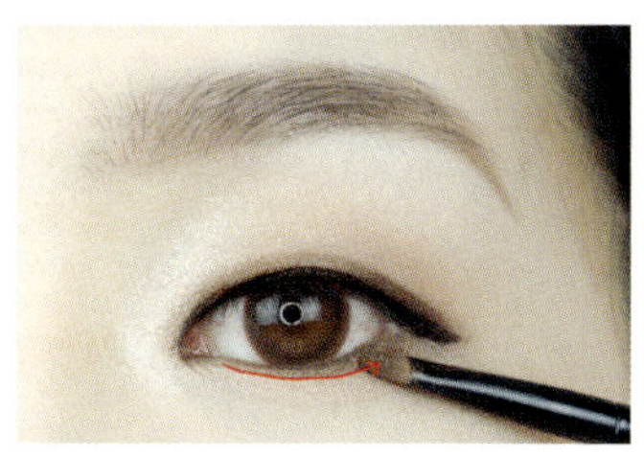 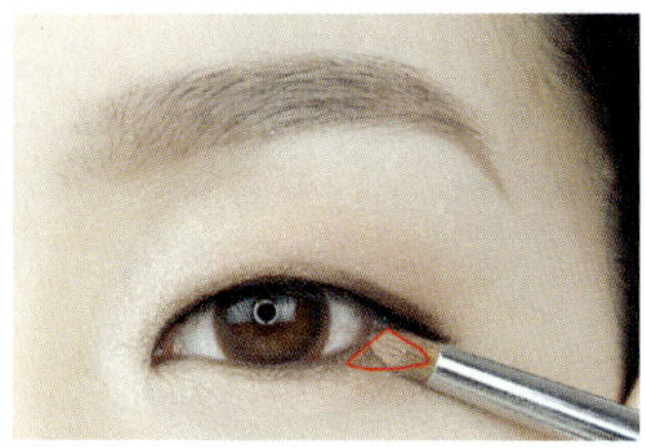 

13 2번 아이섀도를 언더라인 앞에서 2/3 지점까지만 채워요. 언더라인 끝부분을 비워두면 뒷트임한 것처럼 눈이 커 보여요.

14 3번 아이섀도로 삼각존을 채워요.

15 숱이 많고 모의 길이가 8mm인 인조 속눈썹을 붙여요.

CHEEK

16 9번 크림 블러셔를 앞광대에 타원형 모양으로 발라요.

17 10번 블러셔를 타원형 중간에 덧발라 지속력과 발색력을 높여요.

LIP

18 립 브러시에 8번 립스틱을 묻혀 입술 전체에 발라요.

19 깨끗한 립 브러시에 7번 립스틱을 묻혀 입술 중앙에 바른 뒤 그러데이션 해요.

셀러브리티 메이크업

셀러브리티들의 생얼과 풀메이크업 비교 사진을 보면 감탄이 절로 나오죠. 메이크업만으로 밋밋한 얼굴이 입체감 있게 변한 모습을 보면 성형 수술보다 낫다는 생각도 들고요. 셀러브리티 메이크업은 어렵고 화장품 구입비용도 만만치 않아 포기하는 분들도 있을 거예요. 저 역시 처음에는 시도조차 못하고 부러워만 했죠. 하지만 제가 누굽니까? 개코에게 포기란 없다! 특별한 도구와 비싼 화장품 없이 셀러브리티처럼 완벽하게 변신할 수 있는 튜토리얼을 공개해요. 여기에 나만의 스타일을 더하면 더 완벽하겠죠?

드라마 〈스킨스 에피〉

케이아 스쿨걸룩 어리러룹 메이크업…190P

〈레드벨벳〉 아이린

컬러 매칭 메이크업…194P

〈Miss A〉 수지

클린한 뷰티 메이크업…202P

설리

복숭앗빛 메이크업…198P

〈소녀시대〉 태연

화려하면서 메이크업…206P

〈포미닛〉 현아

섹시 카리스마 메이크업…212P

카야 스코델라리오 메이크업

비슷비슷한 데일리 메이크업이 지겹다면? 카야 스코델라리오처럼 또렷하고 입체적인 얼굴을 표현해봐요. 이국적인 메이크업의 포인트는 바로 눈이에요. 눈썹 뼈가 튀어나오고 아이 홀이 쏙 들어간 깊은 눈매! 일상생활을 하기에 부담스럽다면 가이드라인을 따라 음영을 반으로 줄여도 좋아요.

개코's 아이템

1 블랙 컬러 아이섀도

2 블랙 컬러 젤 아이라이너

3 펄 감이 있는 연한 핑크베이지 컬러 크림 섀도

4 펄 감이 있는 화이트 컬러 크림 섀도

5 차콜 컬러 아이섀도

6 은은한 펄 감의 회색빛 블루 컬러 아이섀도

7 은은한 펄 감의 선명한 블루 컬러 아이섀도

8 중간 톤 음영 섀도

9 은은한 펄 감의 화이트 컬러 하이라이터

10 붉은 기가 없는 중간 톤 블러셔

11 톤 다운된 핑크 컬러 립스틱

12 은은하고 따뜻한 펄 감의 레드 컬러 블러셔

13 가운데가 긴 속눈썹

14 블루 컬러 렌즈

EYE

1 아이브로 펜슬로 눈썹 빈 부분을 채운 뒤 눈썹 산을 뾰족하게 올려요. 5번 아이섀도를 덧발라 진한 흑갈색으로 만들어요.

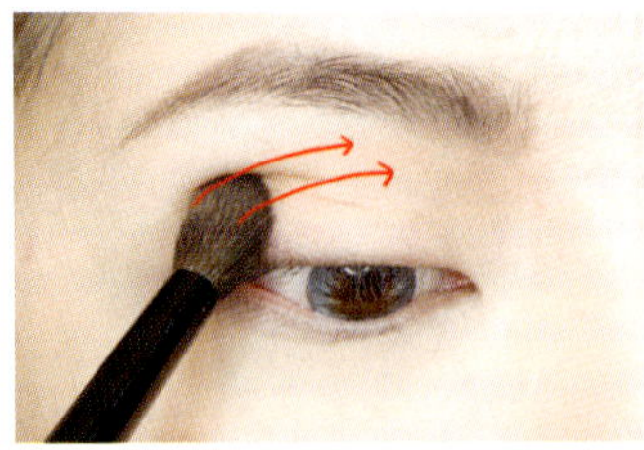

2 8번 아이섀도를 눈두덩이 바깥에서 안쪽으로 2회 정도 쓸어요.

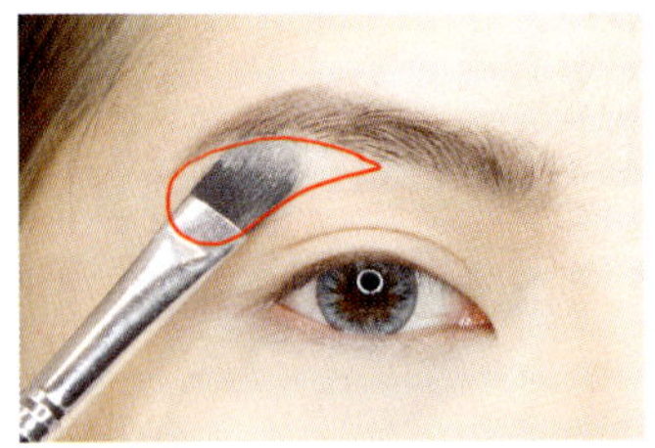

3 9번 하이라이터를 눈썹 뼈에 2~3회 발라요. 눈이 또렷하고 입체감 있어 보여요.

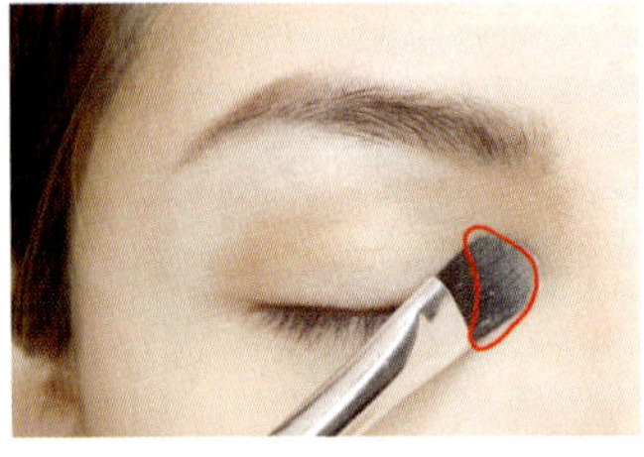

4 눈 앞머리를 손가락으로 눌러 움푹 들어간 부분에 9번 하이라이터를 2~3회 발라요. 눈 앞머리가 트이고 콧대가 높아 보여요.

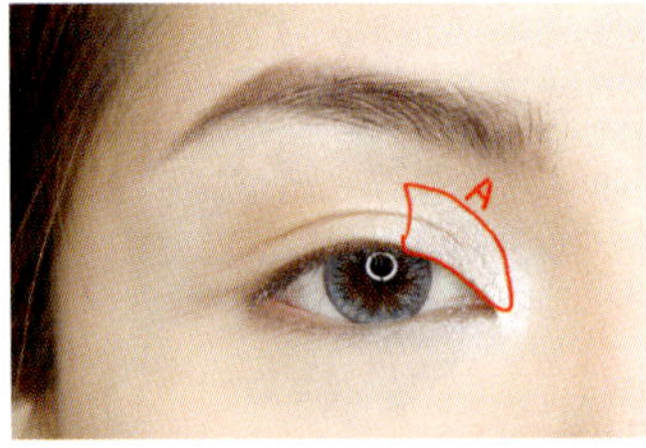

5 손가락에 4번 아이섀도를 묻혀 A에 발라요.

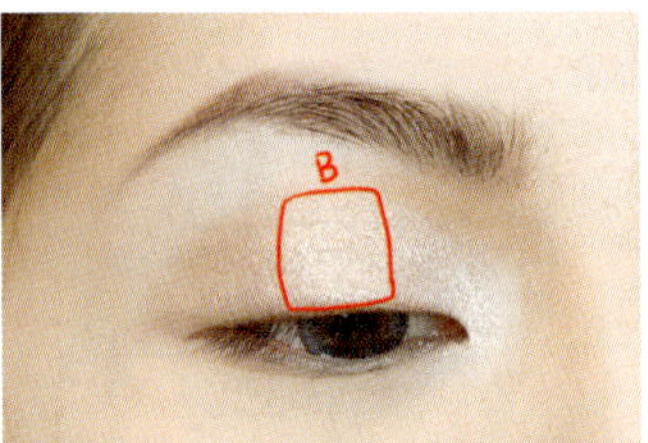

6 깨끗한 손가락에 3번 아이섀도를 묻혀 B에 발라요.

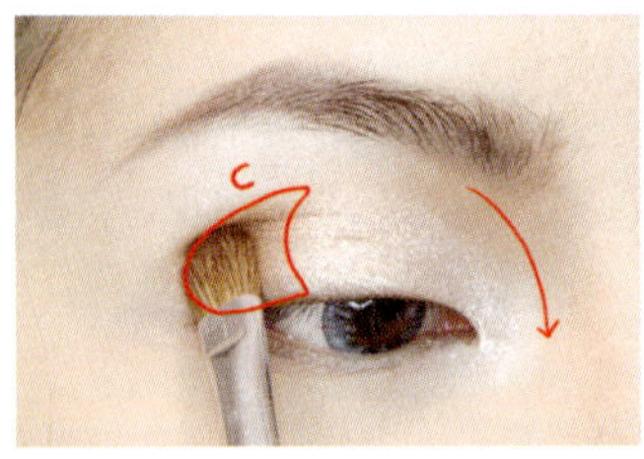

7 8번 아이섀도를 C에 발라요. 남은 양으로 눈 앞머리부터 콧대까지 가볍게 쓸어줘요.

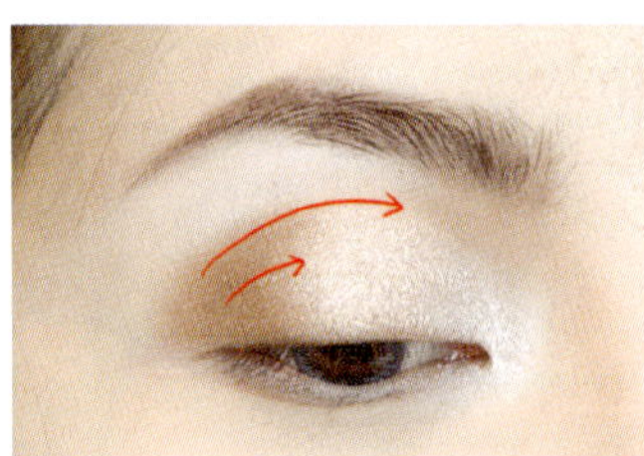

8 컬러가 자연스럽게 연결되지 않았다면 깨끗한 브러시로 눈두덩을 좌우로 2~3회 쓸어줘요.

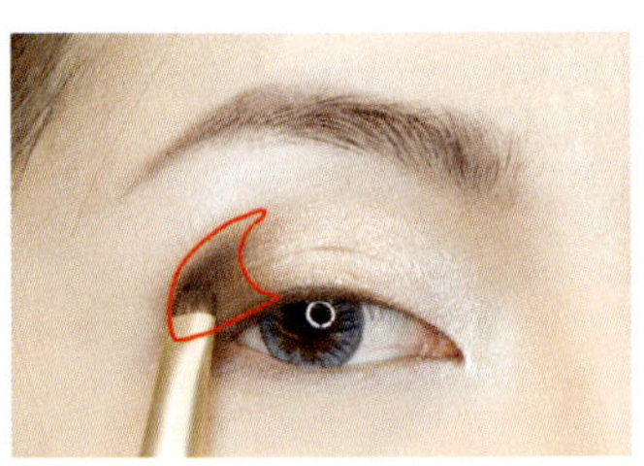

9 5번 아이섀도를 눈두덩 뒷부분에 발라요.

10 브러시를 마른 휴지에 털어낸 뒤 아이 홀을 따라 연하게 그려요. 아이 홀에 진한 아이섀도를 바르면 눈이 붕 떠 보일 수 있으니 주의하세요.

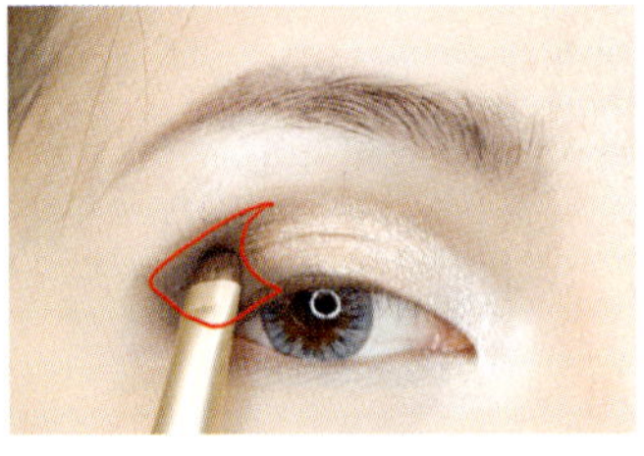

11 5번 아이섀도를 눈두덩 뒷부분에 덧발라요. 어두운 컬러를 눈두덩 뒷부분에 바르면 눈썹 뼈는 튀어나오고 눈두덩은 움푹 파여 보여요.

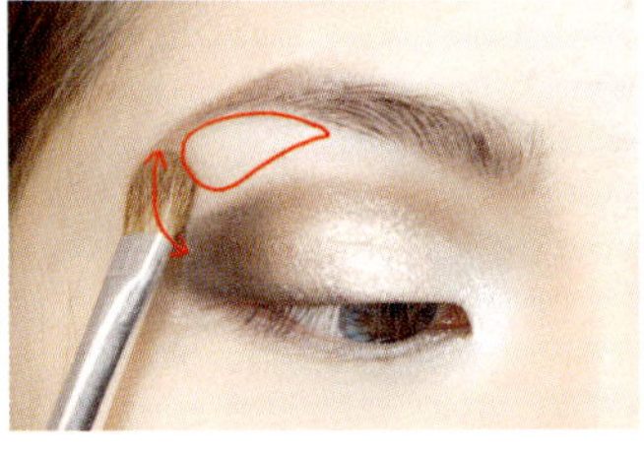

12 8번 아이섀도로 눈썹꼬리와 눈꼬리를 연결해주고 9번 하이라이터로 눈썹 뼈를 한 번 더 강조해요.

  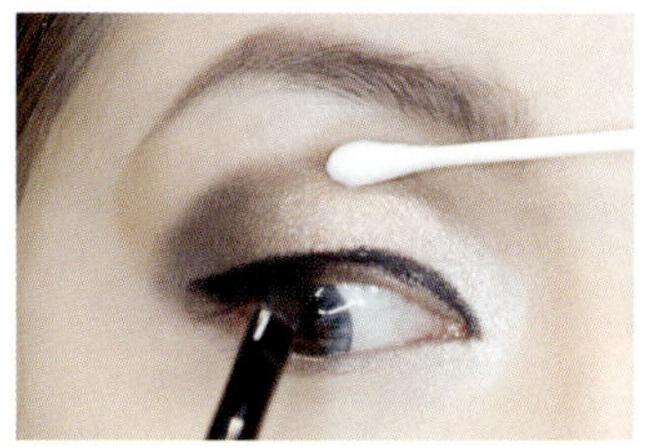

13 2번 아이라이너로 눈 앞머리를 뾰족하게 뺀 뒤 아이라인을 두껍게 그려요. 홑꺼풀은 눈을 떴을 때 아이라인이 2mm 정도 보이게 그려요.

14 면봉으로 눈두덩을 살짝 올린 뒤 2번 아이라이너로 눈 위 점막을 채워요.

  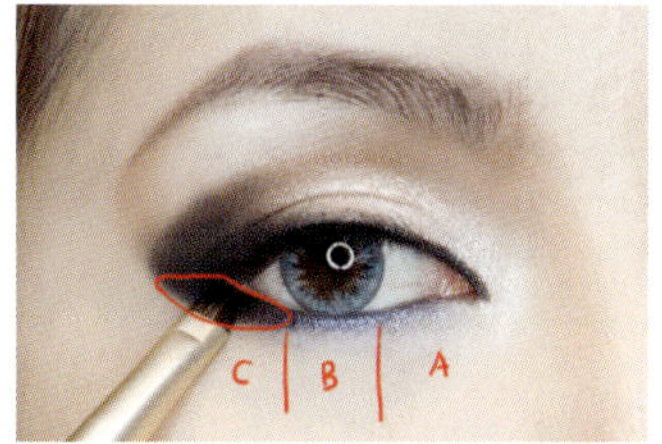

15 눈꼬리는 위로 길게 빼요. 홑꺼풀은 눈 떴을 때 1mm 정도 보이게 얇게 그리다가 중간부터 3mm 정도로 두껍게 그려요.

16 1번 아이섀도를 눈두덩이 뒷부분에 덧발라요.

17 언더라인을 3등분해요. A, B에 6번 아이섀도를 바른 뒤, B에 다시 7번 아이섀도를 덧발라요. 마지막으로 1번 아이섀도로 C와 눈꼬리를 연결해요.

쌍꺼풀

홑꺼풀

  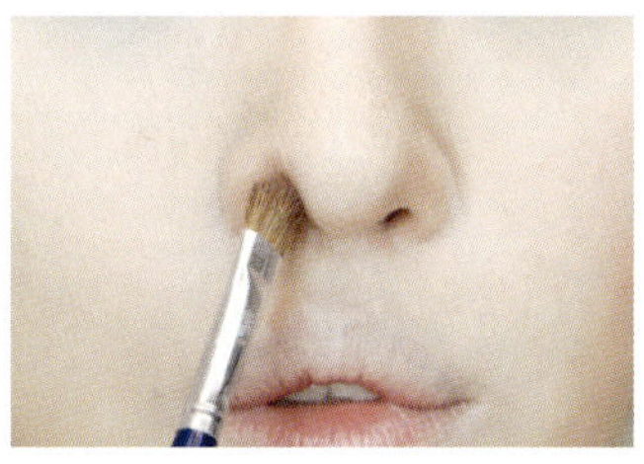

18 2번 붓펜 아이라이너로 언더라인 앞부분을 그려요. 눈을 떴을 때 보이는 부분만 채운 뒤 속눈썹을 붙여요.

19 8번 아이섀도를 콧방울 중간에 가볍게 찍어요. 콧방울은 들어가고 코끝은 들려 보여요.

CHEEK

LIP

  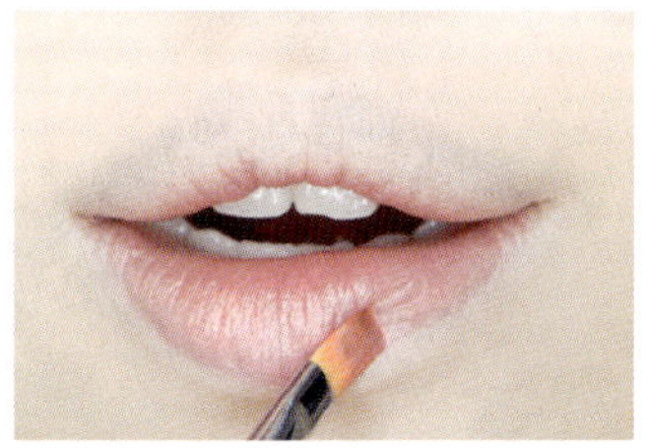

20 10번 블러셔를 표시한 부분 바깥쪽에 5~6회 쓸어요.

21 12번 블러셔로 옆광대부터 앞볼까지 2~3회 정도 쓸어요.

22 11번 립스틱을 입술 전체에 바른 뒤 깨끗한 립 브러시로 입술 라인을 문질러 경계를 없애요.

컬러 매칭 메이크업

화려하고 통통 튀는 아이린의 메이크업은 특히 개성 있고 화려한 헤어스타일을 가진 분들에게 딱이에요. 애쉬 브라운과 핑크 컬러로 염색한 투톤 헤어에 맞춰 브라운 음영 섀도에 핑크 컬러 아이섀도를 덧발라 포인트를 줬어요. 헤어 컬러에 따라 포인트 섀도 컬러를 바꿔가며 메이크업해도 좋아요.

개코's 아이템

1 살짝 푸른 기가 도는 핫핑크 립스틱
2 핑크 컬러 크림 섀도
3 살짝 푸른 기가 도는 브라운 컬러 음영 섀도
4 중간 톤 음영 섀도
5 회갈색 아이섀도
6 코럴 컬러 립스틱
7 펄 감이 있는 연한 핑크베이지 컬러 크림 섀도
8 브라운 컬러 젤 아이라이너
9 블랙 컬러 젤 아이라이너
10 쨍한 핑크 컬러 포인트 섀도
11 그래픽 디자인이 화려한 브라운 컬러 렌즈
12 모가 풍성한 속눈썹

EYE

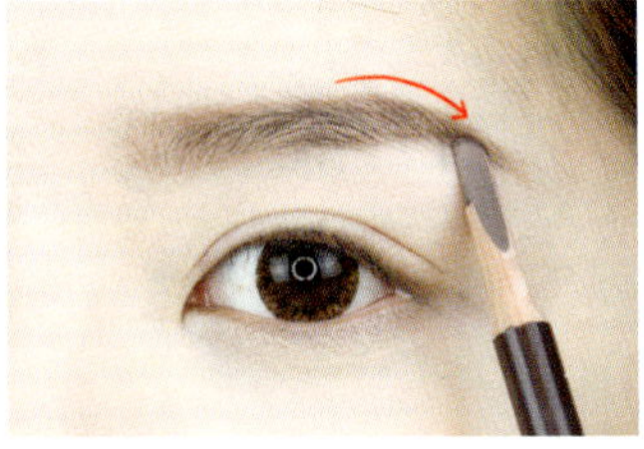

1 아이브로 펜슬로 눈썹 산을 둥글게 그려요.

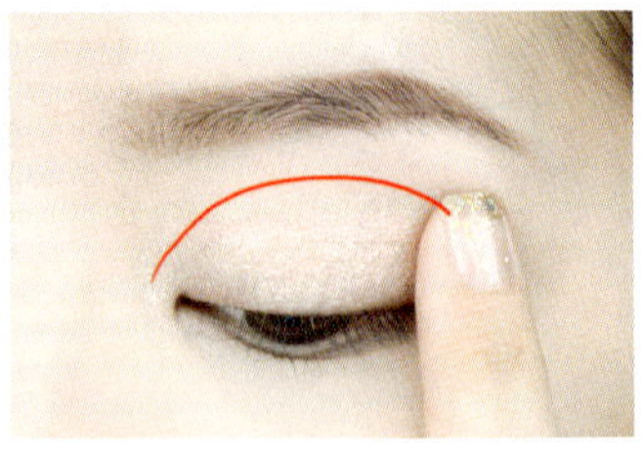

2 손가락에 7번 크림 섀도를 묻혀 눈두 덩 전체에 넓게 발라요.

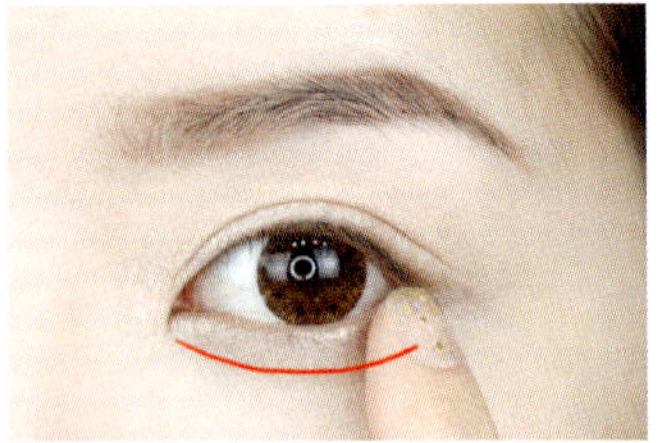

3 언더라인에도 발라요.

쌍꺼풀   홑꺼풀

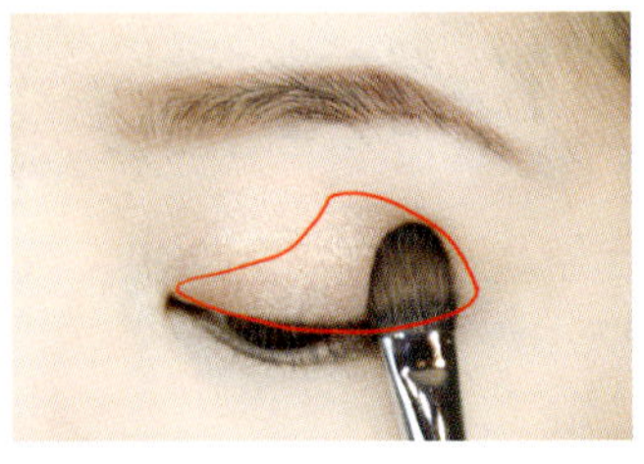

4 3번 아이섀도를 표시한 부분에 발라 요. 언더라인에 핫핑크 컬러가 들어가 기 때문에 눈두덩은 음영만 넣어요.

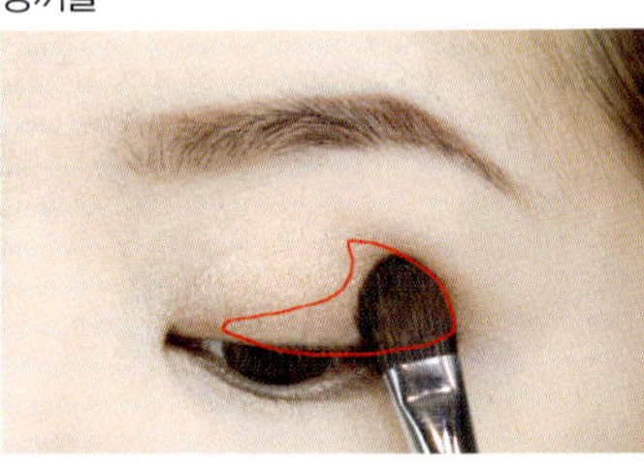

5 표시한 부분에 4번 아이섀도를 발라 좀 더 깊은 음영감을 줘요. 홑꺼풀은 손가락으 로 눈썹 뼈 밑을 눌렀을 때 쑥 들어가는 곳까지 발라요.

쌍꺼풀   홑꺼풀

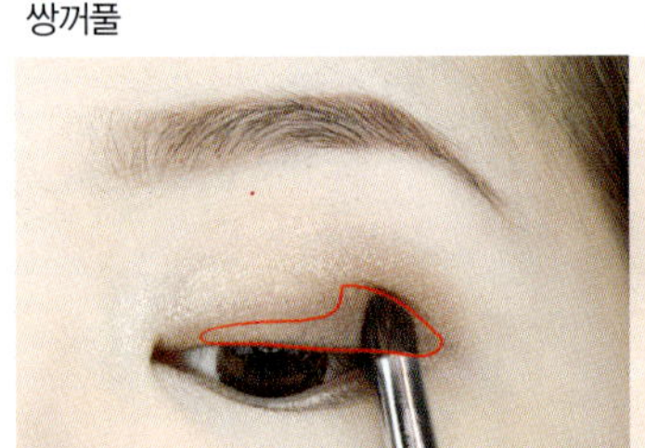

6 5번 아이섀도를 표시한 부분에 발라요. 홑꺼풀은 눈을 떴을 때 2~3mm 정도 보이 게 그린 뒤 블랜딩하지 않아요.

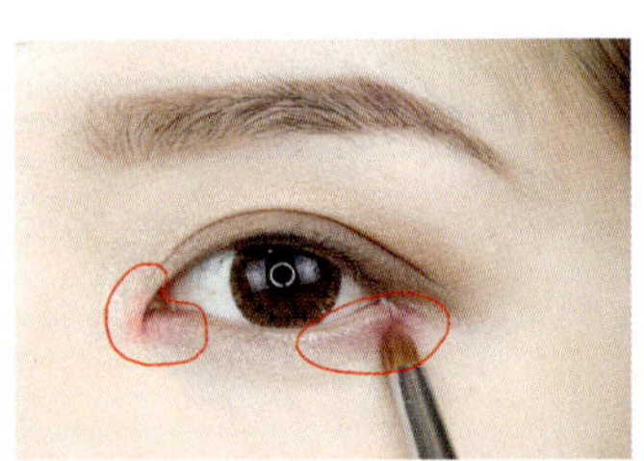

7 10번 아이섀도를 눈 앞머리와 언더라 인 뒷부분에 발라요.

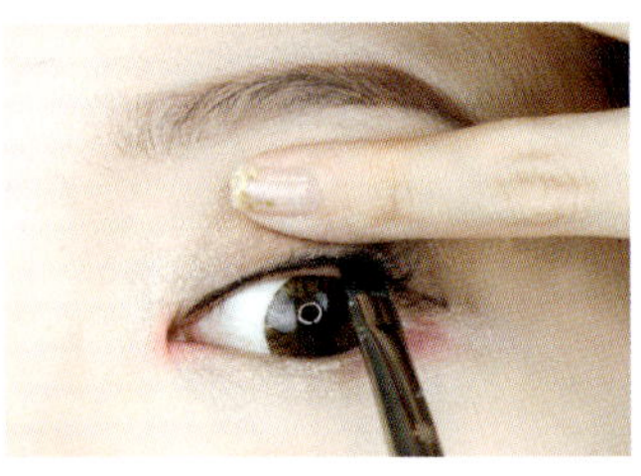

8 9번 젤 아이라이너로 점막을 채워요. 홑꺼풀은 점막을 채운 뒤 눈을 떴을 때 아이라인이 1mm 정도 보이게 그려요.

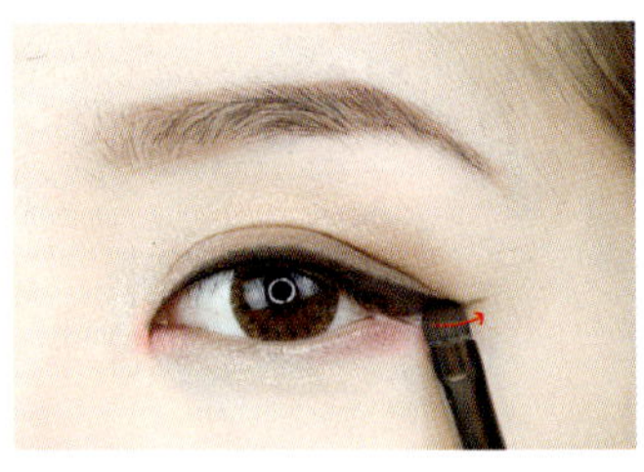

9 9번 블랙 젤 라이너가 묻어 있는 브러 시에 8번 갈색 젤 라이너를 섞은 뒤 라 인을 그려요. 눈꼬리는 길게 **빼요**. 눈 이 가로로 길고 커 보여요.

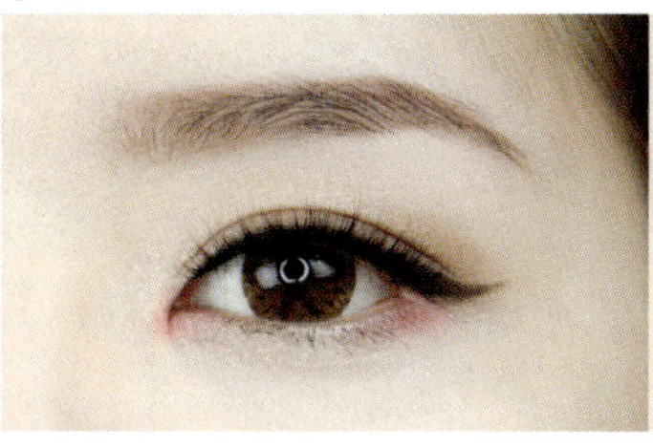

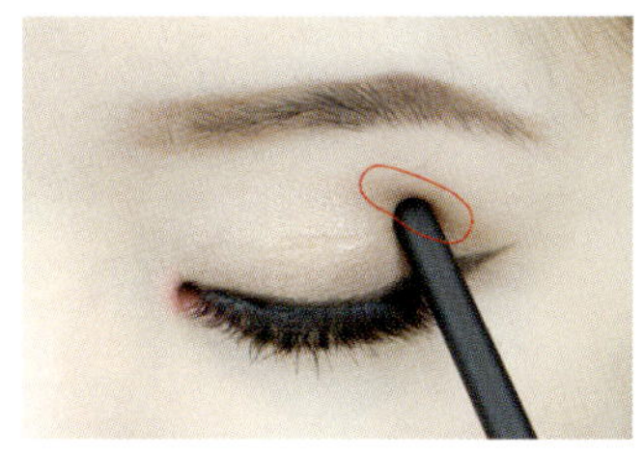

10 풍성한 모의 속눈썹을 붙인 뒤 언더래시에 마스카라를 발라요.

11 눈꼬리 쪽 눈두덩을 꾹 눌렀을 때 눈썹 뼈 밑으로 움푹 들어가는 부분에 가이드라인을 그려요.

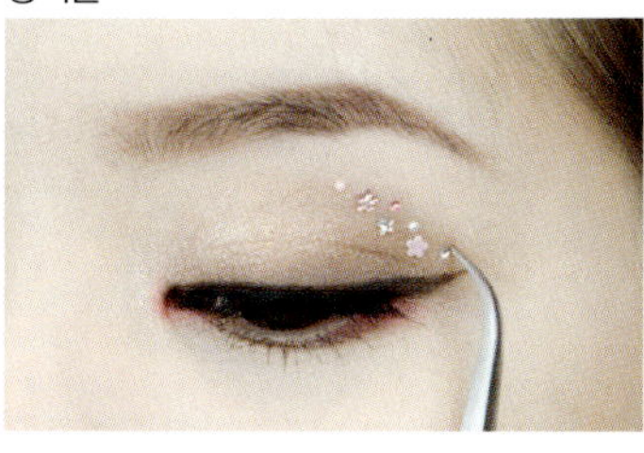

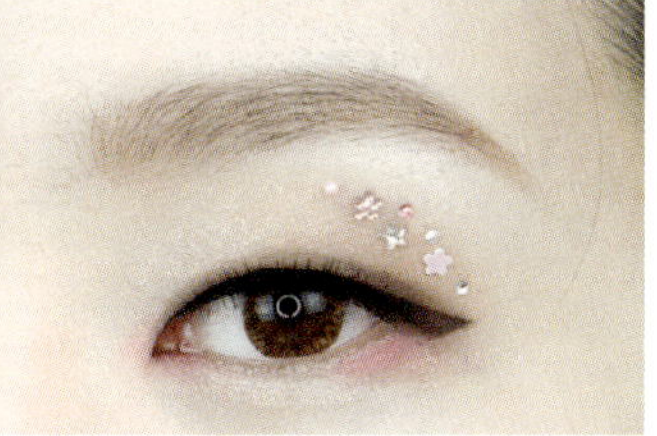

12 손등에 속눈썹 풀을 짠 뒤 핀셋으로 작은 큐빅을 집어 원하는 위치에 붙여요.

CHEEK

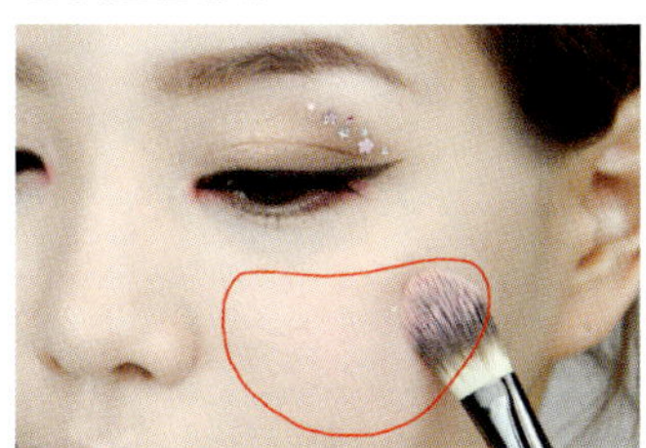

13 브러시에 2번 크림 블러셔를 묻힌 뒤 볼 전체에 반달 모양으로 발라요.

LIP

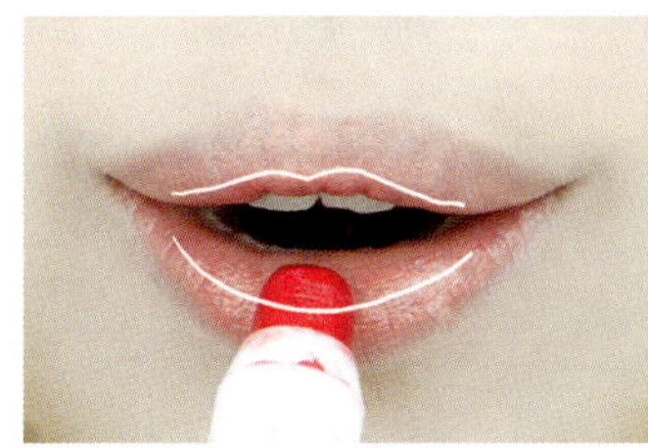

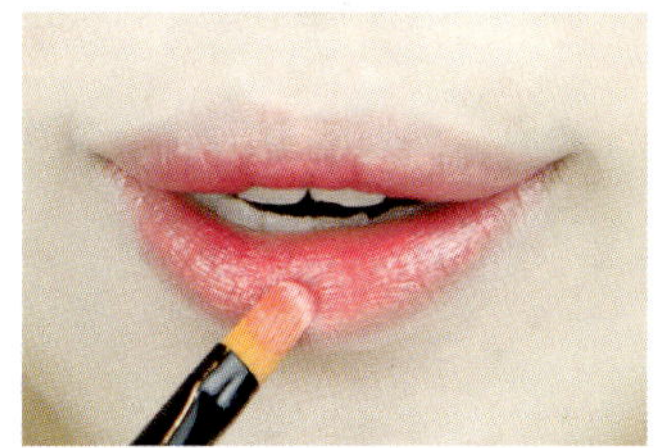

14 립 브러시에 6번 립스틱을 묻혀 입술 전체에 발라요.

15 입술 중앙에 1번 립스틱을 발라요.

16 립 브러시로 경계를 풀어요.

복숭앗빛 메이크업

귀엽고 걸리시한 설리 메이크업의 포인트는 '복숭아'를 연상시키는 두 뺨이에요. 피치 컬러 크림 블러셔를 바른 뒤 핑크 컬러의 가루 블러셔를 덧발라 사랑스러운 복숭아 컬러의 뺨을 연출해요. 연한 화장을 좋아하는 분들에게 데일리 메이크업으로 딱이에요.

개코's 아이템

1 웜 핑크 컬러 블러셔
2 펄 감이 있는 핑크 컬러 아이섀도
3 은은한 펄 감의 옐로골드 컬러 아이섀도
4 은은한 펄 감의 붉은빛 브라운 컬러 아이섀도
5 펄 감이 있는 밝은 핑크 컬러 아이섀도
6 연한 코럴 컬러 아이섀도
7 블랙 컬러 젤 아이라이너
8 브라운 컬러 젤 아이라이너
9 코럴 컬러 크림 블러셔
10 브라운 컬러 펜슬 아이라이너
11 은은한 펄 감의 밝은 핑크 컬러 펜슬 라이너
12 화려한 글리터 펄 감의 화이트 컬러 가루 아이섀도
13 자연스러운 인모 속눈썹
14 브라운 컬러 렌즈
15 코럴 컬러 립스틱
16 은은한 광택의 핑크코럴 컬러 글로스 틴트

EYE

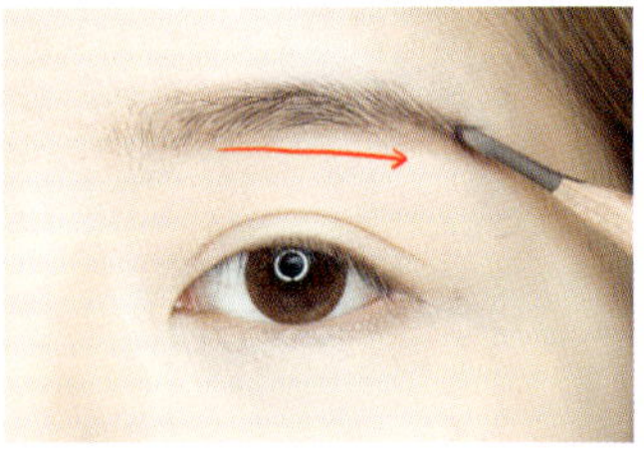

1 아이브로 펜슬로 눈썹 앞머리와 눈썹 꼬리를 수평으로 이어 가이드라인을 그려요. 빈 공간을 채운 뒤 눈썹꼬리가 처져 보이게 내려 그려요.

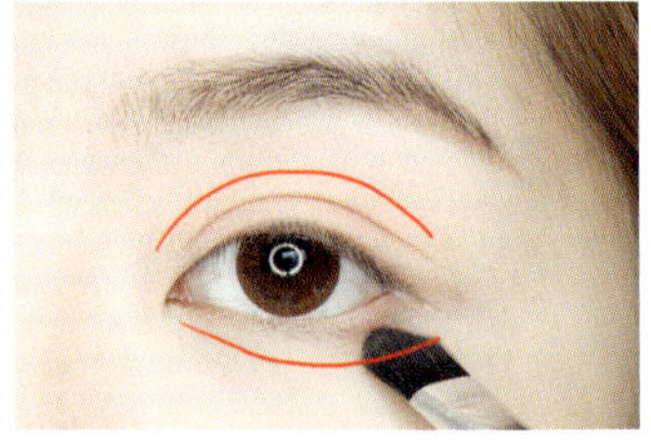

2 6번 아이섀도를 눈두덩에 넓게 2~3회 펼쳐 바른 뒤 언더라인에도 발라요.

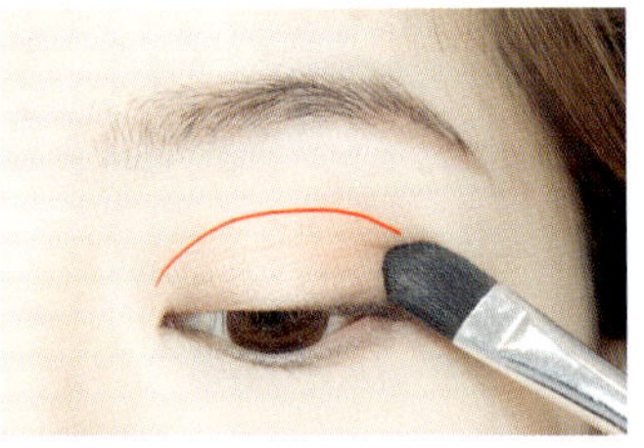

3 3번 아이섀도를 눈두덩에 덧발라요.

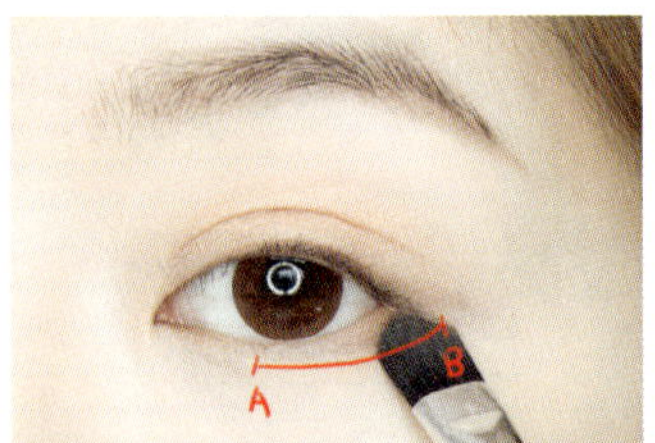

4 A~B 부분에도 발라요.

쌍꺼풀

홑꺼풀

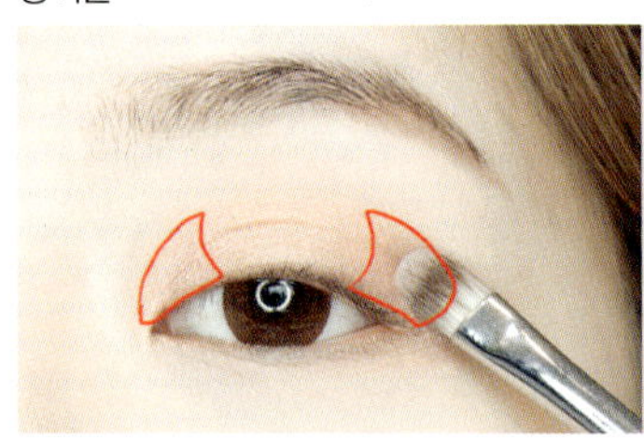

5 2번 아이섀도를 눈두덩 앞부분과 끝부분에 발라요. 홑꺼풀은 눈을 떴을 때 아이섀도가 4~5mm 정도 보이게 발라요.

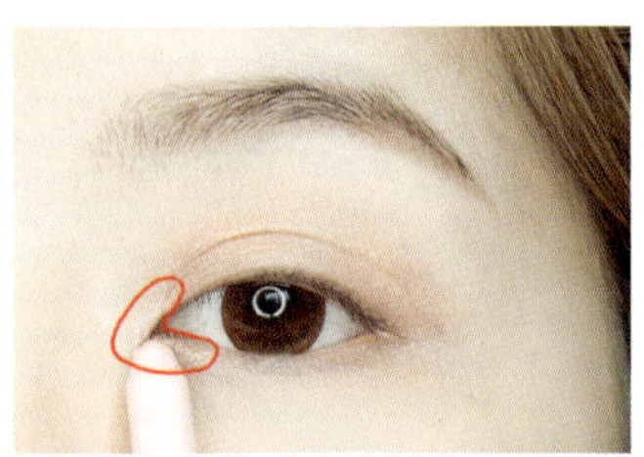

6 11번 펜슬 라이너를 눈 앞머리에 발라 크고 시원하게 트인 눈매를 연출해요.

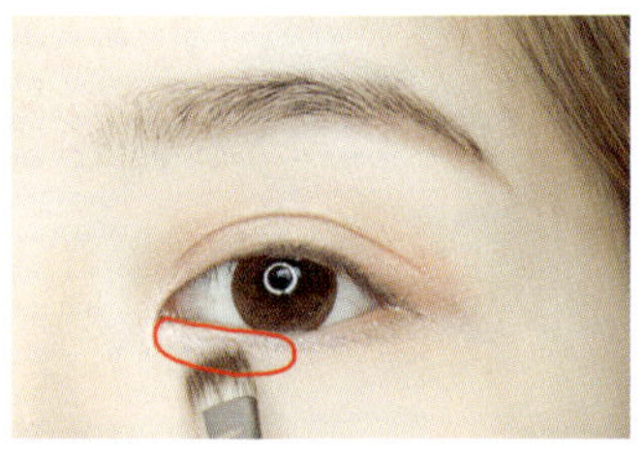

7 5번 아이섀도를 언더라인 앞부분에만 펄 감이 살아나도록 3~4회 덧발라요.

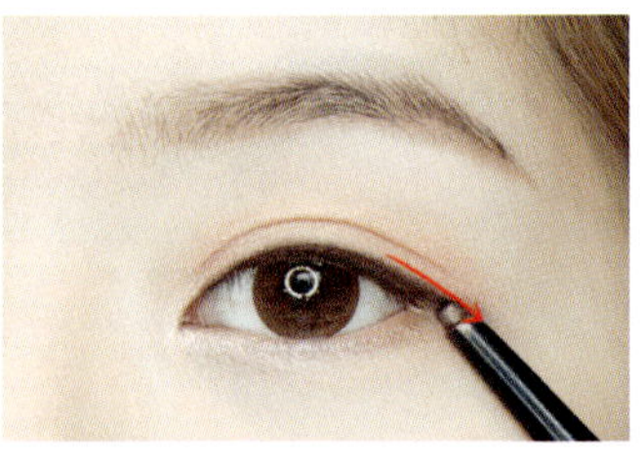

8 10번 펜슬로 속눈썹 사이사이를 채운 뒤 눈꼬리를 아래로 길게 빼요. 홑꺼풀은 눈을 떴을 때 1~2mm 정도 보이게 그려요.

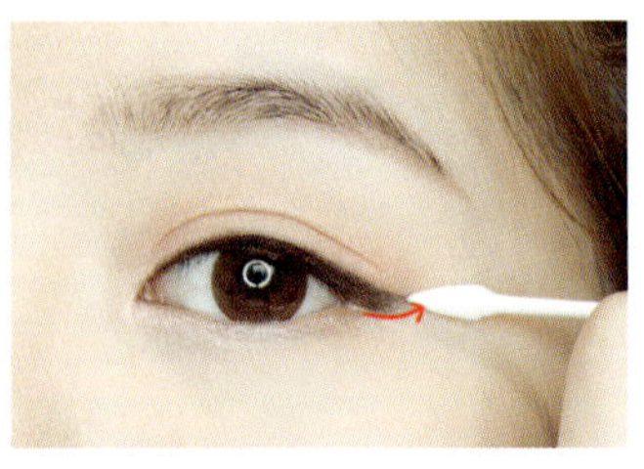

9 아래로 길게 뺀 눈꼬리에 면봉을 올려 놓고 닦아내듯 수평으로 빼요.

쌍꺼풀

홑꺼풀

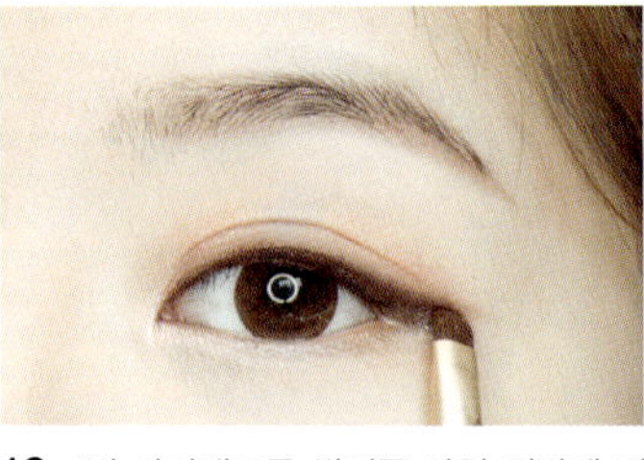

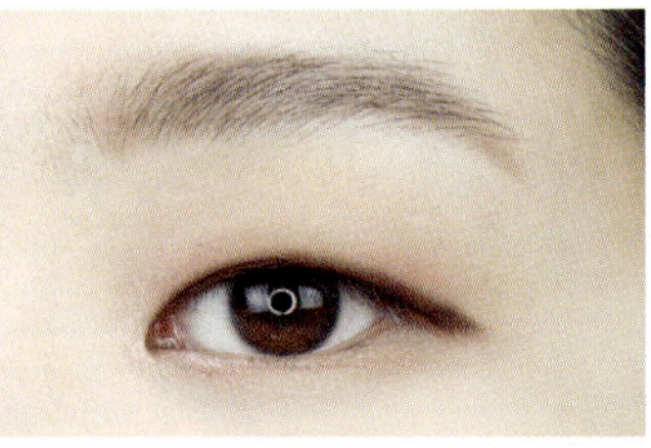

10 4번 아이섀도를 쌍꺼풀 라인 절반에 덧발라요. 홑꺼풀은 눈을 떴을 때 1~2mm 정도 보이게 그린 뒤 자연스럽게 그러데이션해요.

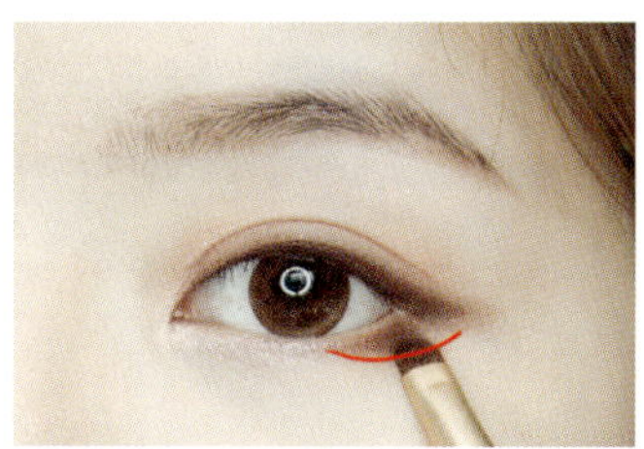

11 4번 아이섀도로 언더라인 끝부분과 눈꼬리를 이어요.

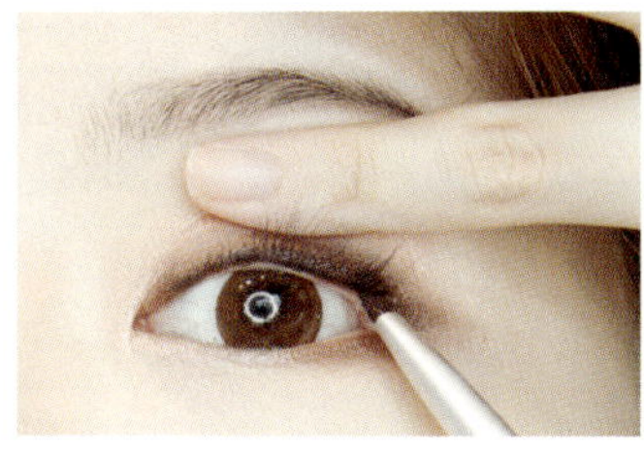

12 7번, 8번 아이라이너를 섞어 브러시에 묻힌 뒤 눈 위 점막을 채워요.

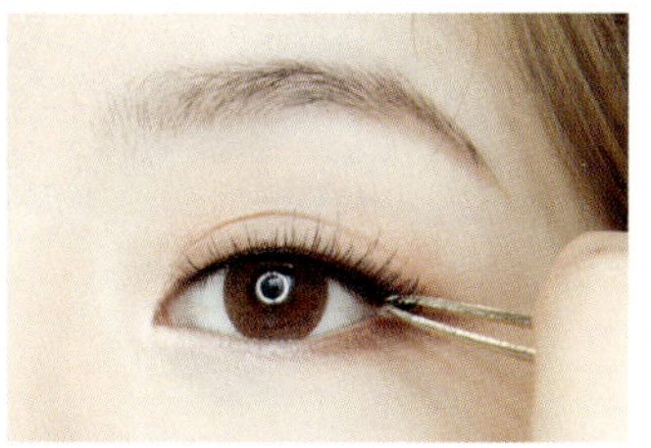

13 자신의 속눈썹과 가장 비슷한 인조 속눈썹을 붙여요.

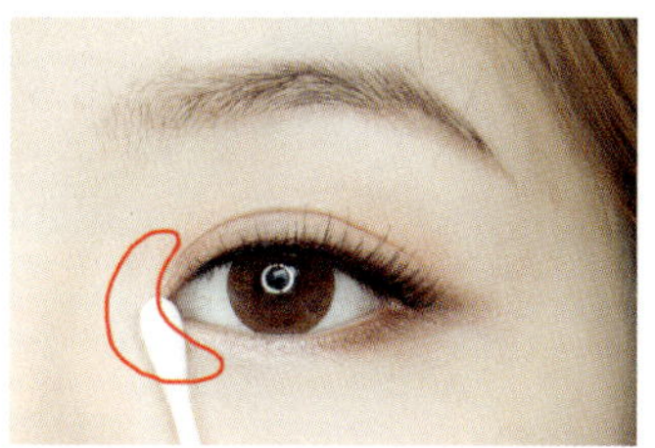

14 면봉에 12번 아이섀도를 묻혀 표시한 부분에 발라요.

쌍꺼풀

홑꺼풀

15 마스카라를 아래 속눈썹에 발라요. 투명 마스카라를 덧발라 속눈썹을 고정해도 좋아요.

CHEEK

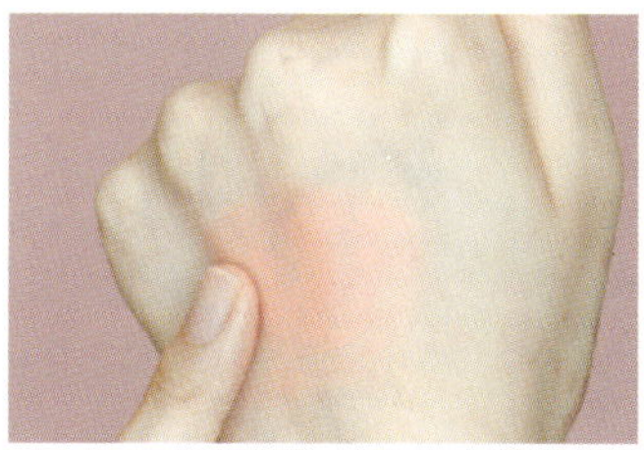

16 9번 크림 블러셔를 손가락으로 한 번 쓸어요. 그대로 발색하면 뭉치거나 많은 양이 한꺼번에 묻을 수 있어요.

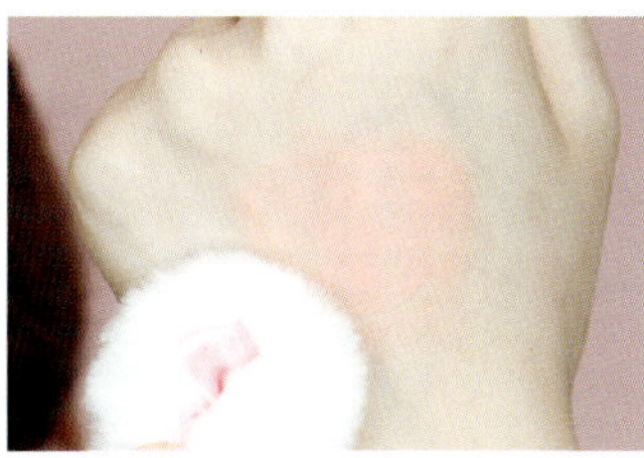

17 보아퍼프에 묻혀요.

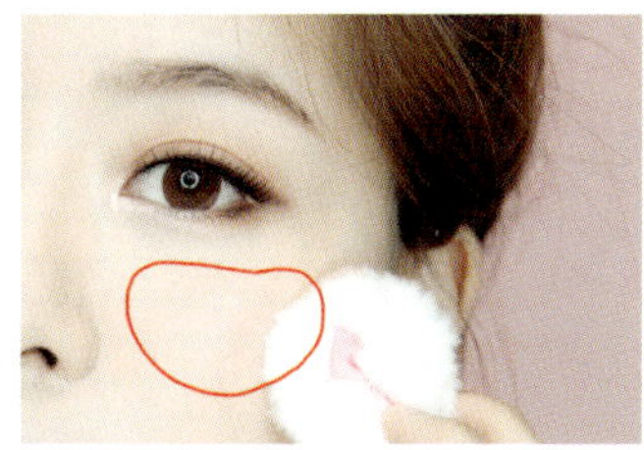

18 앞볼에 2~3회 톡톡 두드려요.

LIP

19 1번 블러셔를 앞볼에 펴 발라요. 크림 블러셔 위에 1번 가루 블러셔를 바르면 밀착력과 지속력이 높아져요.

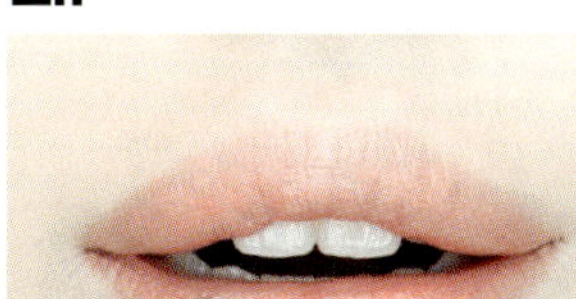

20 15번 립스틱을 안쪽에 발라요.

21 립 브러시에 16번 틴트를 묻혀 입술 전체에 발라요.

클린 앤 퓨어 메이크업

선한 눈매와 촉촉한 입술이 눈길을 끄는 수지 메이크업. 아이라인을 반달 모양으로 그린 뒤 아이섀도를 눈두덩 앞부분에만 발라요. 블러셔를 볼 중앙에 톡톡 두드리듯 바르면 청순하면서 화사해 보여요. 남자친구와의 데이트 메이크업으로 강력 추천!

개코's 아이템

1 바린 광의 피치베이지 컬러 아이섀도
2 은은한 펄 감의 어두운 브라운 컬러 아이섀도
3 은은한 펄 감의 핑크코럴 컬러 블러셔
4 브라운 컬러 젤 아이라이너
5 블랙 컬러 젤 아이라이너
6 연한 코럴 컬러 아이섀도
7 화려한 펄 감의 핑크베이지 컬러 아이섀도
8 은은한 펄 감의 브라운 컬러 아이섀도
9 중간 톤 음영 섀도
10 펄 감이 있는 핑크코럴 컬러 펜슬 라이너
11 은은한 광택의 핑크코럴 컬러 글로스 틴트
12 매트한 톤 다운된 웜 톤 핑크 컬러 립스틱
13 자연스러운 투명 라인 속눈썹
14 브라운 컬러 렌즈

EYE

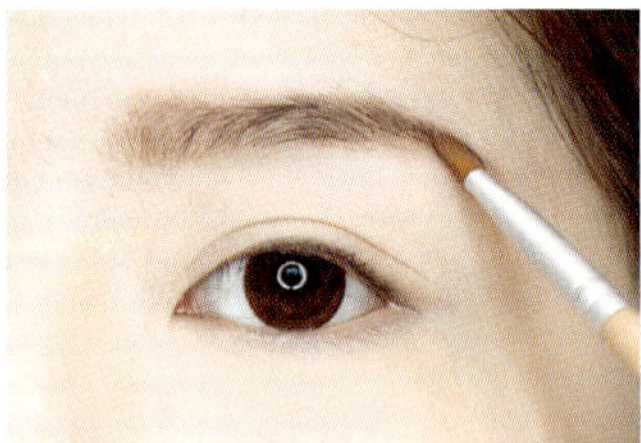

1 9번 아이섀도로 일자형 눈썹을 그려요. (73 페이지 참고)

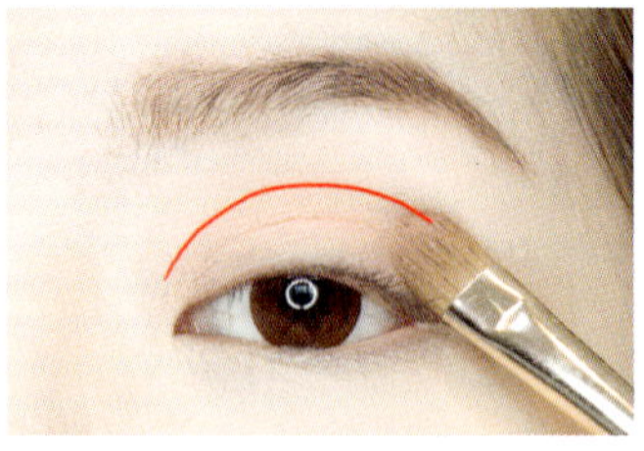

2 6번 아이섀도를 눈두덩에 넓게 펴 발라요.

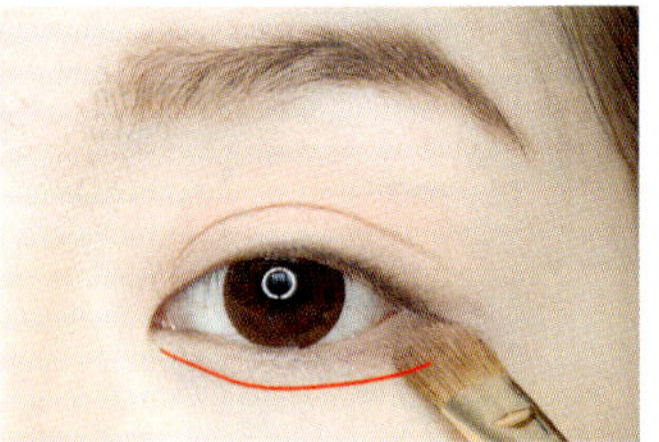

3 언더라인에도 발라요.

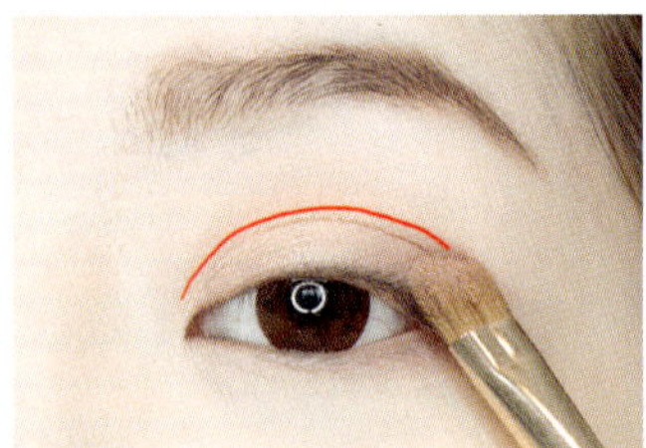

4 7번 아이섀도를 눈두덩 절반에 발라요.

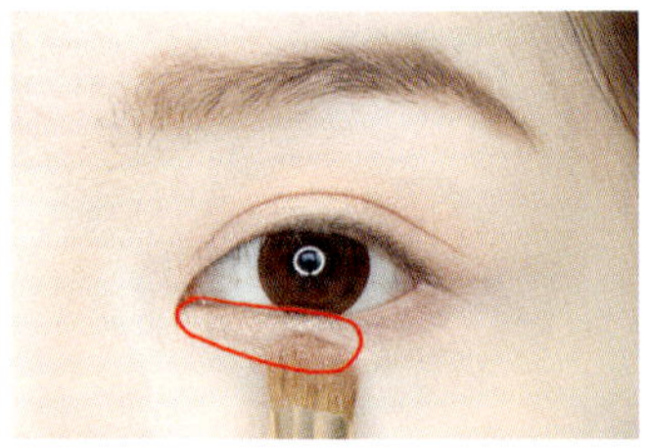

5 언더라인 앞부분에서 2/3 길이까지 발라요.

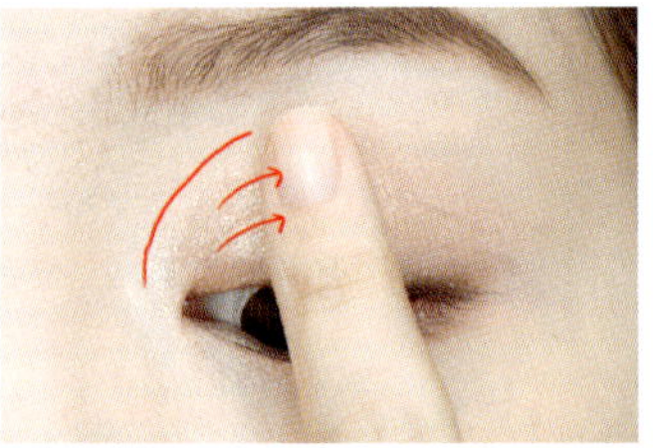

6 1번 아이섀도를 아이 홀 앞부분에 발라요. 아이섀도를 앞부분에만 바르면 눈매가 화사해 보여요.

쌍꺼풀 / 홑꺼풀

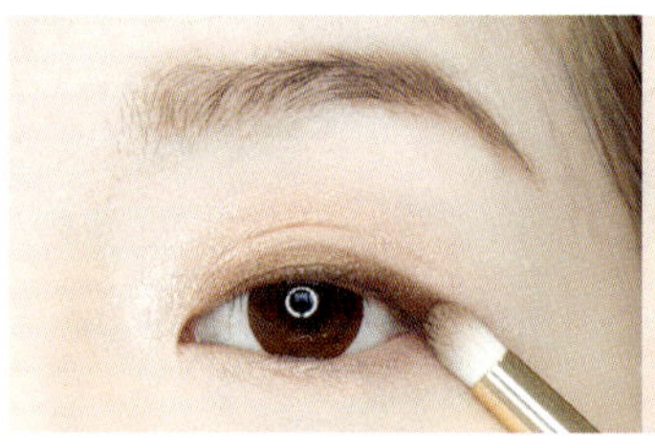

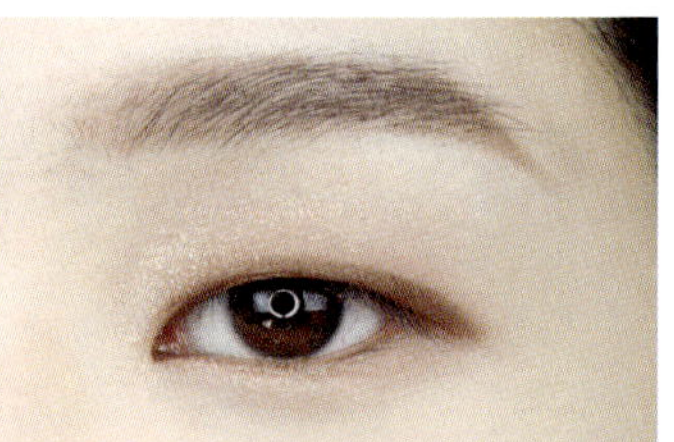

7 8번 아이섀도로 쌍꺼풀 라인 절반을 채워요. 홑꺼풀은 눈을 떴을 때 아이섀도가 2~3mm 정도 보이게 그려요.

8 브러시를 휴지에 문지르며 아이섀도를 털어낸 뒤 경계가 드러나지 않게 섞어 줘요. 홑꺼풀은 이 과정을 생략해요.

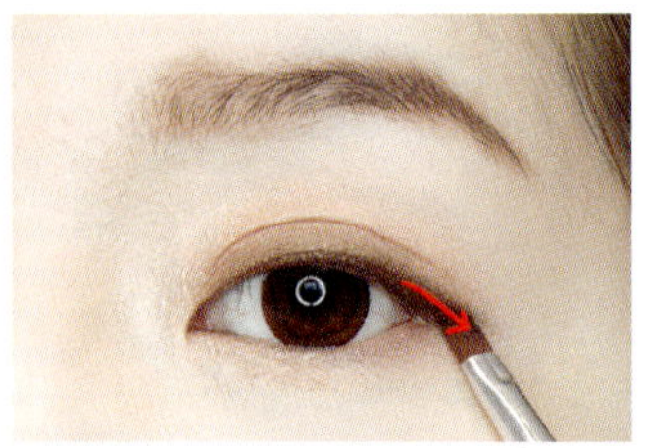

9 2번 아이섀도로 눈꼬리를 아래로 빼요.

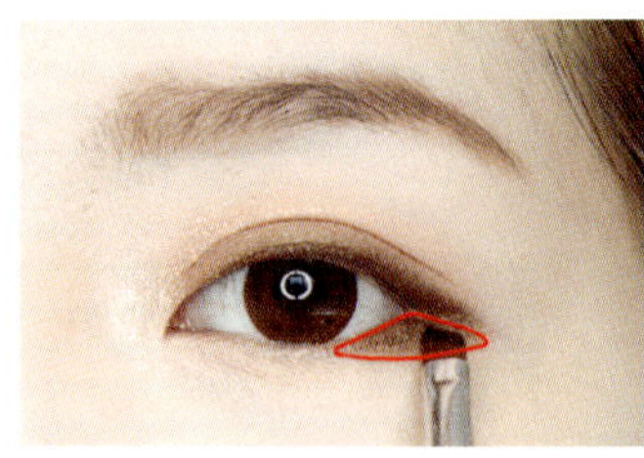

10 9번 과정에서 사용한 붓으로 삼각존에 가이드라인을 그린 뒤 빈 공간을 채워요.

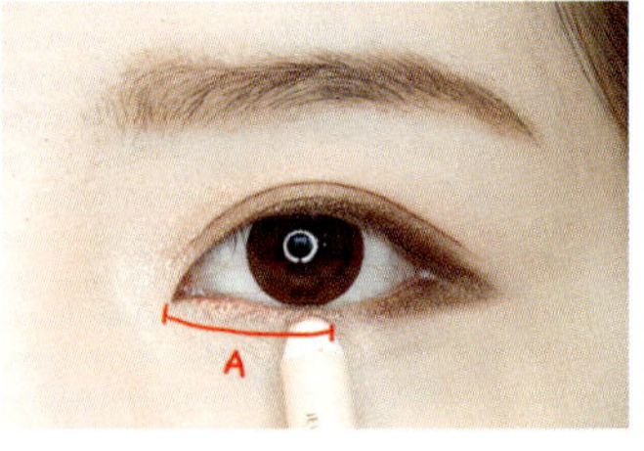

11 10번 펜슬로 눈 앞머리부터 A까지 발라요. 밋밋한 아이 메이크업에 과하지 않게 포인트를 줘요.

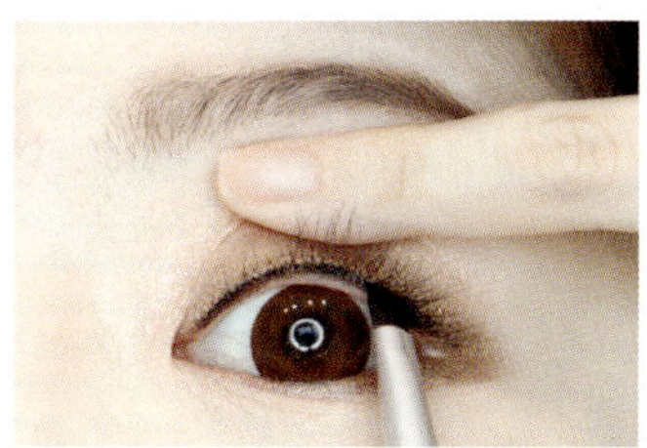

12 5번 아이라이너로 눈 위 점막을 채워요.

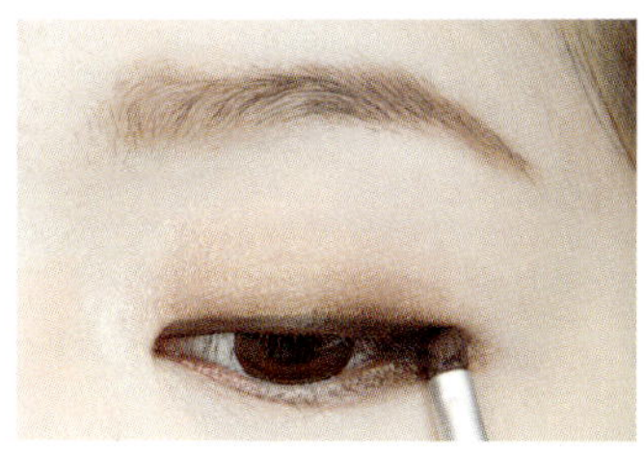

13 12번에서 사용한 브러시에 4번 아이라이너를 덧묻혀 속눈썹 사이사이를 꼼꼼하게 채워요.

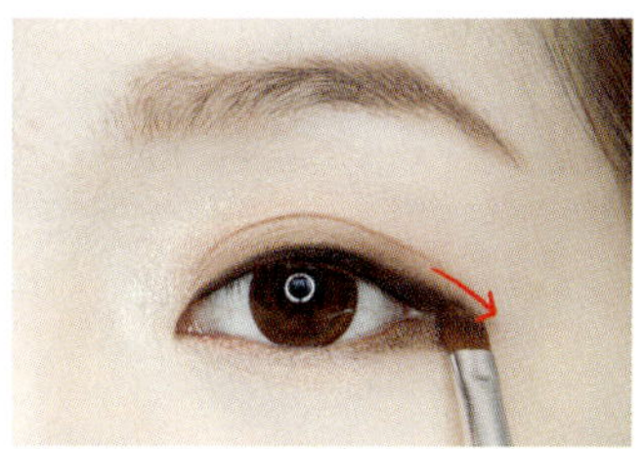

14 2번 아이섀도로 눈꼬리를 아래로 빼요.

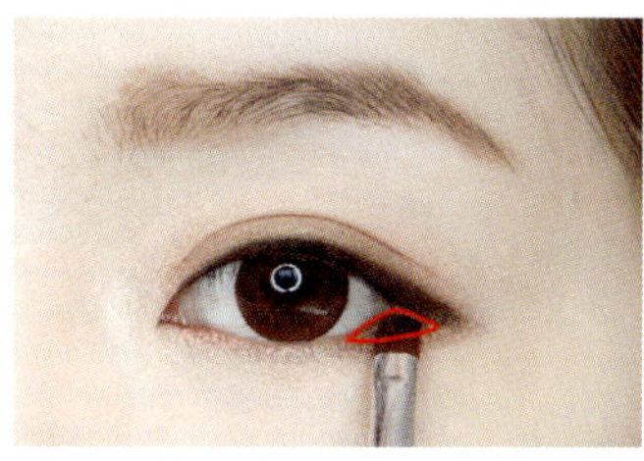

15 4번 아이라이너를 삼각존에 발라요.

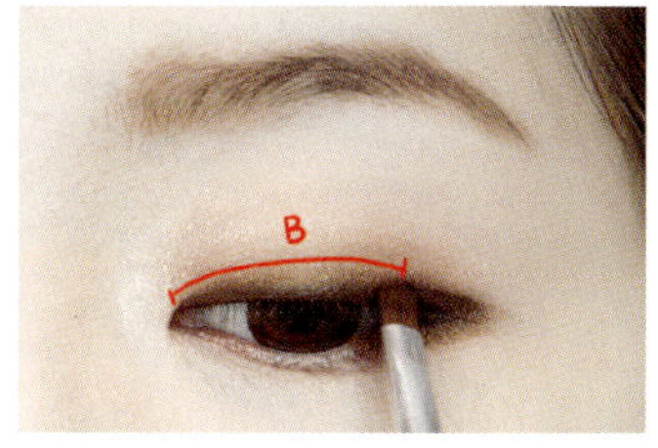

16 2번 아이섀도로 눈 앞머리부터 B 지점까지 아이라인 경계를 섞어줘요. 내추럴한 아이 메이크업은 눈꼬리까지 블렌딩하면 눈매가 흐릿해 보여요.

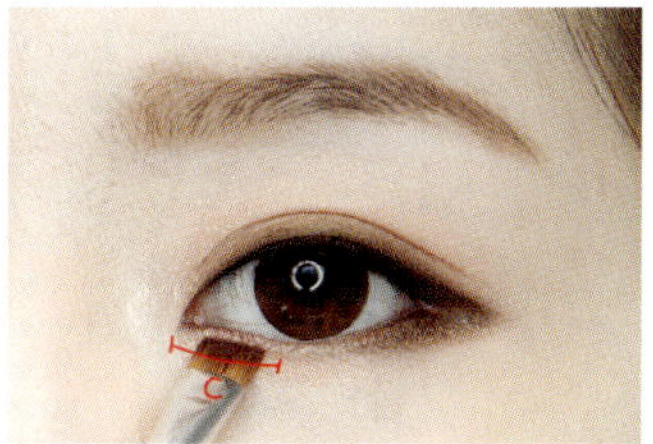

17 1번 아이섀도를 C에 발라요.

쌍꺼풀   홑꺼풀

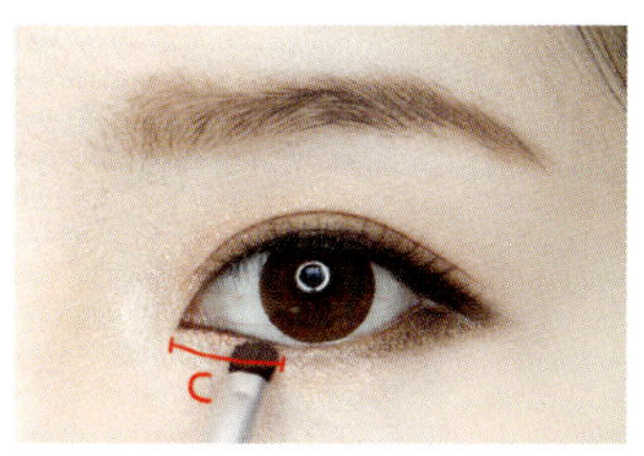

18 4번 아이라이너로 C 부분 점막을 채워요.

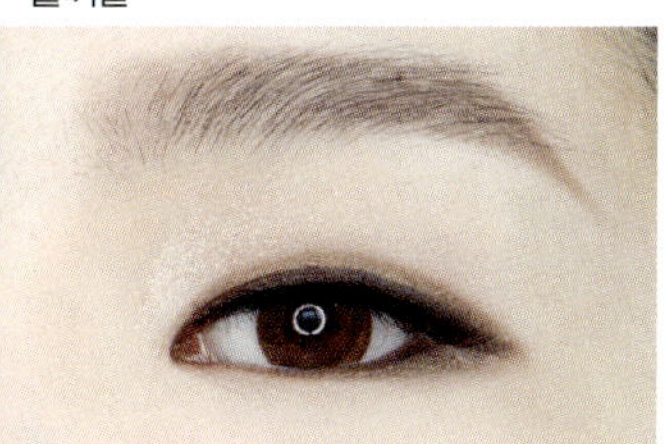

19 모 길이가 8mm 이하의 자연스러운 인조 속눈썹을 붙여요.

CHEEK

20 3번 블러셔를 볼 중앙에 톡톡 두드리듯이 발라요.

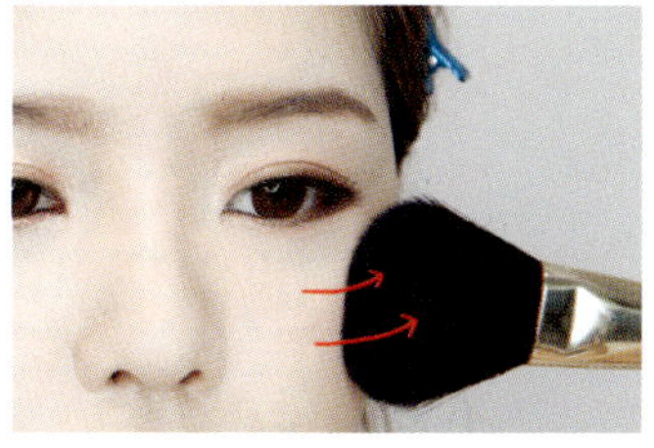

21 안에서 바깥쪽으로 1~2회 쓸며 뭉쳐 있는 블러셔를 털어내요.

LIP

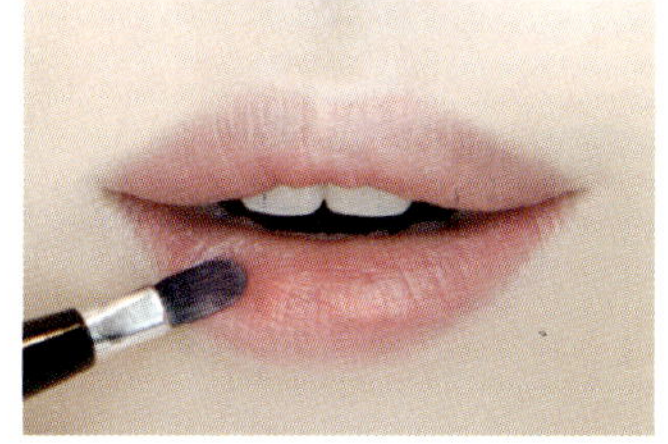

22 립 브러시에 11번 립글로스 틴트를 묻혀 입술 전체에 발라요. 깨끗한 립 브러시에 12번 립글로스를 묻혀 덧발라요.

블링블링 메이크업

컴백할 때마다 그녀들의 메이크업은 항상 화제가 되죠. 밝은 컬러의 일자눈썹, 화려한 색조 메이크업이 트레이드마크! 〈소녀시대〉처럼 눈두덩에 넓게 피그먼트를 발라 각도에 따라 반짝반짝 빛나는 눈매를 만들어봐요. 특별한 날, 더욱 매력적인 모습으로 변신시켜줄 거예요.

개코's 아이템

1 중간 톤 음영 섀도
2 톤 다운된 흐린 퍼플 컬러 아이섀도
3 밝은 브라운 컬러 아이브로 마스카라
4 톤 다운된 탁한 퍼플 컬러 아이섀도
5 쉬머한 펄 감의 탁한 핑크 컬러 중간 톤 아이섀도
6 밝은 그레이 컬러 피그먼트
7 웜 톤 핑크 컬러 피그먼트
8 버건디 컬러 피그먼트
9 화려한 글리터 펄 감의 화이트 컬러 가루 아이섀도
10 핫핑크 립스틱
11 수박색 립글로스
12 블랙 컬러 젤 아이라이너
13 은은한 펄 감의 어두운 브라운 컬러 아이섀도
14 눈꼬리가 긴 투명 라인 속눈썹
15 바이올렛 컬러 렌즈3

EYE

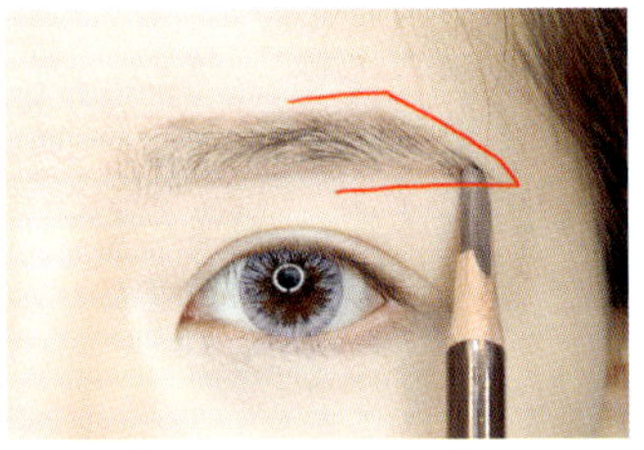

1 아이브로 펜슬로 눈 앞머리와 눈썹 산이 수평이 되게 가이드라인을 그려요.

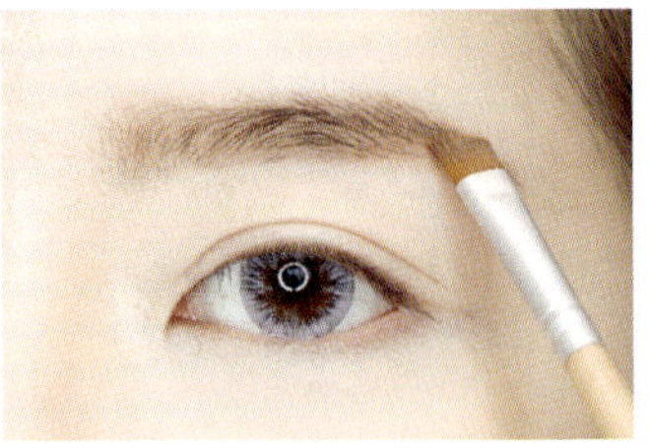

2 1번 아이섀도로 빈 공간을 채우며 밝은 일자눈썹을 연출해요.

3 리퀴드 타입의 3번 아이브로 마스카라를 열어 양을 조절해요. 너무 많은 양을 바르면 눈썹이 뭉쳐요.

4 눈썹 결대로 빗어요.

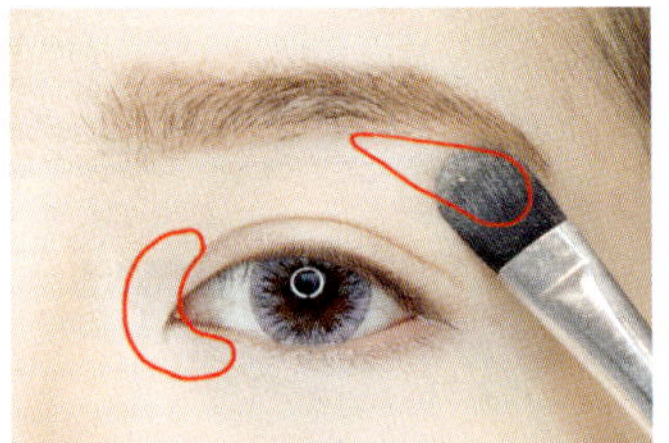

5 눈 앞머리를 손가락으로 눌러 움푹 들어가는 부분과 눈두덩 앞부분, 눈썹 산에 하이라이터를 발라요.

6 1번 아이섀도로 눈두덩 바깥에서 안쪽으로 가볍게 쓸어요.

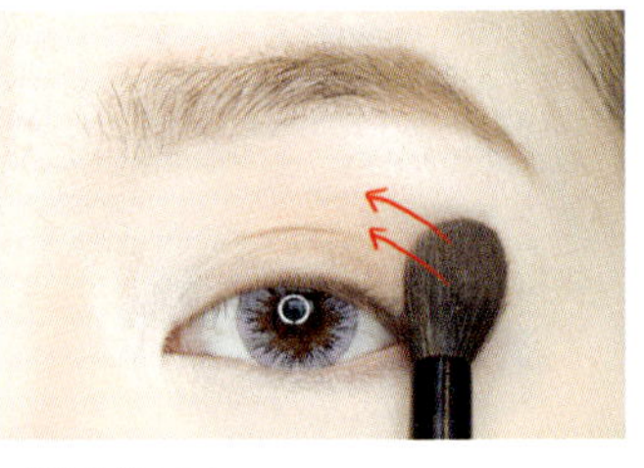

7 언더라인에도 발라요.

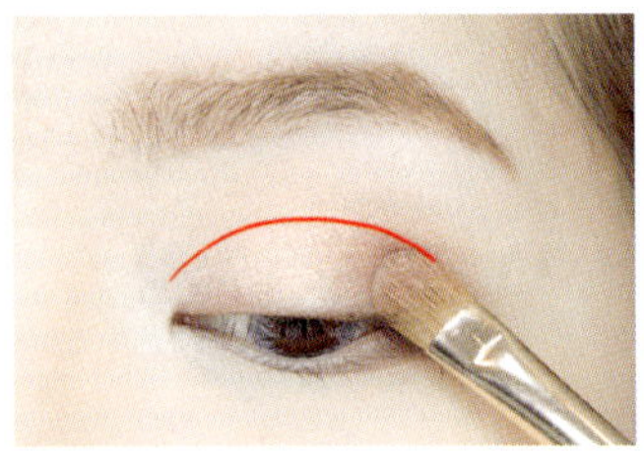

8 5번 아이섀도를 눈두덩에 2~3회 넓게 펼쳐요.

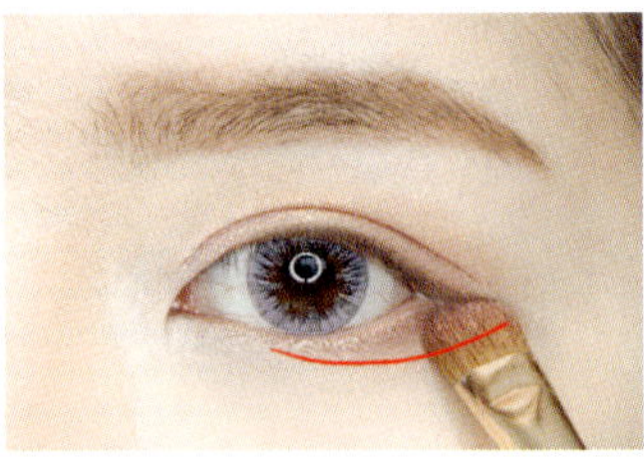

9 언더라인에도 발라요.

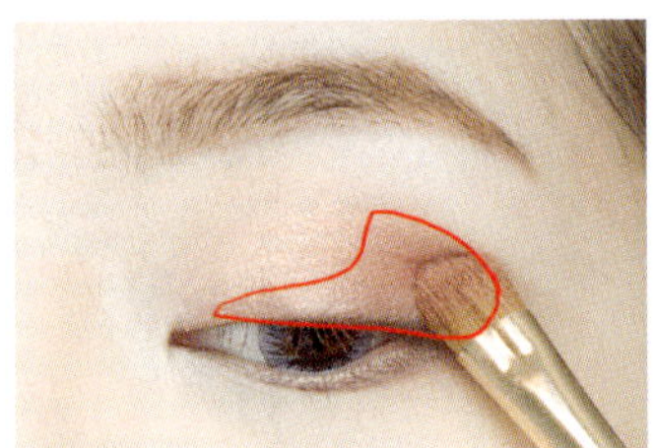

10 2번 아이섀도를 눈두덩이 뒷부분에 발라요.

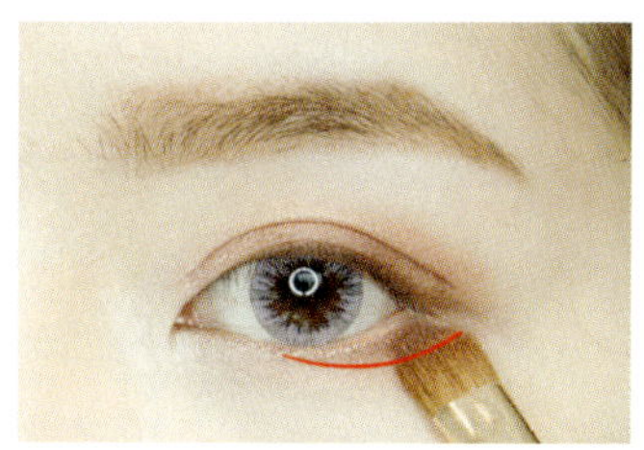

11 언더라인 뒷부분에도 발라요.

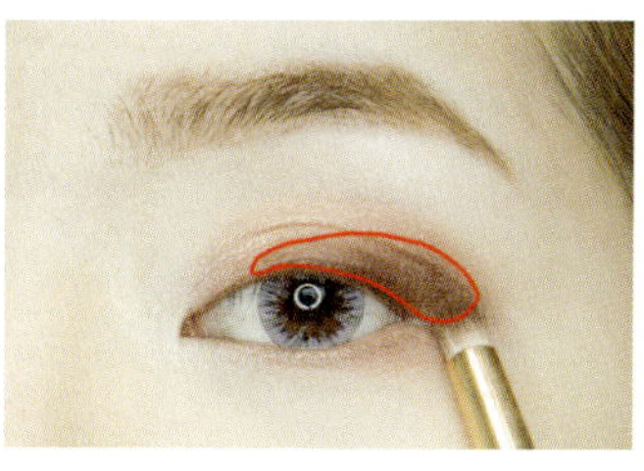

12 4번 아이섀도를 눈 앞머리에서 눈꼬리로 갈수록 넓게 채워주듯 발라요.

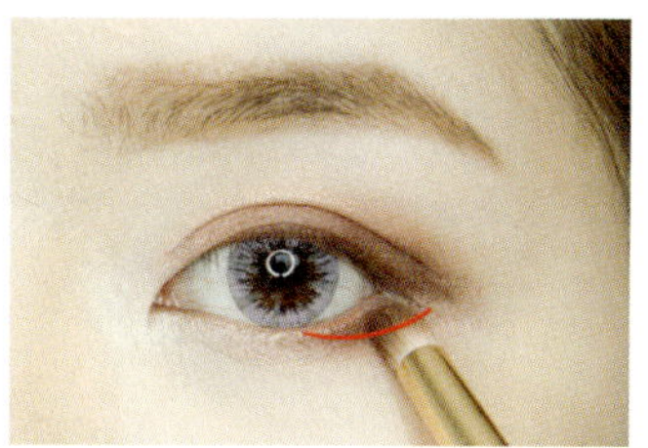

13 언더라인 뒷부분에도 발라요.

14 6번 피그먼트를 손등에 풀어 펄 뭉침을 막고 양을 조절해요.

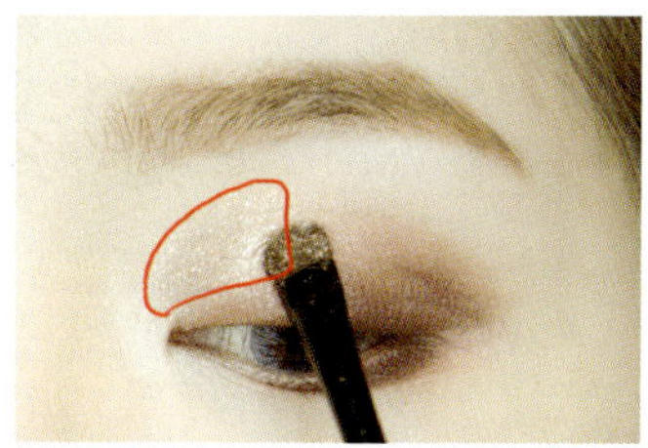

15 눈을 감았을 때 속눈썹에서 3~4mm 비워둔 뒤 표시된 눈두덩 앞부분에 발라요.

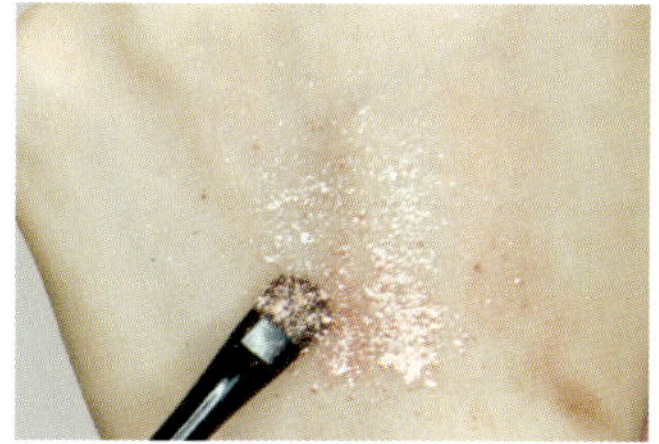

16 7번 피그먼트를 5번 피그먼트를 묻힌 부분에 묻혀 섞어요.

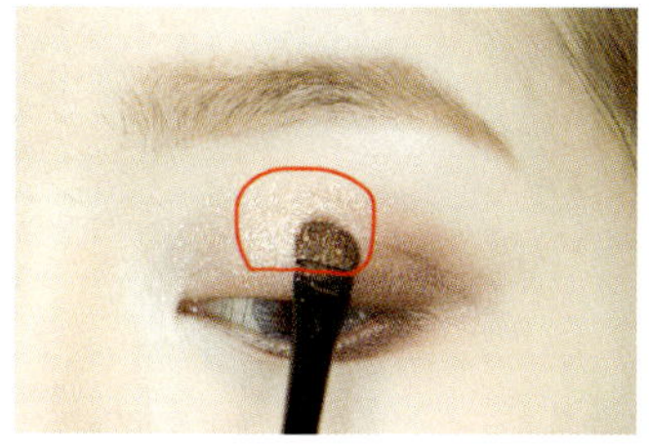

17 눈을 감았을 때 속눈썹에서 3~4mm 비워둔 뒤 표시된 눈두덩 중앙에 발라요.

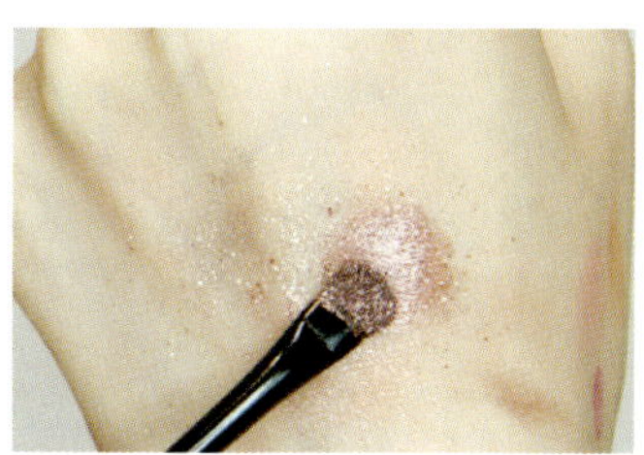

18 8번 피그먼트를 손등에 덜어 양을 조절해요.

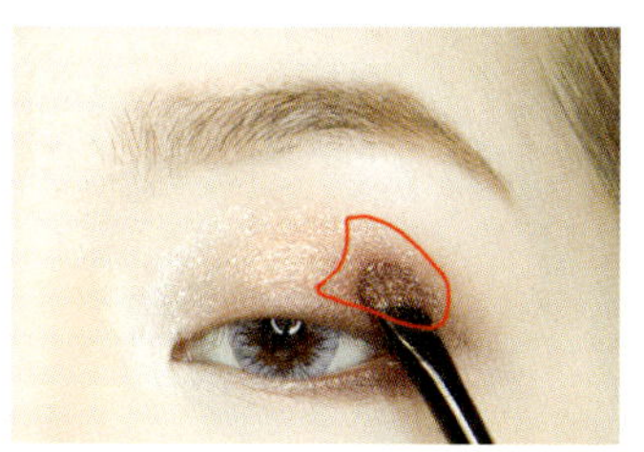

19 눈을 감았을 때 속눈썹에서 3~4mm 비워둔 뒤 눈두덩 뒷부분에 발라요.

쌍꺼풀

홑꺼풀

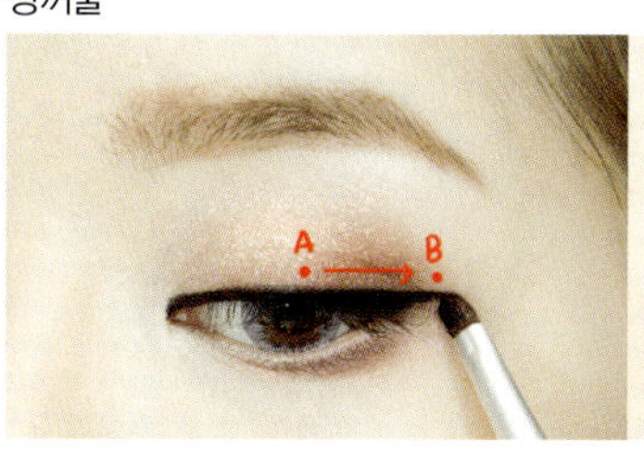

20 12번 젤 아이라이너로 눈 앞머리부터 중앙까지 라인을 따라 그리다 A~B까지 수평이 되게 눈꼬리를 길게 빼요. 홑꺼풀은 눈을 떴을 때 아이라인이 1mm 정도 보이게 그린 뒤 눈꼬리를 길게 빼요.

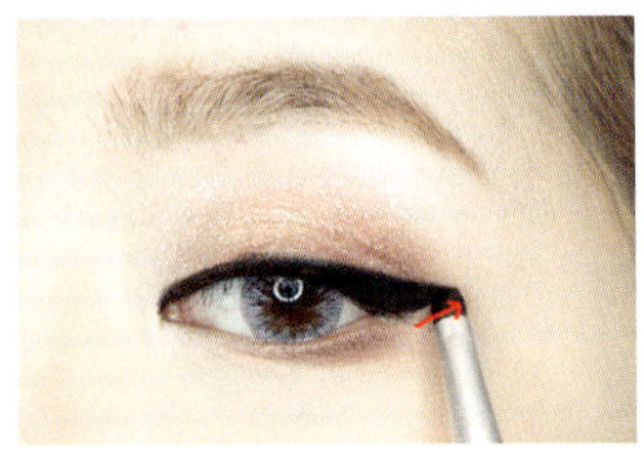 

21 눈꼬리와 연결한 뒤 빈 공간을 꼼꼼
하게 채워요.

22 눈꼬리에서 5mm 정도 비워두고 점
막을 꼼꼼하게 채워요.

쌍꺼풀

홑꺼풀

23 13번 아이섀도를 쌍꺼풀 라인 안쪽에 발라요. 홑꺼풀은 눈을 떴을 때 아이섀도가
3mm 정도 보이게 발라요.

24 언더라인 앞에서 2/3 지점까지 발라
요.

쌍꺼풀

홑꺼풀

 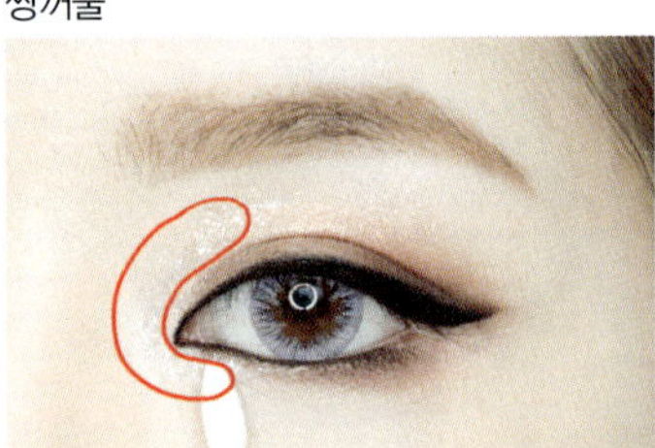 

25 12번 젤 아이라이너를 아이라인에
두껍게 덧발라 선명하고 밀도 있는
아이라인을 표현해요.

26 면봉에 9번 아이섀도를 묻혀 표시한 부분에 꼭꼭 누르듯 바른 뒤 속눈썹을 붙여요.

CHEEK

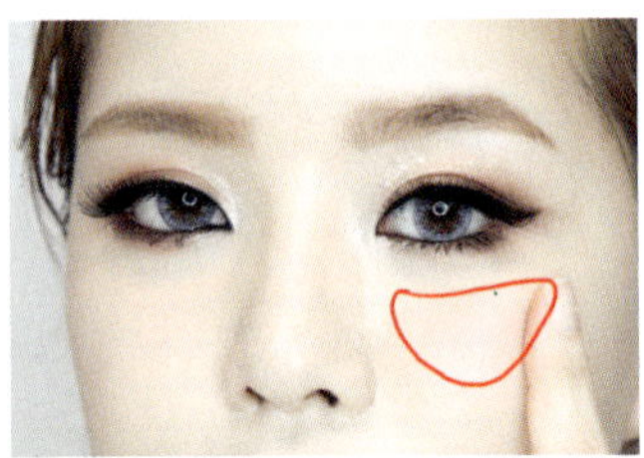

27 10번 립스틱을 손가락에 묻혀 앞볼
에 올린 뒤 삼각형 모양으로 가볍게
펴 발라요.

LIP

28 10번 립스틱을 입술 전체에 발라요.

29 립브러시로 입술 경계를 문질러요.

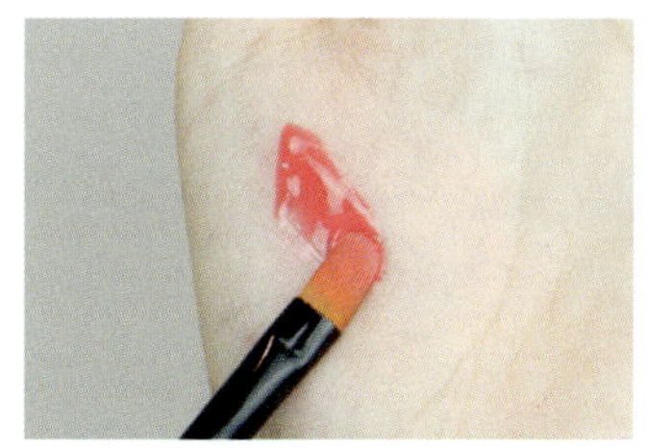

30 11번 립글로스를 손등에 덜어낸 뒤 브러시에 묻혀 양을 조절해요.

31 입술에 덧발라요.

피그먼트를 사용한 데일리 눈 화장 방법

1 눈두덩에 베이스 아이섀도를 발라요.

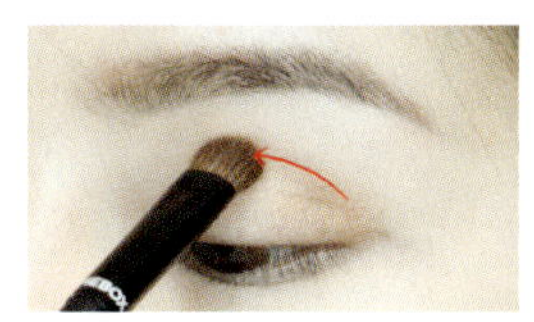

2 눈꼬리부터 중앙 방향으로 아이섀도를 바른 뒤 눈썹 뼈 밑을 눌렀을 때 푹 들어가는 곳에 음영을 넣어요.

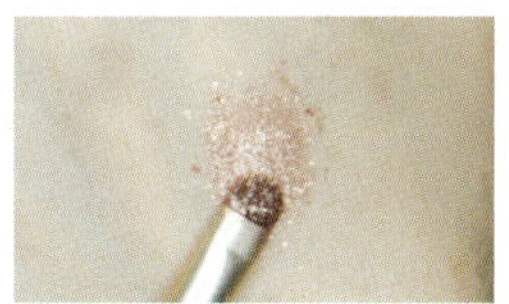

3 피그먼트를 브러시에 묻힌 뒤 손등에서 양을 조절 해요.

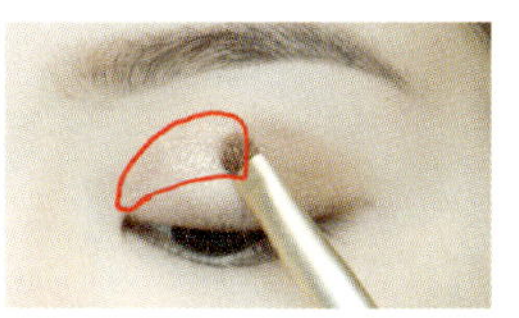

4 눈을 감았을 때 속눈썹에서 3~4mm 정도 비워둔 뒤 눈 앞머리부터 중앙까지 발라요.

5 아이라인을 그려요.

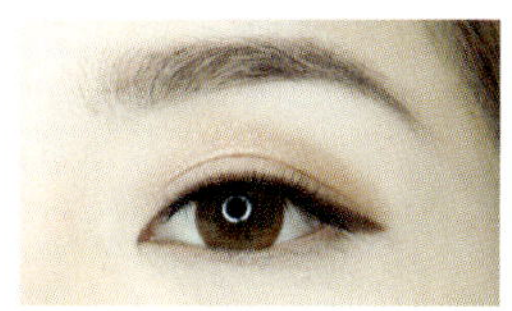

6 속눈썹을 붙이거나 마스카라 를 하면 완성!

섹시 카리스마 메이크업

화려한 아이 메이크업에 매혹적인 레드 립스틱, 볼과 눈 사이에 있는 매력적인 점이라고 하면 떠오르는 연예인이 있지 않나요? 바로 〈포미닛〉의 현아예요. 깊고 반짝이는 눈매, 선명한 레드 립으로 강렬한 현아 메이크업을 따라 해보았어요. 짙고 강한 아이라인과 도톰해 보이는 입술 메이크업으로 숨겨왔던 섹시미를 꺼내봐요!

개코's 아이템

1 밝은 아이보리 컬러 펜슬 아이라이너
2 매트한 레드 컬러 립스틱
3 은은한 펄 감의 밝은 아이보리 컬러 크림 셰도
4 중간 톤 음영 셰도
5 차콜 컬러 아이섀도
6 따뜻한 펄 감의 레드 컬러 블러셔
7 동색 피그먼트
8 밝은 그레이 컬러 피그먼트
9 화려한 펄 감의 골드 컬러 아이섀도
10 은은한 펄 감의 브라운 컬러 아이섀도
11 눈꼬리가 길고 모가 풍성한 속눈썹
12 그레이 컬러 렌즈
13 블랙 컬러 젤 아이라이너

213

EYE

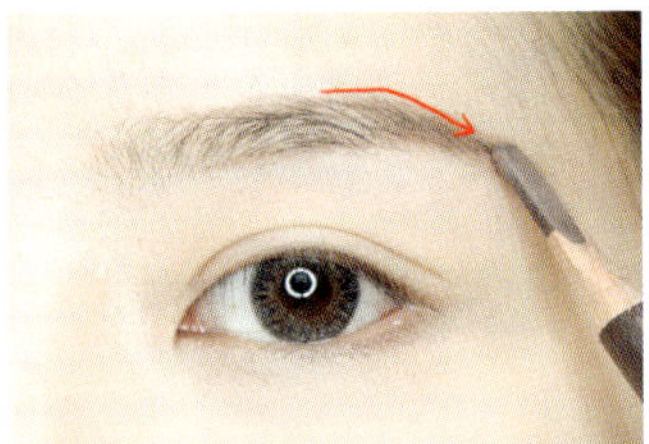

1 아이브로 펜슬로 눈썹 산은 각지게, 끝은 내려 그려요.

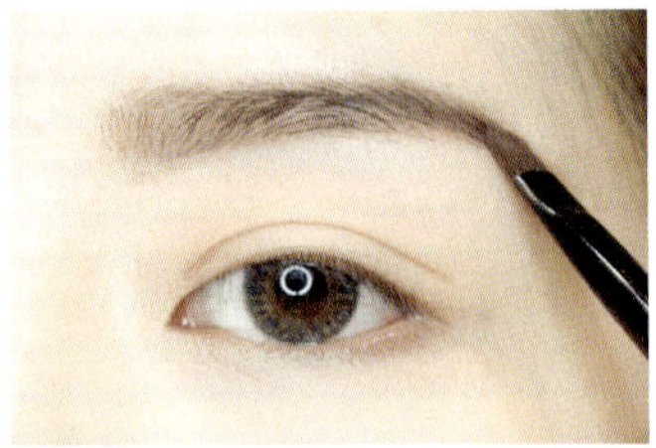

2 5번 아이섀도를 눈썹에 덧발라 진하고 또렷하게 연출해요.

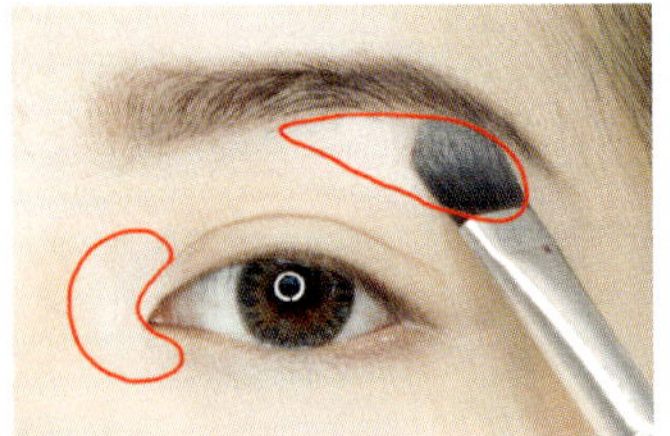

3 눈 앞머리를 손가락으로 눌러 움푹 들어가는 곳과 눈두덩이 앞부분, 눈썹 뼈에 하이라이터를 발라요.

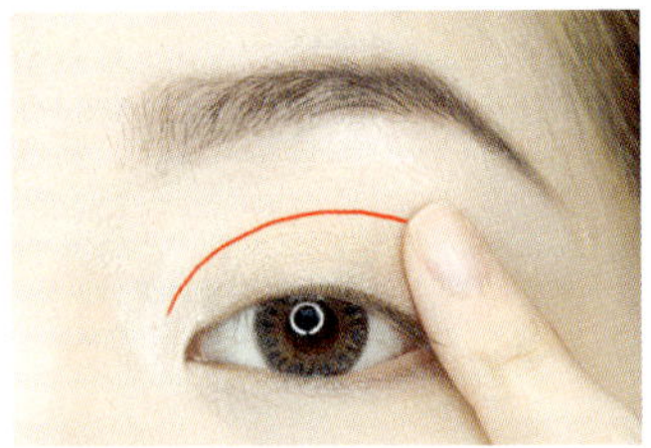

4 3번 아이섀도를 눈두덩에 넓게 펴 발라요.

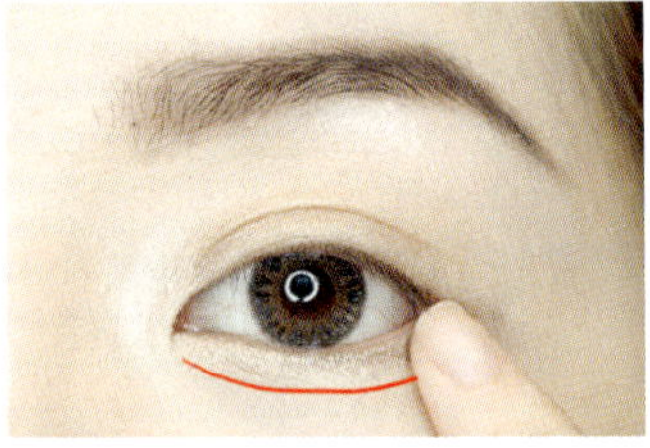

5 언더라인에도 발라요. 크림 섀도는 피부 밀착력이 좋아 가루 타입 아이섀도를 덧바르면 선명하게 발색돼요.

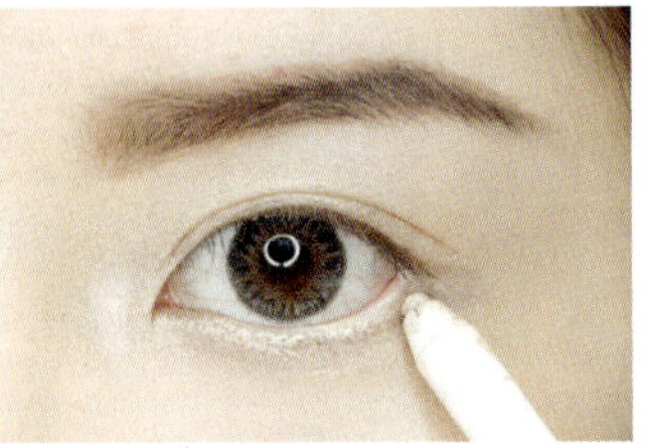

6 1번 펜슬로 언더라인 점막을 꼼꼼하게 채워요.

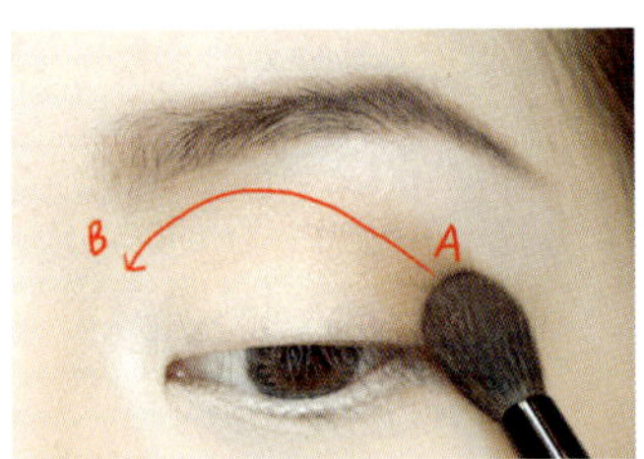

7 4번 아이섀도를 A~B부분까지 뒤에서 앞으로 쓸어주듯 발라요. 아이 홀에 음영을 주어 입체적인 눈매를 연출해요.

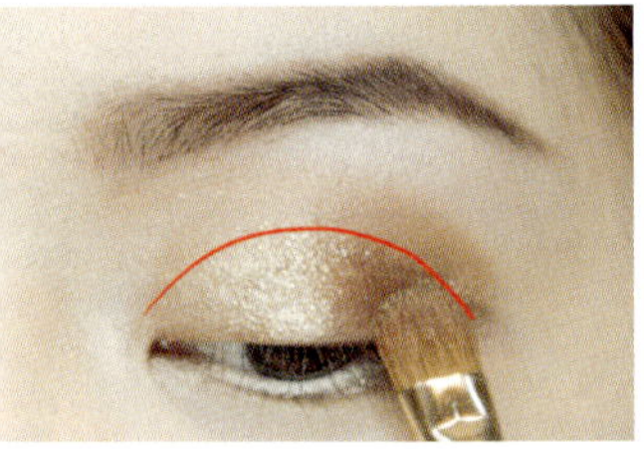

8 9번 아이섀도를 눈두덩 절반에 2~3회 발라요.

9 10번 아이섀도를 눈두덩 앞부분에 가볍게 발라요.

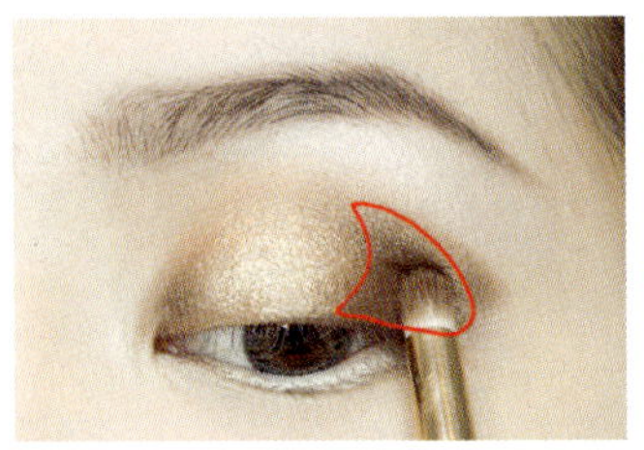

10 눈두덩 뒷부분에도 발라요.

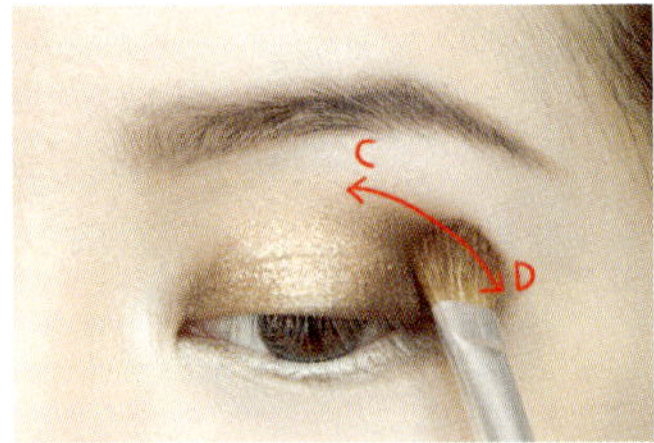

11 10번 아이섀도를 눈썹 뼈 바로 밑 움푹 들어가는 곳(C~D)에 3~4회 덧발라요. 아이 홀을 강조해 입체적인 눈매를 연출해요.

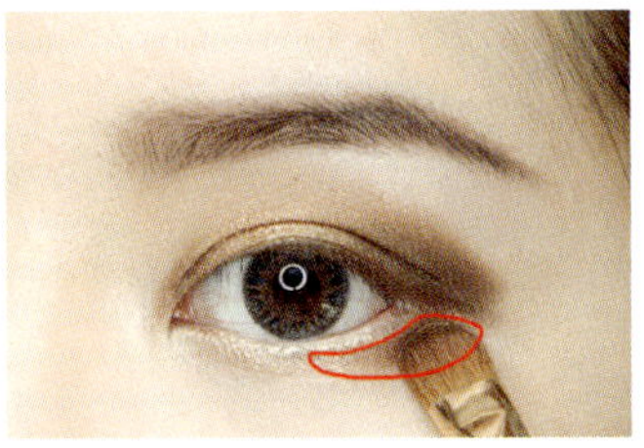

12 9번 아이섀도를 언더라인 끝에서 2/3 길이까지만 발라요. 눈이 더 커 보이는 효과가 있어요.

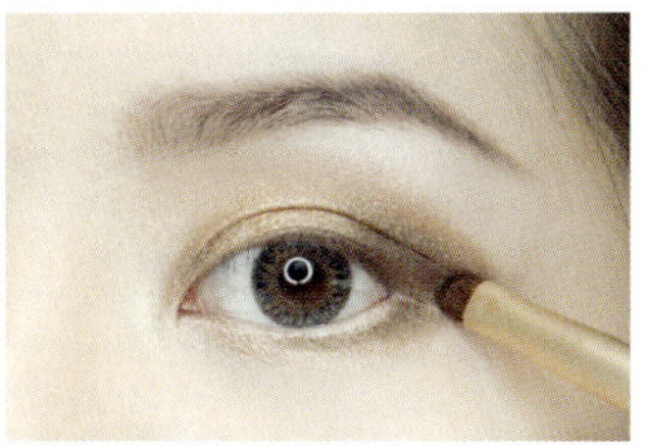

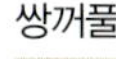
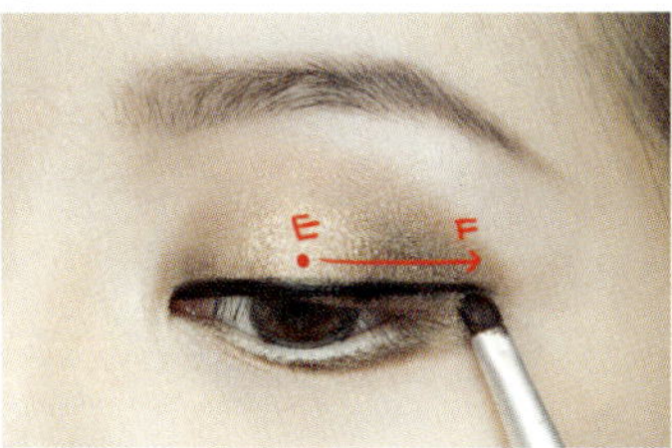
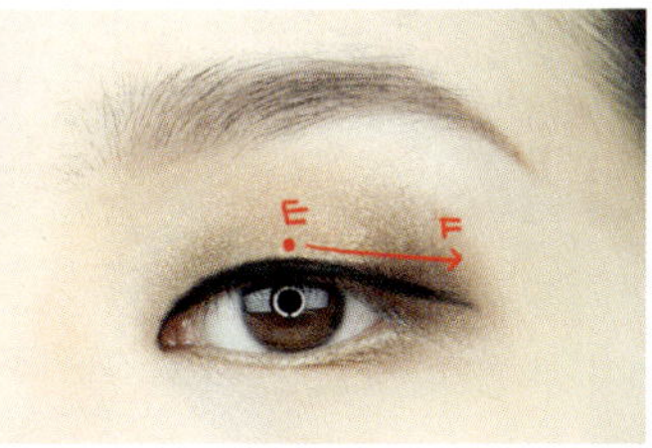

13 10번 아이섀도를 12번 과정에서 발라 놓은 부분의 절반 정도 덧발라요.

14 13번 젤 아이라이너로 아이라인 점막과 속눈썹 위를 채운 뒤 E~F 구간은 수평으로 눈꼬리를 빼요. 홑꺼풀은 눈을 떴을 때 2mm 정도 보이게 아이라인을 그린 후 E~F 구간은 수평으로 눈꼬리를 빼요.

15 빈 공간을 채워요. 점막은 제외하고 언더라인 2/3 지점부터 아이라인까지 연결해요.

16 10번 아이섀도를 아이라인 경계에 덧바른 뒤 쌍꺼풀 라인 1/2 정도까지 채워요. 홑꺼풀은 눈을 떴을 때 아이섀도가 4mm 정도 보이게 덧발라요.

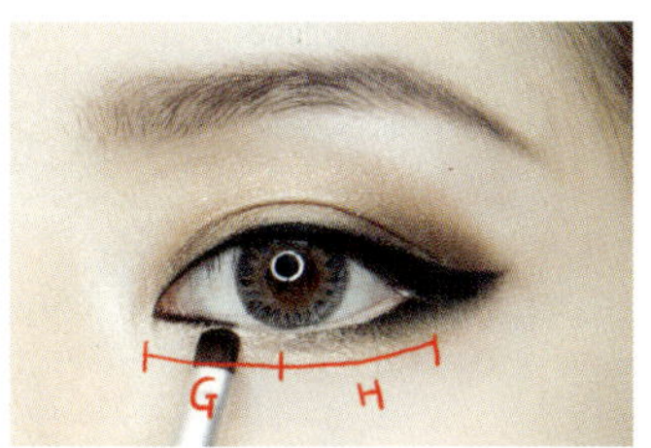

17 13번 젤 아이라이너로 14번 과정을 한 번 더 반복해요.

18 눈동자를 중심으로 그림과 같이 눈을 3등분해요. 13번 젤 아이라이너로 G 부분 점막을 채운 뒤 10번 아이섀도를 H에 덧발라요.

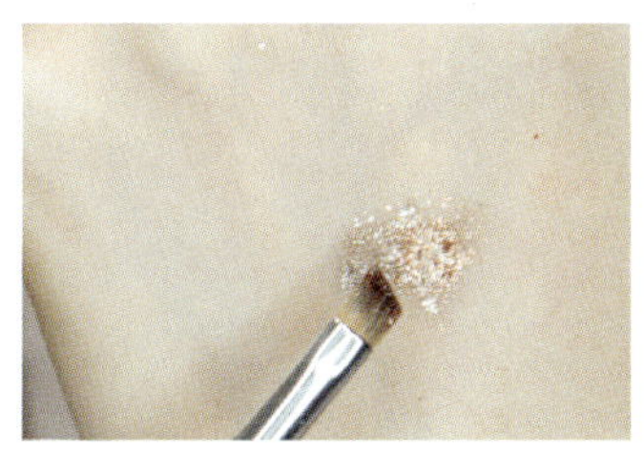
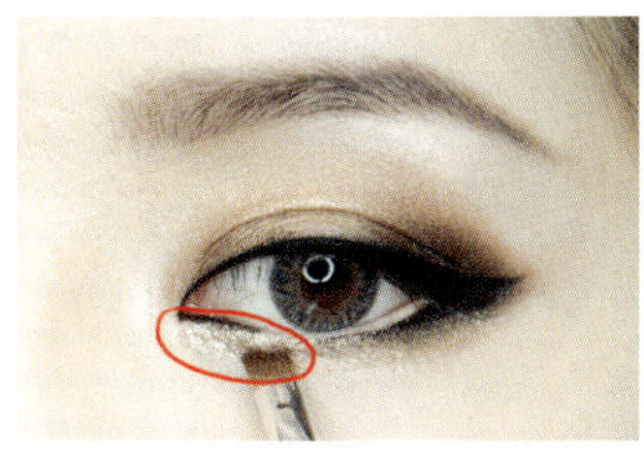

19 7번, 8번 피그먼트를 브러시에 묻혀 손등에서 섞어요. 브러시에 묻혀요.

20 언더라인 앞부분에 누르며 덧발라요.

21 끝으로 갈수록 길어지는 인조 속눈썹을 붙인 뒤 뷰러를 하고 마스카라를 발라요.

CHEEK

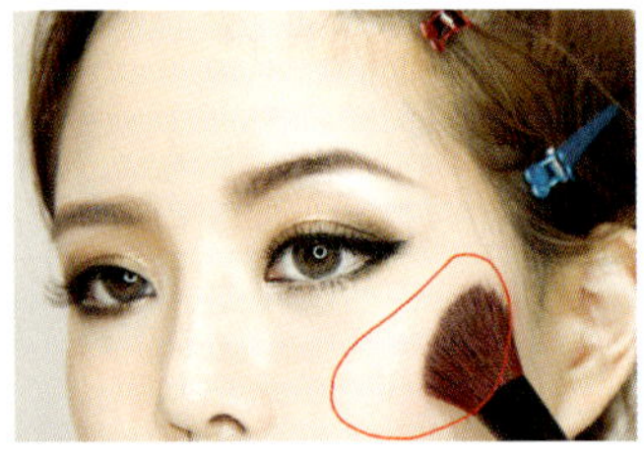

22 6번 블러셔를 얼굴 가장자리부터 사
선으로 발라요.

LIP

23 2번 립스틱을 입술 안쪽에 발라요.

24 립 브러시를 세워 원래 입술 라인까
지 펴 발라요.

25 면봉으로 입술 경계를 부드럽게 닦아
요. 립스틱 유분기와 립 라인의 경계
가 사라져 부드러워 보여요.

홈 셀럽 네일아트

네일숍에 가지 않고 집에서 네일아트를 할 수 있는 방법을 소개할게요. 앞서 소개한 셀럽 메이크업에 어울리는 스타일을 모았으니 메이크업에 맞춰 손톱에도 포인트를 줘봐요!

카야 스코델라리오 네일

1 손가락에 베이스코트를 발라요.
2 검지와 새끼손가락에 블랙 컬러를 발라요.
3 엄지와 약지 손가락에 펄 감의 탁한 블루 컬러를 발라요.
4 중지에 큰 글리터가 들어 있는 블루 컬러를 발라요.
5 탑코트를 발라 마무리해요.

레드벨벳 아이린의 컬러매칭 네일

1 손가락에 베이스코트를 발라요.
2 투명 핑크 컬러를 발라요.
3 손톱 1/3부분에 가이드라인을 잡아요.
4 펄 감의 로즈 핑크 컬러를 가이드라인에 발라요.
  아크릴 판에 묻혀가며 양을 조절한 뒤 탑코트를 발라요.

설리의 복숭앗빛 네일

1 손가락에 베이스코트를 발라요.
2 맑은 핑크 컬러를 발라요.
3 네일 컬러가 마르기 전에 쪽집게로 포인트 네일 스톤을
  손톱 안쪽에 발라요.
4 네일이 말라 네일 스톤이 고정되면 탑코트를 발라요.

Miss A 수지의 클린 앤 퓨어 네일

1 손가락에 베이스코트를 발라요.
2 엄지, 중지, 약지손가락에 화이트 컬러를 발라요.
3 검지, 새끼손가락에 자잘한 글리터 펄이 있는
  실버 컬러를 발라요.
4 탑코트를 발라 마무리해요.

소녀시대 태연의 블링블링 메이크업

1 손가락에 베이스코트를 발라요.
2 엄지, 중지, 약지 손가락에 연보라 컬러를 발라요.
3 검지, 새끼손가락에 옐로 컬러를 발라요.
4 탑코트를 발라 마무리해요.

포미닛 현아의 섹시 카리스마 네일

1 손가락에 베이스코트를 발라요.
2 버건디 컬러를 손톱 전체에 발라요.
3 블랙 컬러를 사선으로 깔끔하게 바르기 어렵다면
  버건디 컬러가 다 마른 뒤 테이프를 붙여 발라요.
4 탑코트를 발라 마무리해요.

4

SECRET
BEAUTY ITEM

착한 가격 대비 훌륭한 로드숍 화장품 VS 비싼 값 하는 고가 화장품

**품평 거절! 화장품 협찬 NO!
직접 구입하고 사용한 후 깐깐하게 고른
시크릿 아이템 대공개**

이 세상 모든 화장품은 미세하게 달라요
그 차이가 궁금해서 다 써봐야 직성이 풀려요~

유난히 화장품 욕심이 많아요. 메이크업에 대한 관심이 자연스럽게 화장품 구매로 이어진 것
같아요. 화장대, 서랍장, 책상 위, 방바닥까지 넘쳐나는 화장품들을 보면 벅차고 뿌듯해요. 완벽
하게 풀 메이크업한 모습을 본 기분이랄까요? 저는 화장품을 하나하나 사 모으는 게 아니라 끌
리는 제품이 있으면 브랜드, 가격 상관없이 몽땅 사요. 블러셔에 끌리면 눈에 들어오는 블러셔
는 모조리 사 모으죠. 한동안 잠잠하다 파운데이션에 꽂히면 파운데이션을 사고…. 이런 집념
으로 모든 제품을 한 번씩 휩쓸었어요. 화장품이 많다보니 어떤 제품이 있는지 다 알지 못해 가
끔은 가지고 있는 제품을 또 사기도 하죠. 그러면 스스로 이렇게 합리화해요. '하늘 아래 똑같은
화장품은 없다.' '분명히 차이점은 있다.' 엄마는 똑같은 화장품을 왜 자꾸 사오냐고 하세요. 하
지만 제 눈에는 보여요. 미세한 차이점이!

♥ 2,482개 💬 26

우연히 시작한 블로그

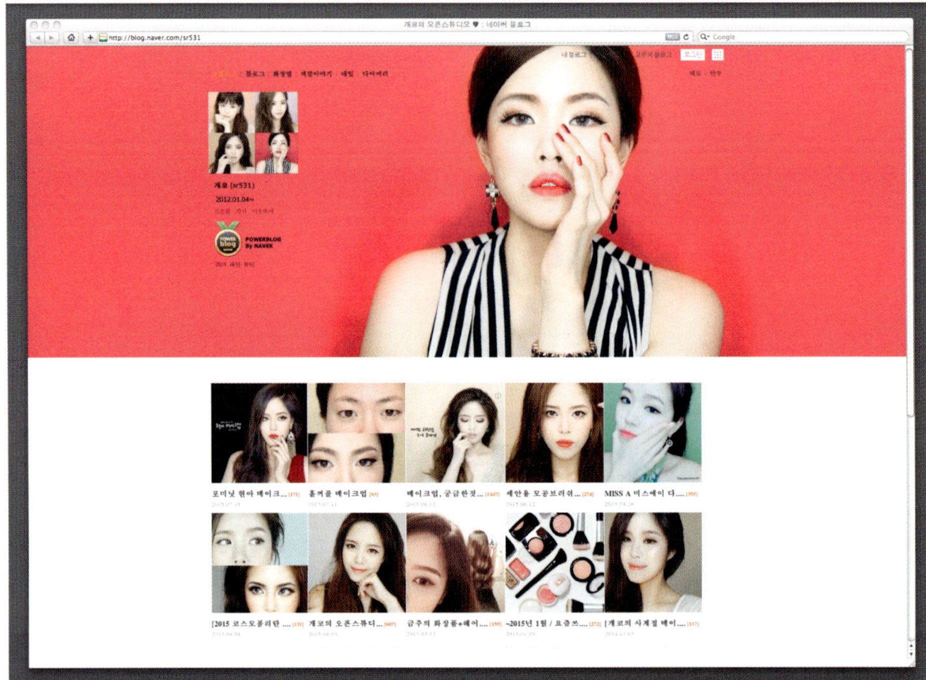

**수백만 원 협찬도 거절한
당당한 블로거로 거듭나다!**

심심하거나 스트레스 받을 때 가지고 있는 화장품을 모조리 꺼내 손, 팔, 입술, 볼에 발색해봐요. 잃어버린 줄 알았던 화장품을 찾거나 바르고 싶었던 컬러를 발견하면 스트레스가 풀리기 때문이에요. 화장품을 접하는 시간이 많아지니 나에게 어울리는 메이크업은 무엇인지, 어떤 제품이 좋고 나쁜지 자연스럽게 알게 됐어요. 혼자 알고 있기 아까워 블로그에 제품 후기와 메이크업 튜토리얼을 올리자 많은 사람이 관심을 갖기 시작했죠. 그동안 볼 수 없었던 새로운 캐릭터가 나타났다고 생각한 것 같아요. 신기해 보였을 수도 있고요. 제가 굉장히 솔직한 스타일이라 좋고 나쁨을 확실하게 이야기하거든요. 그 이유에 대해서도 명확하게 짚어주고요.

블로그가 사랑을 받자 많은 화장품 기업에서 수백만 원 상당의 협찬과 품평 제안을 했어요. 저는 무엇이든 진심으로 마음이 끌려야 행동하는 편이에요. 누군가가 정한 기한, 가이드라인에 따라 일하지 못하죠. 억지로 하면 분명 티가 날 거예요. 방문자들에게 그대로 전해질 거고요. 확실히 돈은 들지만 직접 구입하고 사용한 뒤 후기를 올려야 마음이 편해요. 무엇보다 실컷 욕을 할 수 있어 좋아요.^^

블로그에 많은 화장품 후기를 올렸지만 베스트 제품은 아직 공개하지 못했죠.
그동안 올린 포스팅과 아직 꺼내지 않은 화장품 후기를 모아
아~~~~~~~주 객관적이고 냉철하게 베스트 제품을 추천합니다.

제가 누굽니까?
좋은 제품 한 가지씩만 고를 순 없죠.
재! 미! 없! 게!
화장품별로 로드숍과 고가 브랜드 제품을 각각 추천할 거예요.
추천할 제품이 없으면 '없음'이라고 썼으니 참고해주세요.

이제 시작해볼까요?

로드숍과 고가 브랜드의 화장품 배틀!
친절하지만 날카로운 개코의
직설화법도 기대하세요.

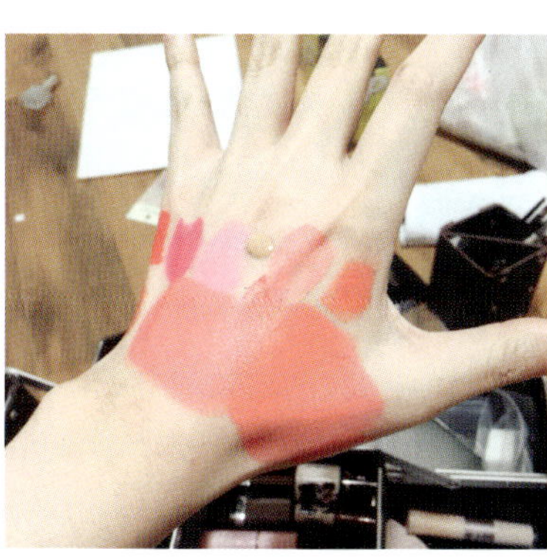

ROUND ① 로드숍 완승!

¹네이처리퍼블릭_보테니컬 컨실러
²더샘_커버 퍼펙션 팁 컨실러

커버력★★★★★ 밀착력★★★★☆ 지속력★★★★★

소량으로 잡티를 감쪽같이 커버할 수 있어요. 파운데이션과 1:4 (컨실러:파운데이션) 비율로 섞어 바르면 부드럽게 발리면서 커버력도 좋아요. 네이처리퍼블릭 제품은 잿빛이 많이 돌아 붉은 기 커버에 좋지만 색소 침착이 있는 부위나 다크서클을 커버하기는 힘들어요. 이럴 땐 컨실러와 크림 블러셔를 5:1 비율로 섞어서 바르세요. 화사하고 깔끔하게 커버할 수 있어요. 더샘 제품은 가격도 저렴하고 컬러가 다양해 피부 색, 용도에 맞춰 선택할 수 있어요.

***개코의 깐깐한 비교**

고가의 컨실러 중 좋은 제품도 많아요. 하지만 가격, 기능 면에서 꼼꼼히 따져봤을 때 추천할 만한 제품은 없어요. 로드숍 두 제품 모두 커버력과 지속력이 좋지만 밀착력은 더샘 제품이 더 좋아요. 굳이 한 가지를 고른다면 더샘 제품을 PICK!

ROUND ② 유분 잡는 이니스프리  **VS** 모공 채우는 메이크업포에버

(LOW)

(HIGH)

이니스프리_
노세범 파우더

지속력 ★★★★★ 발림성 ★★★★☆ 밀착력 ★★★★★

얼굴에 유분기가 많아 화장이 잘 망가지는 사람에게 강력 추천! 내장된 퍼프에 파우더를 묻혀 눈두덩에 꾹꾹 누른 뒤 뚜껑에 가루를 덜어내요. 손가락으로 가루를 찍어 속눈썹 사이사이에 꼼꼼히 바르면 눈 화장이 번지는 걸 막을 수 있어요. 색조화장에 덧바르면 발색이 선명해지고 지속력도 좋아져요. 6년 넘게 사용하고 있는 '인생 템'이에요.

메이크업포에버_
HD 하이데피니션 파우더

지속력★★★★★ 발림성★★★★★ 밀착력★★★★☆

가루 입자가 아주 미세해요. 모공 사이사이를 꼼꼼하게 채워주기 때문에 모공을 감쪽같이 커버할 수 있어요. 먼지나 머리카락이 얼굴에 달라붙는 것도 막아주고요. 지성 피부는 브러시에 파우더를 묻힌 뒤 털어서 양을 조절하고 얼굴 전체를 가볍게 쓸어요. 건성 피부는 팬 브러시에 묻혀 피부에 살짝 스치듯이 바르세요. 피부 화장의 지속력이 높아져요.

***개코의 깐깐한 비교**

유분기를 잡는 성능 중심으로 파우더를 고른다면 이니스프리 제품을,
모공 커버를 위한 파우더를 원한다면 메이크업포에버 제품을 추천해요.

ROUND ③ 절대 강자 맥!

맥_스튜디오 퍼펙트 콤팩트 NC20

지속력★★★★★ 발림성★★★★★ 밀착력★★★★☆

입자가 곱고 가벼워서 발라도 들뜨거나 뭉치지 않아요.
커버력이 뛰어나 붉은 기나 잡티가 많은 사람에게 특히
추천할 만해요. 저는 피부가 중건성 타입이라 얼굴 전체
에 바르지 않고 유분이 많은 콧방울, 코끝, 눈 주변에만
발라요. 유분기도 잡고 색소 침착이 있는 부분의 톤 보정
도 해줘요. 수많은 콤팩트 파우더 중 유일하게 바닥이 보
일 때까지 사용한 제품이에요.

***개코의 깐깐한 비교**

콤팩트 파우더는 입자가 곱고 가벼워서 피부에 얇고 가볍게 밀착되는 게 가장
중요해요. 사용해본 로드숍 파우더들은 발랐을 때 피부 겉면에서 따로 놀거나
뭉치는 느낌이 있었어요. 수정 화장을 하면 오히려 피부가 지저분해지기도 했고
요. 아직 '이거다!' 하는 로드숍 제품을 발견하지 못했어요.

ROUND ④ ONLY 슈에무라

LOW
없음

HIGH

슈에무라_하드포뮬러

발색력★★★★☆ 지속력★★★★★ 발림성 ★★★★★

덧그려도 뭉치지 않고 고르게 발색해요. 펜슬을 뉘어 면을 채우고 세워서 선을 그릴 수 있게 다듬어져 있어 초보자들도 쉽게 사용할 수 있어요. 펜슬 끝부분에 '샤프닝 서비스' 스티커가 붙어 있으면 매장에서 무료로 본래 모양으로 다듬어줘요. 면세점에서 파는 제품에는 스티커가 붙어 있지 않으니 백화점 구입을 추천해요. 길이가 짧아진 펜슬은 문방구나 화방에서 연필깍지를 구매해 끼워서 사용하세요.

***개코의 깐깐한 비교**

로드숍 제품을 많이 사용해봤지만 발색이 고르지 않거나 아예 발색 자체가 안 되는 제품이 많았어요. 발색이 좋으면 쉽게 뭉치고요. 가격이 비싸더라도 발색과 지속력, 관리가 편한 제품을 선택해 오랫동안 사용하는 게 좋아요.

ROUND ⑤ 번짐 없는 토니모리  부드러운 발림성 바비브라운

토니모리_백 젤 아이라이너
01호 블랙, 02호 브라운

발색력★★★★★ 발림성★★★★☆ 번짐★★★★☆
건조시간★★★★☆

발색이 선명하고 건조 시간도 적당해요. 시간이 지나도 번지지 않아 특히 홑꺼풀녀들에게 강추하는 아이템이에요. 5년 정도 꾸준히 사용하고 있는데 데일리 메이크업을 할 때는 블랙과 브라운 컬러를 섞어 발라요. 스타일에 따라 단독으로 사용해도 좋아요.

바비브라운_
롱웨어 젤 아이라이너 블랙, 세피아

발색력★★★★★ 발림성★★★★★ 번짐★★★★☆
건조시간★★★★☆

눈가에 자극이 없고 눈물, 땀과 섞여도 잘 지워지지 않아 아이라인을 진하고 두껍게 그리는 사람에게 추천해요. 이 제품도 블랙과 브라운 컬러를 섞어 발라요. 면세점에서 브러시와 블랙, 브라운 컬러 제품을 세트로 판매해요. 따로 사는 것보다 저렴해 갈 때마다 대량 구입 한답니다.

***개코의 깐깐한 비교**

발림성은 바비브라운 제품이 조금 더 좋지만 아이라이너 구매 결정에서 가장 중요한 건조 시간, 번짐 정도는 비슷해요. 같은 품질이라면 가격이 저렴한 제품을 선택하는 게 좋다고 판단, 토니모리 제품을 추천할게요. 젤 아이라이너는 아무리 관리를 잘 해도 쉽게 굳어요. 굳은 아이라이너를 바르면 얇고 예민한 눈가 피부에 자극을 주죠. 부드럽게 그려지지 않을 때는 무조건 재구매하세요.

ROUND ⑥ 킹왕짱! 삐아

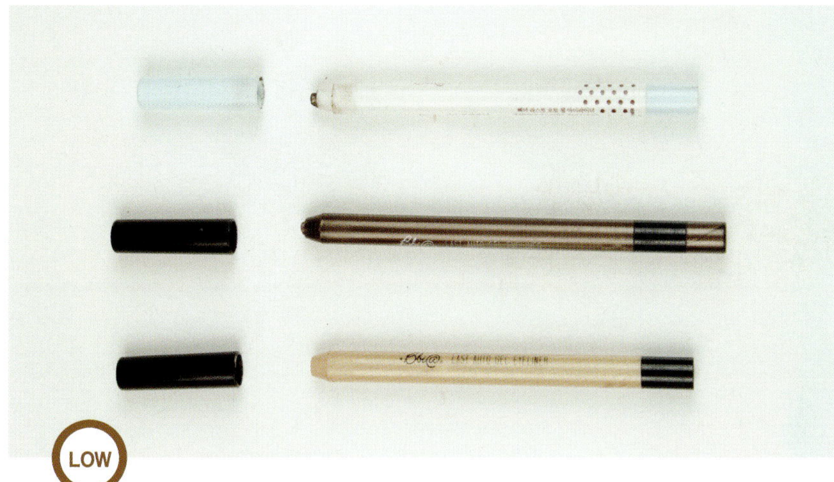

HIGH
없음

(LOW)

삐아_
라스트 오토 펜슬 아이라이너

발색력★★★★☆ 발림성★★★★☆ 번짐★★★★★
건조시간★★★★★

지금까지 사용했던 펜슬 아이라이너 중 가장 번지지 않는 제품이에요. 홑꺼풀에도 역시 번지지 않고 언더라인 점막을 채워도 잘 지워지지 않아요. 저렴한 가격에 컬러도 다양하고요. 단, 물러서 잘 부러지니 5~7mm 정도씩 짧게 빼서 사용하세요. 눈가에 유분이 많은 친구에게 추천했는데 만족해하며 전 색상을 구매하더라고요. '세상에서 가장 번지지 않는 펜슬 아이라이너'로 강력 추천해요.

***개코의 깐깐한 비교**

발색부터 번짐까지 완벽하게 만족시키는 명품 브랜드가 없어요. 발림성이 좋으면 번짐이 있거나 지속력이 좋지 않아요. 어느 브랜드도 가격 대비 '삐아' 제품을 따라올 수 없어요.

ROUND ⑦ 선명한 발색에 가격까지 착한 로드숍  뭉침 없는 고가 브랜드

¹아리따움_모노아이즈 글래디글램

발색★★★★☆ 지속력★★★★☆ 밀착력★★★★★
가루 날림★★★★☆

피부 밀착력이 좋아 베이스 섀도로 사용하기 좋고 바르면 눈두덩이 촉촉해 보여요. 살짝 무른 편이라 가루 날림이 거의 없지만 지속력이 떨어져요. 눈두덩에 살이 많은 사람에게는 비추천! 펄이 섞인 밝은 컬러를 바르면 눈이 부어 보일 수 있어요.

²아리따움_샤인픽스아이즈 홀리졸리

발색★★★★★ 지속력★★★★☆ 밀착력★★★★★
가루 날림★★★★★

크림 타입으로 발림성이 가장 좋은 제품이에요. 피부 밀착력도 좋고 가루 날림도 없지만 펄이 많은 편이라 잘못 사용하면 부담스러워 보일 수 있어요. 손가락이나 인조모 브러시에 묻혀 양을 조절한 뒤 포인트 부분에만 발라요.

[3] 에뛰드하우스_룩앳마이아이즈 쥬얼 쉬머링 로즈골드스카프

발색★★★★☆ 지속력★★★★☆ 밀착력★★★★☆
가루 날림★★★★☆

핑크 컬러에 차분한 골드 펄이 들어 있어 눈두덩이 덜 부어 보이고, 눈가가 화사해져요. 가루 날림이 있으니 꼭 손가락에 찍어 바르세요.

[4] 삐아_섀이드 앤 섀도 팥

발색★★★☆ 지속력★★★★☆ 밀착력★★★★☆
가루 날림★★★☆☆

피부 밀착력과 발색이 아주 좋아요. 손가락에 묻혀 한두 번만 문질러도 선명해요. 매트한 타입이라 가루 날림이 있으니 브러시에 묻힌 뒤 한 번 털어서 양을 조절하세요.

[5] 에스쁘아_ 아이섀도 스파클링 누드비치

발색★★★★★ 지속력★★★★☆ 밀착력★★★★☆
가루 날림★★★★☆

눈 위에 바세린을 바른 것처럼 눈두덩이 촉촉하게 빛나요. 무른 편이라 발색은 부드럽지만 쉽게 깨져요. 파우치에 넣고 다니는 것보다 화장대 위에 놓고 쓰는 걸 추천해요.

눈 에 발 라 볼 게 요 !

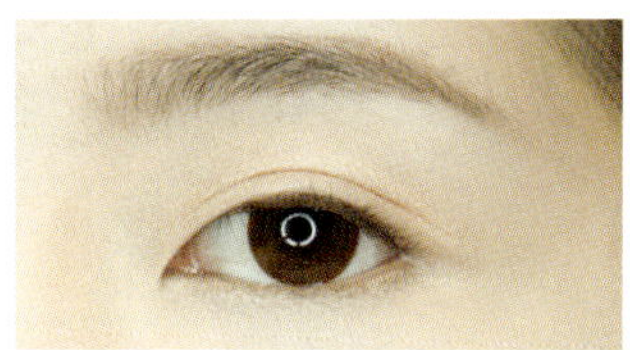

아리따움 모노아이즈 글래디글램
따뜻한 스킨 톤 컬러로 눈두덩에 바르면 맑고 촉촉해 보여요.

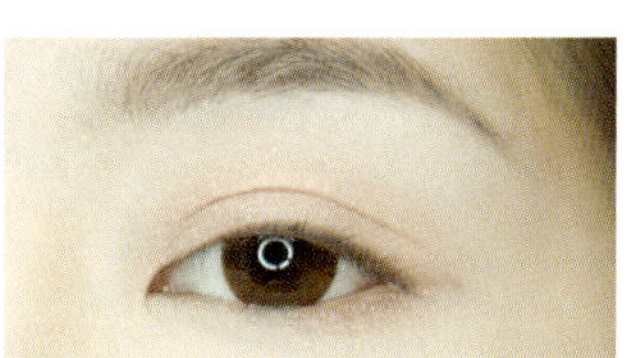

아리따움 샤인픽스아이즈 홀리졸리
펄 감이 화려하죠. 밝은 코럴 컬러로 눈을 깜빡이면 화려하게 빛나요.

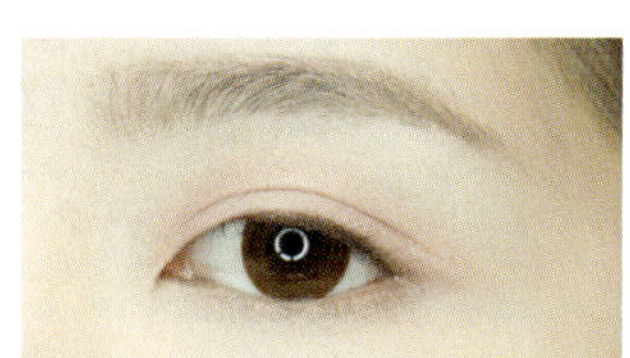

에뛰드하우스 룩앳마이아이즈 쥬얼 쉬머링 로즈골드스카프
은은한 골드 펄이지만 따뜻한 핑크 컬러로 발색해요.

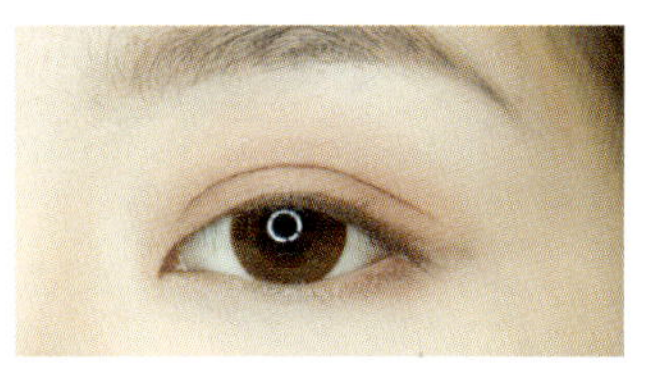

삐아 섀이드 앤 섀도 팥
펄 감이 아예 없어요. 제품명처럼 딱 '팥' 컬러로 발색해요.

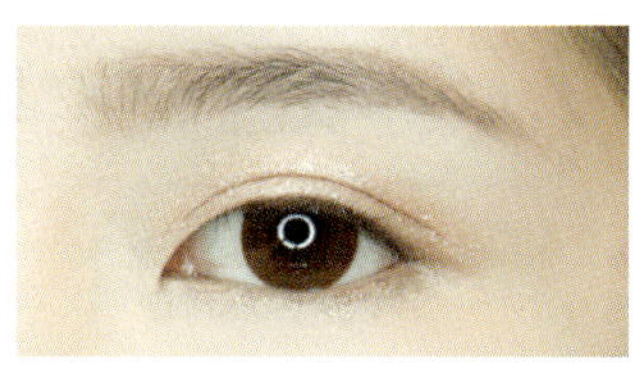

에스쁘아 아이섀도 스파클링 누드비치
화려한 바세린 광의 펄을 더한 쿨브라운 컬러예요.

1 2 HIGH

[1]맥_아이섀도 허니러스트

발색★★★★★ 지속력★★★★☆ 밀착력★★★★★
가루 날림★★★★☆

베이스 섀도 위에 덧발라도 맑고 선명하게 발색해요. 펄이 잘 떨어지는 단점이 있지만 미스트를 1~2회 뿌린 브러시에 묻혀 사용하면 가루 날림이 덜하고 피부 밀착력이 좋아져요.

[2]맥_아이섀도 소바

발색★★★★★ 지속력★★★★☆ 밀착력★★★★★
가루 날림★★★★☆

입자가 곱고 발림성이 좋아 눈두덩에 음영을 넣기가 아주 편해요. 뭉침 없이 고르게 잘 발려 음영 메이크업에 익숙하지 않은 초보자들도 쉽게 바를 수 있어요. 눈썹을 그리거나 콧대 섀딩을 할 때 사용해도 좋아요.

눈에 발라볼게요!

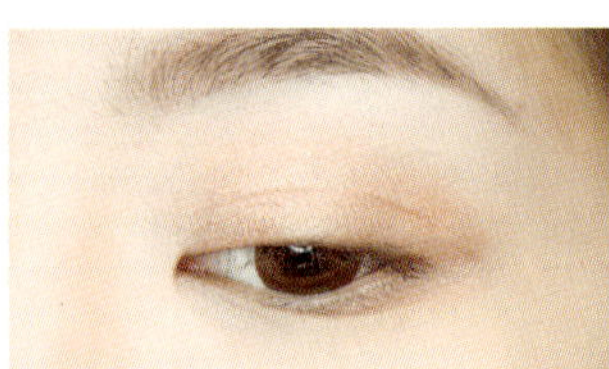

화려한 펄 감의 따뜻한 코럴베이지 컬러예요. 펄 때문에 살짝 거칠게 발리지만 발색이 아주 선명해요.

맥 아이섀도 허니러스트

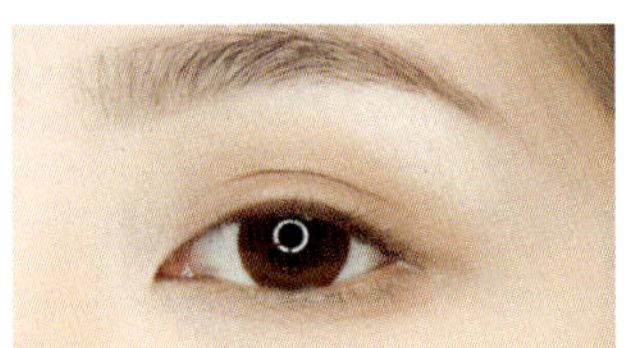

붉은 기가 없어 맑은 느낌이 나요.

맥 아이섀도 소바

***개코의 깐깐한 비교**

요즘 로드숍에서는 다양한 싱글 아이섀도와 고가 아이섀도 카피 제품이 많이 나오죠. 로드숍 제품들도 중간 이상으로 품질이 좋은 것 같아요. 오히려 고가 아이섀도보다 더 발색이 잘되는 것들도 많아요. 저가, 고가 상관없이 가지고 있는 섀도와 비교해서 어떤 것과 함께 썼을 때 발색이 더 예쁘게 나올지 생각하며 구매하는 게 좋아요. 단, 로드숍 제품은 케이스가 부실해 쉽게 깨져요.

ROUND ⑧ 촉촉하고 각질까지 제거하는 더페이스샵  가볍고 끈적임 없는 유리아주

(LOW)

(HIGH)

더페이스샵_립케어 크림

촉촉함★★★★★ 향★★★★★ 각질 케어★★★★★
끈적임 방지★★★☆☆

몇 개를 썼는지 셀 수 없을 정도로 좋아하는 제품이에요. 립스틱을 덧발라도 밀리거나 각질이 일어나지 않아요. 촉촉하고 향기로워 바르면 기분까지 좋아져요. 100% 효과를 보는 방법은 취침 전에 입술이 살짝 답답하다 싶을 정도로 듬뿍 바르는 거예요. 입술이 많이 트지 않는다면 가볍게 발라도 좋아요. 다음 날 티슈로 살짝만 닦아도 각질이 제거되고 하루 종일 촉촉함을 유지할 수 있어요. 원플러스원 행사도 자주 하는 착한 제품!

유리아주_스틱 레브르 레브르아빔

촉촉함★★★★★ 향★★★★☆ 각질케어★★★★☆
끈적임 방지★★★★★

가볍고 끈적이지 않아요. 립 메이크업 전에 발라도 밀리지 않고 립스틱이 선명하게 발색해요. 입술이 잘 트는 남자친구 선물로 아주 좋아요. 남자들은 화장에 익숙하지 않아 입술에 무언가를 바르면 답답해하는데, 이 제품은 워낙 가벼워서 부담 없이 바를 수 있어요.

***개코의 깐깐한 비교**

계절에 상관없이 입술이 잘 트는 편이라 유명 브랜드부터 천연 입술 보호제까지 다양한 입술 보호제를 사용해봤어요. 바를 때는 촉촉하지만 시간이 지나면 다시 각질이 일어나고 건조해지는 제품이 대부분이었지요. 더페이스샵 제품은 촉촉함이 오래 유지되지만 립 메이크업 전에 바르면 립스틱이 선명하게 발색하지 않는 단점이 있어요. 유리아주 입술 보호제는 가볍게 발리기 때문에 립 메이크업 후에 덧바르기 좋지만 각질 케어는 더페이스샵 제품에 비해 효과가 떨어져요.

ROUND ⑨ 발색이 선명한 로드숍 **VS** 지속력이 좋은 고가 브랜드

1

2

3

4

LOW

---

[1]에뛰드하우스_디어 마이 립스톡 PK001 꿈 꿔 왔던 프러포즈

밀착력★★★★☆ 발색★★★★★ 각질 부각★★★☆☆
지속력★★★★☆

한 번만 발라도 선명하게 발색해요. 두 번 이상 덧바르면 밀리고 각질이 일어나니 립 브러시에 묻혀서 바르세요. 립 브러시가 없을 땐 쓱쓱 밀어 바르기보다 톡톡 두드려줘요. 각질이 부각되지 않고 깔끔하게 바를 수 있어요.

[2]에스쁘아_ 노웨어글램 PK002G

밀착력★★★★★ 발색 ★★★★☆ 각질 부각★★★★☆
지속력★★★★☆

립스틱 그대로 쓱쓱 덧발라도 밀리지 않으며 선명하게 발색해요. 립 브러시에 묻혀 바르는 것이 더 깔끔하지만 선명하게 발색하고 싶을 땐 그대로 입술에 쓱쓱 문질러 바른 뒤 립 브러시로 입술 선만 정리하세요.

[3] 더샘_
에코소울 키스 버튼 립스 매트

밀착력 ★★★★★ 발색 ★★★★☆ 각질 부각 ★★★★☆
지속력 ★★★☆☆

아주 부드럽게 발리고 보송보송하게 마무리할 수 있어요.
지속력이 길지 않아 수시로 바르는 게 좋아요. 립스틱 그
대로 입술에 바른 뒤 립 브러시로 입술 선만 정리하세요.
립 브러시가 없어도 쉽게 바를 수 있게 커팅되어 있어요.
립스틱 뒷부분에 있는 버튼은 내용물이 올라오게 하는
케이스예요. 버튼을 눌러 올라온 립스틱은 다시 안으로
들어가지 않으니 두세 번만 눌러 사용하세요.

[4] 네이처리퍼블릭_
에코 크레용 립스 1호 캔디핑크

밀착력 ★★★★☆ 발색 ★★★★☆ 각질 부각 ★★★★☆
지속력 ★★★★☆

아주 촉촉하게 발색하지만 무른 느낌이 있으니 립 브러
시에 묻혀 바르세요. 쨍한 컬러라 입술 안쪽에 포인트를
주는 용도로 사용하기 좋아요. 일반적인 립스틱 모양이
아니라 펜슬처럼 한쪽 면이 커팅되어 있지 않고 둥글기
때문에 립 브러시 없이 깔끔하게 바르기는 힘들어요.

입술에 발라볼게요!

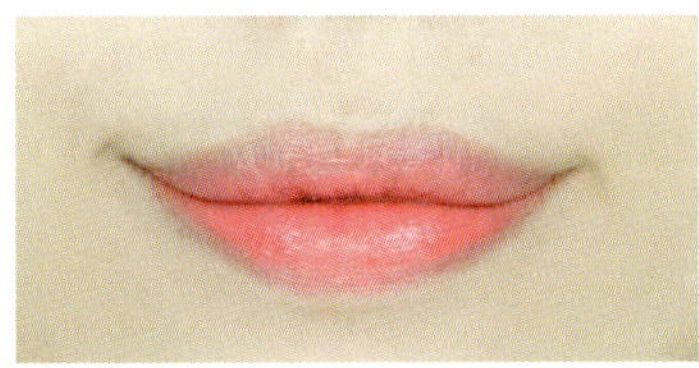

에뛰드하우스 디어 마이 립스톡 PK001
꿈 꿔 왔던 프러포즈

따뜻한 핑크 컬러로 입술이 맑고 촉촉해 보
여요.

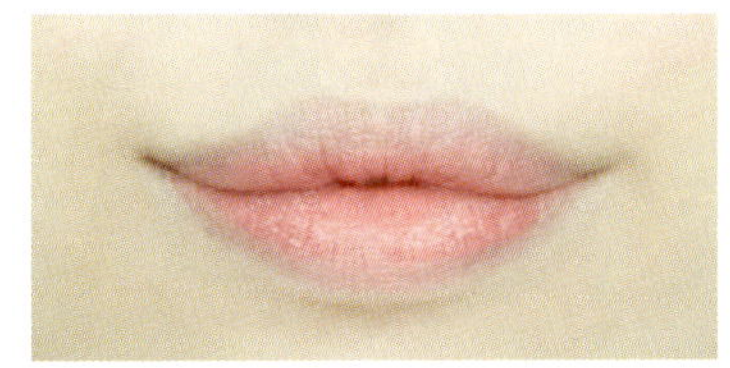

에스쁘아 노웨어글램 PK002G

차분한 핑크 컬러로 발색해요. 각질이 일어
나지 않고 부드럽게 발려요.

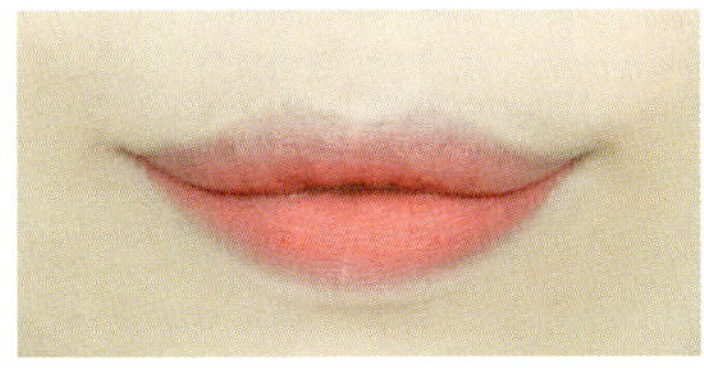

더샘 에코소울 키스 버튼 립스 매트

따뜻한 핑크 컬러! 마무리감은 매트하지만
아주 가볍게 발려요.

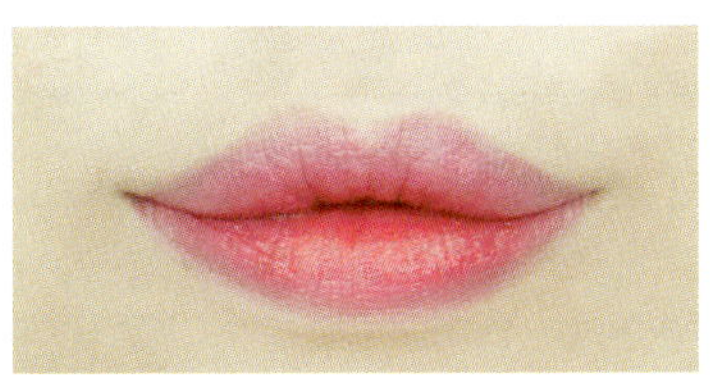

네이처리퍼블릭
에코 크레용 립스 1호 캔디핑크

차가운 핑크 컬러예요. 발색이 선명하고 바
르면 입술이 촉촉해 보여요.

[1]샤넬_루즈코코 하이드레이팅 크림 립 컬러 40참

밀착력 ★★★★☆ 발색 ★★★★☆ 각질 부각 ★★★★★
지속력 ★★★★★

차분한 핑크 컬러로 데일리 메이크업은 물론 진한 아이 메이크업에도 잘 어울려요. 립스틱 그대로 쓱쓱 발라도 각질이 일어나지 않아요. 바를 때 완벽하게 입술에 밀착 되는 느낌이 아니라서 조금 아쉬워요.

[2]맥_립스틱 기디(러스터)

밀착력 ★★★★★ 발색 ★★★★☆ 각질 부각 ★★★★☆
지속력 ★★★★☆

아주 촉촉하고 크리미하게 발려요. 립 브러시에 묻혀 바 르면 발색력이 떨어지니 립스틱 그대로 바른 뒤 립 브러 시로 정리하는 게 좋아요. 원래 입술 컬러가 비치면서 발 색하기 때문에 사람마다 컬러가 차이 날 수 있어요. 보이 는 컬러 그대로 발색하고 싶을 때는 입술에 콤팩트 파우 더를 바른 뒤 사용하세요.

[3] 맥_립스틱 래비싱(크림쉰)

밀착력★★★★★ 발색★★★★☆ 각질 부각★★★★☆
지속력★★★★★

크림쉰 타입으로 부드럽게 발라져요. 개인적으로는 진한 립스틱을 입술 안쪽에 바르기 전 베이스로 입술 전체에 연하게 바르는 용도로 사용하고 있어요. 입술에 푸른 색소 침착이 있을 때 베이스로 쓰기에 아주 좋아요. 코럴 컬러가 푸른 색소를 중화시키거든요. 유일하게 안에 있는 것까지 브러시로 모두 파서 쓴 립스틱이에요.

입술에 발라볼게요!

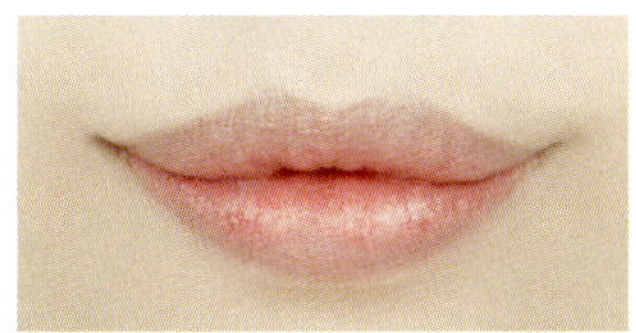

샤넬 루즈코코 하이드레이팅 크림 립 컬러 40참
은은한 펄 감의 차분한 핑크 컬러예요. 립스틱이 약간 들떠 있죠? 컬러는 예쁘지만 밀착력은 떨어져요.

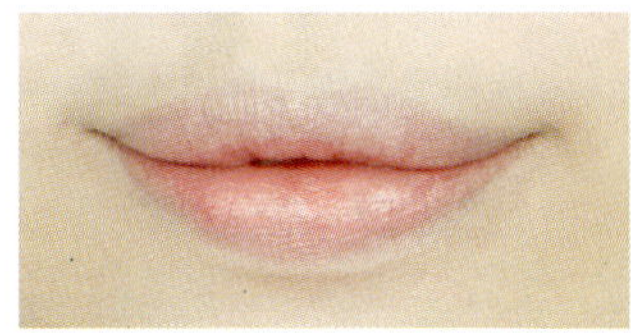

맥 립스틱 기디(러스터)
차분한 핑크 컬러로 바르면 입술색이 비쳐요.

[4] 맥_립스틱 루비우(매트)

밀착력★★★★★ 발색★★★★★ 각질 부각★★★★☆
지속력★★★★★

매트해서 한 번만 쓱 발라도 선명하게 발라져요. 단점이 있다면 너무 매트하기 때문에 바르기 전 입술 각질 정리가 잘 되어 있지 않으면 바르기 힘들어요. 브러시에 묻혀 바르면 깔끔하게 바를 수 있어요. 그대로 문질러 바르기에는 너무 뻑뻑하게 느껴질 수 있고, 주름 사이사이를 채워가면서 바르기가 쉽지 않아요. 입술 양쪽에 힘을 주어 입술 주름을 펴준 뒤 브러시에 묻혀 바르세요. 지속력은 틴트만큼이나 좋고 입술에 잘 밀착되어 하루 종일 덧바르지 않아도 지워지지 않아요.

[5] 바비브라운_아트스틱 선셋오렌지

밀착력★★★★★ 발색★★★★☆ 각질 부각★★★★☆
지속력★★★★☆

단단하며 연필 모양으로 되어 있어 넓은 면을 바를 때는 눕혀서, 입술라인을 따라 그릴 때는 세워서 사용하기 좋아요. 립 브러시를 사용하지 않아도 쉽고 깔끔하게 발색할 수 있답니다. 연필처럼 깎아 써야 하기 때문에 불편하고 쓰다보면 윗부분이 점점 뭉뚝해져서 깔끔하게 바를 수 없어요. 그럴 땐 립 브러시에 묻혀 바르거나 내장되어 있는 전용 펜슬깎이로 뾰족하게 깎아 사용하세요.

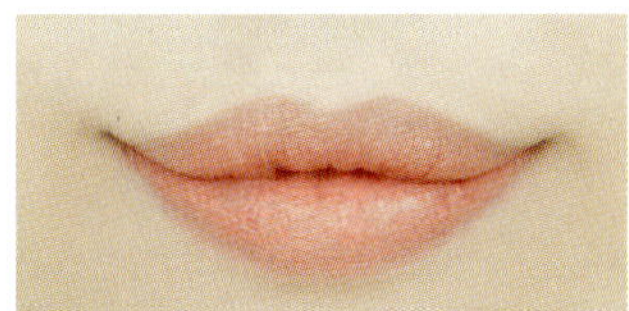

맥 립스틱 래비싱(크림쉰)
흰빛이 섞인 따뜻한 코럴 컬러예요.

맥 립스틱 루비우(매트)
색감이 아주 선명해요. 조금 뻑뻑하게 발리는 단점이 있어요.

바비브라운 아트스틱 선셋오렌지
따뜻한 다홍색으로 부드럽게 발려요.

ROUND ⑩ 화사한 색감이 매력적인 로드숍 **VS** 차분하고 우아한 컬러 고가 브랜드

[1] 스킨푸드_
윈터체리 15

발색 ★★★★★ 지속력 ★★★★ 피부 밀착력 ★★★★☆

붉은 톤 컬러에 골드 펄이 섞여 있는 블러셔로 파우더퍼프 혹은 보아퍼프에 묻혀 바르면 펄 감이 살아나요. 색감이 진해 조금만 덧발라도 얼굴에 홍조가 있는 것처럼 보일 수 있으니 소량으로 여러 번 나눠 바르세요. 붉은 톤과 골드 펄 때문에 여름에 발랐을 때는 더워 보일 수 있어요. 늦가을과 겨울에 바르는 것을 추천해요.

[2] 아리따움_
슈가볼 벨벳 블러셔 피치크러쉬

발색 ★★★★☆ 지속력 ★★★★☆ 밀착력 ★★★★☆

로드숍에서 많이 볼 수 없었던 컬러예요. 화이트 톤이 거의 섞이지 않은 데다 혈색과 비슷한 편이라 민낯 메이크업을 할 때 딱이에요. 진하게 발색될 수 있으니 브러시에 묻힌 뒤 마른 휴지에 털어 양을 조절하세요.

[3] 토니모리_
크리스털 블러셔 자몽오렌지

발색 ★★★★☆ 지속력 ★★★★☆ 밀착력 ★★★★☆

펄 감이 없으며 화이트 톤이 섞여 있어 화사하고 소녀 같은 볼을 연출해줘요. 발색을 할 때는 숱이 많고 부드러운 천연모 브러시를 사용하세요. 균일하고 보송보송하게 발라져요.

[4] 더페이스샵_쁘띠앵글 블러셔 02
생기발랄 사랑빛

발색 ★★★★★ 지속력 ★★★★☆ 밀착력 ★★★★☆

로드숍 제품 중 가장 좋아하고 자주 사용해요. 핑크 톤으로 소량만 발라도 얼굴 전체가 화사해 보여요. 양을 잘 조절하지 못하면 핑크 컬러가 과해져 부자연스러워 보일 수 있으니 주의하세요.

1   2   3

HIGH

[1]베네피트_단델리온 15

발색★★★★★ 지속력★★★★☆ 밀착력★★★★⯪

피부색이 비치면서 밝게 발색돼요. 발색하는 횟수에 따라 다양한 분위기를 연출할 수 있어요. 블러셔 중에서는 처음으로 바닥이 드러날 때까지 쓴 제품이에요. 무난한 핑크 컬러 블러셔를 찾는 분들에게 추천해요.

[2]맥_파우더블러시 이모탈플라워

발색★★★★⯪ 지속력★★★★⯪ 밀착력★★★★☆

펄이 없는 매트한 타입으로 보송보송한 피부 표현을 한 날 바르기 좋아요. 피부 위에 겉돌지 않으면서 자연스럽게 발색돼요. 따뜻한 색감으로 봄에 잘 어울린답니다. 보송보송한 피부 표현을 좋아하는 분들에게 강력 추천!

[3]샤넬_에스삐끌

발색★★★★☆ 지속력★★★★⯪ 밀착력★★★★☆

은은한 펄 감의 코럴 컬러 블러셔예요. 피부를 더 건강하고 생기 있게 만들어주지요. 살짝 거친 모 브러시에 묻혀 발라야 펄 감이 살면서 선명하게 발색할 수 있어요.

***개코의 깐깐한 비교**

로드숍 블러셔들은 정말 화사한 컬러들이 아주 다양해요. 매트한 타입부터 펄이 있는 제품까지 저렴하면서도 선택의 폭이 넓지요. 고가는 해외 브랜드 제품이 대부분인데, 한국 로드숍에서 거의 판매하지 않는 차분하고 톤 다운된 컬러가 많아요. 화이트 톤이 들어간 화사한 블러셔를 좋아한다면 한국 로드숍 제품을, 톤 다운된 차분한 컬러를 좋아한다면 고가 브랜드의 블러셔를 추천해요.

ROUND ⑪ 맑고 보송보송한 마무리감 로드숍 **VS** 밀착력 좋은 고가 브랜드

¹삐아_
다우니치크02다우니피치

발림성 ★★★★☆ 지속력 ★★★★★ 밀착력 ★★★★☆

크림 블러셔지만 발랐을 때 보송보송하게 마무리돼요. 내 피부색을 반 정도 가리며 밝게 발색해요. 소녀같이 보송보송한 뺨을 연출하고 싶으신 분들에게 추천해요.

²스킨푸드_
생과일 립앤치크 살구

발림성 ★★★☆☆ 지속력 ★★★★☆ 밀착력 ★★★★★

맑고 촉촉해 물광 메이크업에 잘 어울려요. 피부 밀착력은 좋지만 뻑뻑한 편이라 부드럽게 발리지 않는 단점이 있어요.

¹스텔라_컨버터블 거베라
²바비브라운_ 립앤치크 칼립소 코럴

발림성 ★★★★☆ 지속력 ★★★★★ 밀착력 ★★★★★

두 제품 모두 촉촉하고 발색이 선명해요. 밀착력도 좋지만 양을 조절하기 어려워요. 손등에 문질러 양을 조절한 뒤 톡톡 두드리면서 바르세요. 립앤치크지만 입술에 바르면 각질이 일어나고 밀착력이 떨어져 치크용으로만 사용하고 있어요.

***개코의 깐깐한 비교**

크림 블러셔는 밝게 발색하고 얇고 가볍게 발리는 게 중요해요. 이런 조건이 무조건 제품 가격과 비례하지는 않더라고요. 로드숍 제품은 흰빛이 많이 섞여 있어 앞볼에 넓게 펼쳐 바르기 좋고 우리나라 여성에게 어울리는 컬러들이 많아요. 고가 브랜드 제품은 흰빛이 섞인 컬러부터 원색까지 선택의 폭이 넓어요.

ROUND ⑫ 지속력 좋은 에뛰드하우스 **VS** 은은하고 투명한 발색 맥

에뛰드하우스_얼굴선 브라이트너 워너비페이스

밀착력★★★★☆ 발색력★★★★☆
모공, 요철 부각★★★★☆

T존과 앞볼에 바른 뒤 남은 양으로 얼굴 전체를 가볍게 한 번 쓸면 지속력이 높아져요. 단, 하이라이터와 어울리지 않는 바이올렛 컬러의 케이스가 구매욕을 조금 떨어뜨려요.

맥_미네랄라이즈 스킨피니시 라이츠카페이드

밀착력★★★★★ 발색력★★★★☆
모공, 요철부각 ★★★★☆

처음 썼을 때 '바른 게 맞나?' 하고 생각했을 정도로 발색이 은은해요. 여러 번 덧발라도 가루가 뭉치지 않아 양을 조절하기 쉬워요. 승무원인 제 친구도 이 제품을 추천하더라고요. 파운데이션 위에 바르면 피부 화장의 지속력이 높아져 긴 비행에도 화장이 덜 망가진다고 해요.

***개코의 깐깐한 비교**

두 가지 중 맥 제품이 더 은은하고 섬세하게 발리지만 '가격 대비' 한 가지를 고르라면 에뛰드하우스 제품을 추천해요. 여러 가지 하이라이터를 사용해봤지만 가격 대비 만족감이 가장 높았던 제품이에요. 세일할 때는 만 원도 안 되는 가격에 구매할 수 있답니다.

추천한 제품들을 사용해 메이크업을 했어요. 각 화장품, 특성에 따라 발색은 다르지만 완성 메이크업에서 큰 차이를 느끼지 못했어요. 비싸다고 무조건 좋은 건 아니에요. 역할에 맞게 제 기능을 하고 생활하는 데 불편함이 없어야 진짜 좋은 제품이라고 할 수 있죠.

* 추천한 화장품 중 '없음'에 해당하는 제품은 생략했어요.
  단, 추천한 로드숍 아이브로 펜슬이 없어 눈썹을 그리지 않으니
  너무 못생겨 보여서 '삐아' 율무로 그려주었어요.

메이크업 도구 활용법

화홍 붓(미술용 전문 붓)부터 보아퍼프까지!
어디서도 가르쳐주지 않은 개코의 기발한 도구 활용법을 공개할게요.

손 대신 세안용 모공 브러시로 모공 커버하기

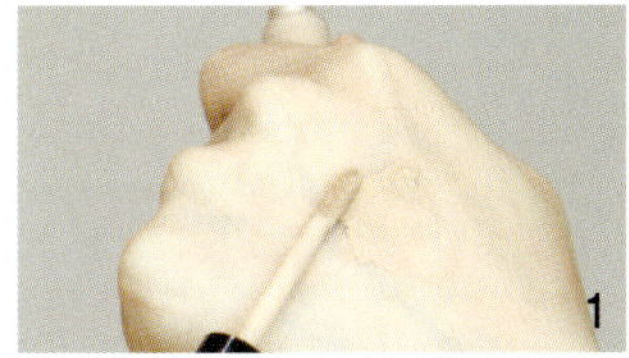
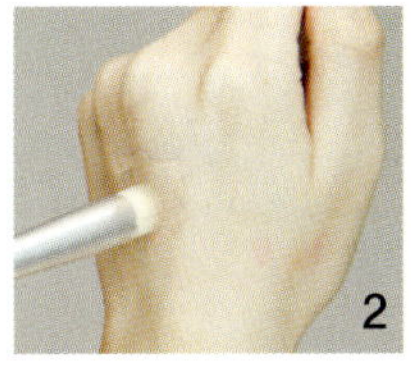
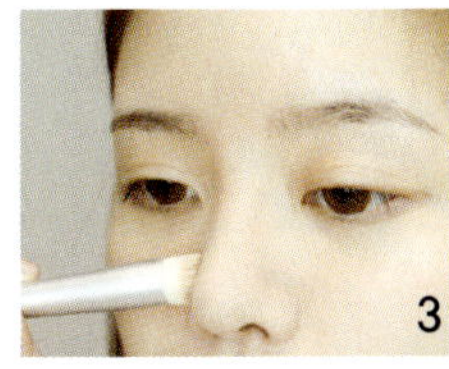

1 손등에 컨실러를 덜어요.
2 모공 브러시로 문지르며 넓게 펴요.
3 손가락의 힘을 빼고 브러시를 살살 둥글게 굴려요.

섀도 브러시 대신 팁 브러시로 립스틱 그러데이션하기

입술 안쪽에 립스틱을 발라요.

섀도 팁 브러시를 립스틱 경계에 올려놓고 좌우로 문질러요.

화홍 붓으로 모공에 프라이머 바르기

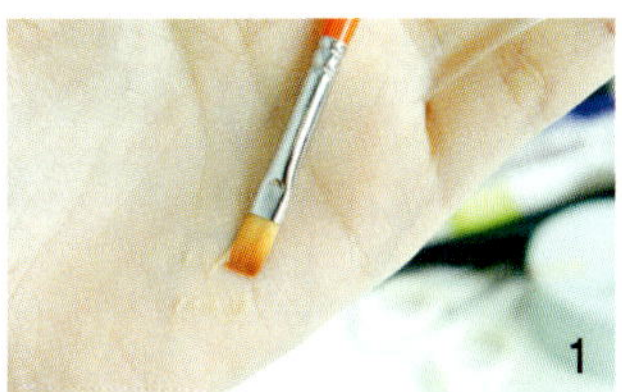
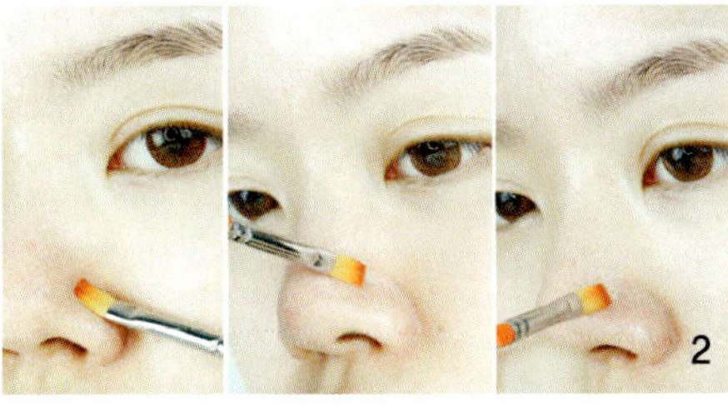

화홍 붓에 프라이머를 묻힌 뒤 손등에서 양을 조절해요.

모공 속에 프라이머를 집어넣는다는 느낌으로 발라요. 손으로 발랐을 때보다 섬세하고 꼼꼼하게 커버할 수 있어요. 모공이 커서 제대로 커버가 안 되는 분들에게 강력 추천해요.

보아퍼프로 크림 블러셔 바르기

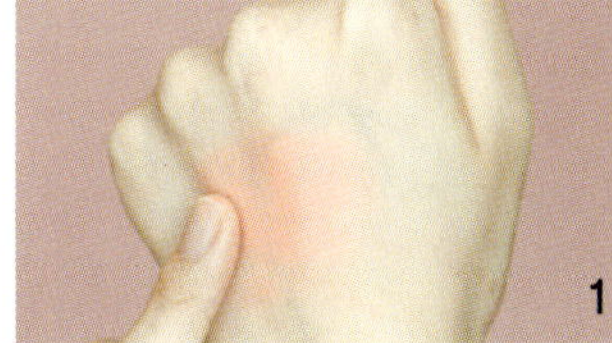
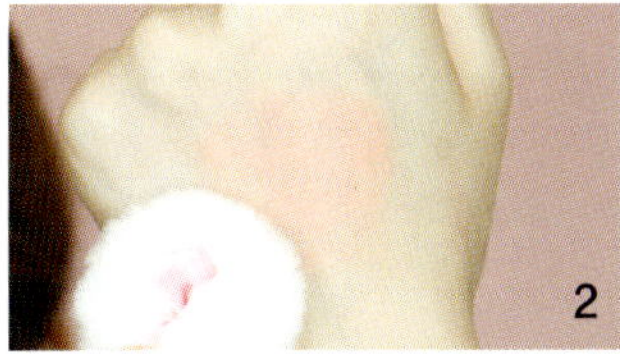

손가락에 크림 블러셔를 묻혀 손등에 넓게 펴요.

보아퍼프에 묻힌 뒤 손등에 톡톡 두드리며 양을 조절해요.

문지르면 베이스메이크업이 지워질 수 있으니 톡톡 두드리듯 발라요.

개코의 메이크업 노하우, 여기까지예요.
한 분 한 분 일일이 답하고 알려드리고 싶은 마음에
알고 있는 모든 것을 책에 담아 보았어요.
책을 보신 모든 분께 도움이 되기를 간절히 바라며…

오픈 스튜디오, 이제 문 닫을게요!
메이크업, 피부 고민이 생길 땐 언제든지 문을 두드려주세요.

special thanks to

이 책이 나오기까지 도와주시고 함께 고생해주신 분들이 참 많아요.
민낯 공개도 불사한 메이크업 모델 친구들. 혹시 책에 출연해줄 수 있느냐는 제안에 흔쾌히 얼굴을 맡겨준 준용이, 영신 언니, 수경이, 주연이, 예은이, 호은이, 예지, 3일에 걸쳐 무려 10개가 넘는 메이크업 촬영을 한 제 책의 대표 홑꺼풀 모델 시연이. 그리고 홑꺼풀 모델을 구한다는 말에 자신의 일처럼 나서서 홑꺼풀인 지인들에게 모두 연락하며 적극적으로 도와준 친구까지 정말 고마워요.
또 가장 가까운 곳에서 응원해주시고 믿어주시며 늘 큰 힘이 되어주시는 존경하는 부모님. 감사하고 사랑합니다.

개코의
오픈
스튜디오

1판 1쇄 발행 2015년 9월 5일
1판 6쇄 발행 2016년 2월 19일

지은이 민새롬
발행인 김재호 | **출판편집인 · 출판국장** 박태서 | **출판팀장** 이기숙

기획 · 편집 정세영 | **디자인** 김영화
교정 이현미 | **마케팅** 이정훈 · 정택구 · 박수진
펴낸곳 동아일보사 | **등록** 1968.11.9(1-75) | **주소** 서울시 서대문구 충정로 29(03737)
마케팅 02-361-1030~3 | **팩스** 02-361-1041 | **편집** 02-361-0936
홈페이지 http://books.donga.com | **인쇄** 삼성문화인쇄

ISBN 979-11-85711-77-5 13590 | **값** 14,800원